集成电路科学
与工程系列教材

SoC设计实用方法

Veena S. Chakravarthi◎著
柏娜　王翊　许耀华　王少威◎译

北京师范大学出版集团
BEIJING NORMAL UNIVERSITY PUBLISHING GROUP
安徽大学出版社

图书在版编目(CIP)数据

SoC 设计实用方法/(印) 维娜·查克拉瓦蒂 (Veena S. Chakravarthi) 著；柏娜等译. -- 合肥 ：安徽大学出版社，2025. 2.-- ISBN 978-7-5664-2729-8

Ⅰ. TN402

中国国家版本馆 CIP 数据核字第 2024XC0882 号

First published in English under the title
A Practical Approach to VLSI System on Chip (SoC) Design: A Comprehensive Guide
by Veena Chakravarthi, edition: 2

SoC 设计实用方法
SoC SHEJI SHIYONG FANGFA

[印]Veena S. Chakravarthi 著
柏 娜 王 翊 许耀华 王少威 译

出版发行：北京师范大学出版集团
安 徽 大 学 出 版 社
(安徽省合肥市肥西路 3 号 邮编 230039)
www.bnupg.com
www.ahupress.com.cn
印 刷：江苏凤凰数码印务有限公司
经 销：全国新华书店
开 本：710 mm×1010 mm 1/16
印 张：24.75
字 数：389 千字
版 次：2025 年 2 月第 1 版
印 次：2025 年 2 月第 1 次印刷
定 价：88.00 元
ISBN 978-7-5664-2729-8

策划编辑：刘中飞　　装帧设计：李 军 孟献辉
责任编辑：陈玉婷　　美术编辑：李 军
责任校对：王梦凡　　责任印制：赵明炎

系统设计人员开发复杂 SoC 所需的

超大规模集成电路设计方法和基本知识概述。

——Veena S. Chakravarthi

献给超大规模集成电路设计师

扫码查看书中彩图

第一版序一

现在是投身半导体行业的大好时机。我们都很清楚，Z世代对数字消费的持续需求正推动着技术创新从大型数据中心转向日益庞大的智能手机市场。高德纳研究报告显示，半导体行业正以每年26%的速度增长。半导体行业从未像现在这样复杂，而且还会越来越复杂。每一款设备都需要比上一代更小、更强大、更节能。

毫无疑问，随着整合和创新浪潮涌入新地区和新市场，我们的行业正在发生变化，但对智能的、高度集成的芯片的设计需求仍在不断增长。这意味着，任何有抱负的硬件工程师——无论他们是想为渴望人才的年轻初创企业工作，还是想为成熟的芯片公司工作——都需要精通超大规模集成电路(very large scale integrated circuit, VLSI)技术。没有比Veena Chakravarthi博士更好的老师了。

我第一次见到Veena是在2000年。当时，她加入了Centillium，在为以太网无源光网络(ethernet passive optical network, EPON)开发高性能片上系统(system on chip, SoC)解决方案方面发挥了关键作用。这些产品帮助我们的亚洲服务提供商实现了全球首批光纤入户部署，推动了数据消费。从那以后，我一直关注着她的职业生涯，她不断在技术上、专业上和学术上获得赞誉。

Veena拥有30年SoC架构师和VLSI设计师经验，是一名兼具艺术家气质和工程师素养的杰出人才。她设计大型复杂硅电子系统的能力为许多通信系统技术的实现创造了基础。Veena丰富的经验使她能够为任何想要了解SoC的芯片设计过程和开发周期的工程师打造一本完美的入门读物。

本书中的实用方法包含对已知技术的直接应用，有助于新工程师有效参与 SoC 的设计和开发过程。

我对我们行业的未来以及 SoC 将带我们走向何方感到兴奋。SoC 是医疗、生物技术、交通、电信和无数其他将改变我们生活方式的行业进步的核心。这本书是献给每一个有抱负的芯片设计师的综合指南。感谢 Veena 为培养下一代创新者、发明家和梦想家作出的努力。

Faraj Aalaei

Candou Ventures 创始管理合伙人

美国加利福尼亚州帕洛阿尔托

Faraj Aalaei，伊朗裔美国企业家，Candou Ventures 创始管理合伙人，拥有 35 年通信行业从业经验，曾担任 Aquantia 首席执行官兼董事长。Aquantia 是数据中心、企业基础设施、接入网络和汽车市场的先进高速通信集成电路的设计、开发和销售领导者。在加入 Aquantia 之前，Faraj 曾担任半导体解决方案公司 Centillium 的首席执行官，是公司的创始人之一。在共同创立 Centillium 之前，他曾在富士通网络通信公司和贝尔实验室担任过各种职务。Faraj 拥有温特沃斯理工学院的工程博士和电气工程技术学士学位，马萨诸塞大学的电气工程硕士学位，以及新罕布什尔大学的工商管理硕士学位。他拥有 3 项美国专利。作为企业家，他是 Monjeri Investment 和 Candou Ventures 的创始成员和普通合伙人，投资了通信、半导体、生物技术、软件和电子商务行业的多家初创企业。作为慈善家，Faraj 和他的妻子 Susan Akbarpour 致力于减少世界各地的不平等现象，改变教育效率低下的状况，是多个非营利组织的董事会成员和支持者。他们热衷于为世界各地儿童争取平等和福祉。Faraj 是伊朗裔美籍政治行动委员会的联合创始人，是伊朗裔美国人贡献项目和伊朗奖学金基金会的董事会成员。

第一版序二

半导体行业正在经历一场巨大的变革，物联网、智能边缘/智能云、移动设备、汽车、5G、人工智能和机器学习等技术创造了重大机遇。预计到 2025 年将有 500 亿台联网设备，大量数据需要通过边缘分析和云计算来处理，以为更好的决策提供更敏锐的洞察力。

客户期望应用程序不断改进，但是芯片行业的发展速度能否满足这些期望？全面的供应链、设备和材料创新以及通过吸引人才来推动创新是关键。

对于年轻工程师而言，这是一个绝佳时机，他们可以充分利用机会，实现自己的职业抱负，无论是在企业就职还是自主创业。Veena Chakravarthi 教授的《SoC 设计实用方法》一书是新工程师的参考指南，也是经验丰富的超大规模集成电路从业者的复习读物。

2000 年初，我就认识了 Veena。当时，她加入了 Mindtree 的技术业务核心团队，在成功开发蓝牙和无线局域网(wireless local area network，WLAN)核心等内部知识产权(intellectual property，IP)方面发挥了关键作用。Veena 既是一位经验丰富的设计师，也是一位学者。她的经验对产业界和学术界都很有价值，可以帮助工程师面对设计挑战。

Ashok Soota

Happiest Minds 执行董事长

印度卡纳塔克邦班加罗尔

Ashok Soota，Happiest Minds 执行董事长，印度信息技术（information technology，IT）行业先驱之一。

Ashok 是 Mindtree 公司的创始主席和总经理，曾带领该公司成功进行首次公开募股。在加入 Mindtree 之前，他领导了 Wipro 的 IT 业务长达 15 年。除此之外，他还曾带领 Shriram Refrigeration 在连续 4 年亏损后扭亏为盈。

Ashok 曾担任印度工业联合会等主要行业协会的主席、印度总理信息技术特别工作组成员和日内瓦世界知识产权组织咨询理事会成员。他是印度国家工程院和印度计算机学会的研究员，也是菲律宾亚洲管理研究所理事会成员。他曾多次当选年度 IT 人物，获得终身成就奖。

Ashok 通过自己创立的信托机构 Ashirvadam 开展慈善事业。该机构致力于保护环境，为有需要的人提供包括职业培训、教育和医疗援助在内的帮助。

Ashok 是畅销书 *Entrepreneurship Simplified - From Idea to IPO*（简化创业——从想法到 IPO）的合著者。

第一版序三

当前,SoC 的 VLSI 设计方向突然发生了变化。传统的计算机架构已经不能用于解决未来的计算问题。SoC 设计的创新方法将使用嵌入神经网络的非冯·诺依曼架构方法,以实时解决模式识别等问题。突然间,由风险投资资助的无晶圆半导体公司数量激增,因为这些公司提出了新的 SoC,以解决“特定领域”问题,如视觉、声音或气味相关的模式识别。现在,能够非常出色地完成几种特定类型的操作,比非常出色地完成各种各样的事情要重要得多。从 2017 年下半年开始,投向无晶圆半导体公司和 IP 创业公司的风险投资金额加速增长,在 2018 年达到了历史新高。

《SoC 设计实用方法》等书籍可为有志于加入创新大潮的设计师和学者提供指导。这样的机会在半导体行业很少出现,但这是一个充满新思想的时代,将算法创新转化为硅基技术的能力可以在机器学习能力上推动巨大飞跃。半导体器件技术的第一波浪潮是由物理元件创新驱动的。这一波浪潮将由系统创新驱动,也就是将独特的软件与巧妙的硬件架构相结合。这将是计算机领域一场激动人心的革命。

Walden C. Rhines

Carnami 总裁兼首席执行官

美国得克萨斯州达拉斯

Walden C. Rhines,Carnami公司总裁兼首席执行官。此前,他是西门子旗下明导国际的名誉首席执行官,专注于对外沟通和客户关系事务。他曾担任明导国际的首席执行官25年,担任董事会主席17年。在明导国际任职期间,公司收入几乎翻了两番,公司市值增长了10倍。

在加入明导国际之前,Rhines博士是德州仪器(TI)的执行副总裁,负责半导体团队和TI的全球半导体业务。在TI工作的21年里,他曾担任数据系统团队总裁,还担任过半导体业务领域的高管职位。

Rhines博士曾任职于Cirrus Logic、QORVO、TriQuint Semiconductor、Global Logic等公司的董事会,还担任过电子设计自动化联盟主席(5届,每届任期2年),目前仍担任董事。他还是半导体研究联盟和First Growth儿童与家庭慈善机构的董事会成员。他是电气电子工程师学会(Institute of Electrical and Electronics Engineers,IEEE)终身会员,还曾任职于刘易斯和克拉克学院董事会、密歇根大学国家咨询委员会以及为斯坦福大学和佛罗里达大学提供咨询的行业委员会。

Rhines博士拥有密歇根大学工程学士学位、斯坦福大学材料科学与工程理学硕士和博士学位、南卫理公会大学工商管理硕士学位以及佛罗里达大学和诺丁汉特伦特大学荣誉理学博士学位。

第二版前言

本书的第一版是为分享 SoC 设计的实用方法而推出的，距今已有 4 年时间。本书广受欢迎，而且随着 SoC 日益复杂，其设计技术不断进步，所以推出新版势在必行。第一版结合半导体行业的实践提供了端到端的 SoC 设计方法。本次修订对第一版中内容进行技术更正、更新和澄清，在每章末尾添加对新趋势、新技术的总结和相应的参考资料，并对读者和评论者感到困惑、难以理解或需要阐述的问题进行解释。

使用过本书第一版的教师应该会发现修订版更清晰易懂，而那些期待有人为其 VLSI 职业生涯开辟道路的人则会发现道路已铺好且经过了检验。

我的主要读者仍然是学生——电子、电气和计算机科学专业的学生，他们想知道为什么设计 SoC 很重要，想知道如何将系统要求转换为可工作的芯片，他们对电子领域发生的进步感到惊讶，但不确定自己如何加入这一美妙的旅程。本书仍然是 VLSI 设计团队的研究人员和职业起步者的重要参考书。我希望这些群体中的每一个人都能发现，本书所介绍的最新内容对他们在各自的 SoC 设计领域中应对新的挑战是有帮助的。感谢所有翻阅过本书第一版并提供宝贵意见的人，是他们激励我编写了这一版本。

谢谢！

Veena S. Chakravarthi

Sensesemi 技术公司联合创始人兼顾问

印度卡纳塔克邦班加罗尔

对第一版的赞扬

我是一名系统架构师，在一家半导体公司工作。这本书让我对 SoC 设计有了更全面的了解。正如前言中提到的，这本书非常接近行业实践，有助于工程师理解整体情况。系统架构师可以从这本书中受益，完善设计流程。细节决定成败，这本书可以帮助我搞定一切。

谢谢！

T. J.
系统架构师

Veena S. Chakravarthi 博士的《SoC 设计实用方法》一书名副其实。这本书可以作为 VLSI 设计领域入门者的实用指南，其内容足够全面，甚至可以供业内资深人士使用。我在 VLSI 设计行业工作，同时从事设计教学工作。这本书在生产与教学中都得到了有效使用。翻阅这本书，我们可以快速找到自己感兴趣的主题和案例，不仅可以快速理解概念，还可以快速应用。

对于 VLSI 设计从业者和有志于投身 VLSI 设计行业的学生而言，这本畅销书的第二版将是不可或缺的好帮手。

Kumar M. N.
LeadSoc 公司首席战略官

这本书为 VLSI 领域的职业起步者提供了所有必要的设计细节和实现功率、面积和性能优化的最佳范例。书中提供的基本设计模块、脚本和设计流程使人们对从寄存器传输级到流片的设计过程有了实际的了解。我很高兴能参与设计其中的一些案例。我向所有的VLSI设计师推荐这本书。

Vaibhav Rajapurohit
谷歌资深芯片设计工程师

Veena S. Chakravarthi博士的《SoC设计实用方法》一书提供的内容远不止常规的SoC设计方法，能帮助读者应对半导体芯片设计日益增长的需求。在智能计算和大量新兴应用(如汽车、医疗、物联网的SoC)涌现的新时代，这本书提供了相关设计方法。我们在培训活动中经常使用这本书。

Shivananda R. Koteshwar
新思科技集团总监

从工作层面来说，我认识Veena已经超过15年了。在她撰写《SoC设计实用方法》一书期间，我与她联系密切。我认为，将行业实践中的设计流程写成书是一次诚挚的尝试。我向所有VLSI设计人员强烈推荐这本书。

Dinesh Annayya
英特尔印度公司NEXT边缘计算工程部工程总监

这本书由一位具有数十年从业经验的作者所写，可为有志于从事VLSI工作的初学者、工程师及相关学科的教师和学生提供必要的指导。这本书被大量下载的事实本身就证明了它的实用性。我希望这本书的下一版能涵盖半导体领域的所有最新进展，从而进一步满足半导体领域从业者的期望。

Dr. K. S. Sridhar
PES大学注册教务主任

第一版前言

在半导体设计行业工作了 20 多年后，我强烈希望将 SoC 设计的知识传授给下一代。因此，我萌生了写书的念头，想借此机会梳理一下超大规模集成电路 SoC 设计实用方法。

本书旨在全面概述 SoC 设计开发所需的设计方法、环境和必备技能。

本书可确保工程师从第一天开始，一直到复杂 SoC 设计的开发，都能够有效地为设计公司作出贡献。

虽然本书的目标读者是立志成为 VLSI 设计师的电气和电子工程师，但对于 VLSI 设计中心开发团队的专业设计师（复杂 SoC 解决方案背后的人员）而言，本书也是一本有价值的参考指南。

本书旨在让读者全面了解 VLSI 设计师应该做什么。基于我过去 25 年在产业界和学术界的经验，本书探讨了 VLSI 设计师应具备的技能、工作职责以及可以预见的挑战。

通常，电子工程师都渴望在本科或研究生学习期间或毕业后成为 VLSI 设计师。遗憾的是，他们通常不具备必要的技能和设计技术，以应对他们将在行业中面临的挑战。与此同时，业内年轻的 VLSI 设计师很难纵览设计过程的全貌。一个人要参与 VLSI 设计和开发过程的所有工作是不现实的。因此，我在本书中尝试为打算成为 VLSI 设计师的学生和刚成为 VLSI 设计师的年轻人提供答案，这样他们就可以用必要的技能武装自己。每一章的设计案例和第 11 章的设计实例可以帮助读者真实地想象 VLSI 系统设计过程中遇到的问题和解决方案。

这本书的目标读者是电气、电子和通信以及生物医学、生物技术、仪器仪表、电信等相关专业学生。此外，初入半导体行业的工程师也可以阅读本书以全面了解芯片设计流程。

虽然本书涵盖与超大规模集成电路 SoC 相关的所有主题，但阅读前最好对逻辑设计有基本的理解，因为它是理解书中内容的基础。

尽管印度被视为“硅片之国”，班加罗尔作为其“硅城”有许多超大规模集成电路的无晶圆厂设计中心，但印度正面临超大规模集成电路设计工程师严重短缺的问题，因为大量刚从大学毕业的新工程师并不能立即胜任设计工作。

据统计，印度每年对设计工程师的需求超过 3000 人，而且在未来几年将会增长到每年超过 30 000 人。目前，工程院校只能满足每年 50%的人才需求。从全球范围来看，情况并没有太大不同。

在当前芯片和资源短缺的形势下，超大规模集成电路设计工程师前景光明，有希望拥有充满挑战和回报的职业生涯。根据高德纳最近的市场研究，半导体产业是全球增长最快的行业之一，年增长率为 26%。VLSI 设计工作也是如此。技术熟练的 VLSI 从业者总是很受欢迎，他们能够应对最具挑战性的系统级芯片设计工作，能够处理异构复杂系统集成以及与制造技术相关的各种事宜。像埃及这样的国家需要大约 10 000 名熟练的超大规模集成电路设计师。

设计生产力的差距——能够将晶体管（制造技术提供的）转换成基于晶体管实现的有用电路的技术人才短缺——是真实存在的。因此，有必要培养相关技能以弥合这一差距。

如果没有朋友、同事和家人的支持，本书是不可能完成的。首先，我要感谢我的父亲 R. S. Chakravarthi 先生。他是印度卡纳塔克邦的著名记者，曾获 Rajyotsava 奖，他的文学基因使我萌生了写书的念头。衷心感谢我的家人，尤其是我的丈夫 K. S. Sridhar 博士，我的儿子 K. S. Abhinandan 和 K. S. Anirudh，以及我的儿媳 Shradha Narayanan。

我很感谢我的前同事，印度空间研究组织的科学家 Suresh 博士。他耐心地阅读了我的每一章内容，并提供了详细的审阅意见。

感谢我的前同事 Sathish Burli 先生为我描述软件开发流程，感谢 K. S. R. C. Murthy 博士与我分享有关封装的信息。感谢我的前同事和亲爱的朋友 Dinesh 先生，他为我们的案例研究找到了在 www. opencores. org 可用的物联网 SoC 参考设计。感谢我的团队成员 Vaibhav Rajapurohit 和我亲爱的学生 Amruthashree、Aditya，他们尝试了所有设计实例，同时确保它们能够正常运行且可供参考。多亏了他们！

我也很感激半导体行业如此热情地接纳我。非常感谢 Candou Ventures 的创始管理合伙人 Faraj Aalaei 先生、Happiest Minds 的执行董事长 Ashok Soota 先生和 Carnami 的总裁兼首席执行官 Walden C. Rhines 先生在百忙之中抽出时间为本书作序。

感谢所有与我合作过的组织和机构，他们直接或间接地为这本书作出了贡献。

最后但同样重要的是，感谢自己的"超级力量"，是它给了我动力和源源不断的能量去完成超出我能力范围的项目。

如果你们发现每一章都有用，尝试了书中的设计实例和参考设计，并将 VLSI 领域作为职业方向，我会非常高兴。期待你们的反馈和批评。我相信这对完善本书大有帮助。

谢谢！

Veena S. Chakravarthi，班加罗尔的技术专家，SoC 架构师和教育工作者。在 35 年的职业生涯中，她创立了几个 VLSI 设计和孵化中心，并在 ITI 和诸如 Mindtree、Centillium、Transwitch、Ikanos、Periera ventures、Asarva、Sankhya Labs、Prodigy 和 Synopsys 等跨国公司管理过多个技术团队。她拥有班加罗尔大学的博士学位和班加罗尔管理学院的 MPT 证书。

关于本书

为什么要读这本书?

本书的主要目标是尽可能全面地介绍 SoC 的端到端设计流程，适用于计算机科学、电气和电子工程专业的本科生和研究生以及 VLSI 设计团队的新员工，也可供从事超大规模集成电路设计的专业设计人员参考阅读。本书旨在为读者提供一个全面的视角，帮助读者了解 VLSI 设计师的工作内容、所需技能以及芯片设计面临的挑战。本书中的信息来源于作者在半导体行业的经验，作者在半导体领域的学术生涯长达 30 年。

本书能解决什么问题?

通常，工程师在本科和研究生阶段就渴望成为 VLSI 设计师，但缺乏设计复杂 SoC 所需的技能。而业内的 VLSI 设计人员不会对端到端的 SoC 设计流程形成全面的认识，因为芯片设计非常复杂且专业性很强。本书试图为打算成为 VLSI 设计师的学生和刚成为 VLSI 设计师的年轻人提供答案，以帮助他们用必要的技能武装自己。

本书的读者是谁?

电气工程、电子和通信工程、计算机科学以及生物医学、生物技术、仪器仪表和电信等相关专业的学生是本书的目标读者。在半导体行业处于职业生涯初期的工程师也可参考本书，以全面了解芯片设计流程，从而掌握 SoC 设计与开发周期的完整流程。

阅读本书的先决条件是什么？

虽然本书涵盖了超大规模集成电路 SoC 相关的所有主题，但阅读前最好对数字设计以及 Linux 平台的工作知识和脚本语言有基本的了解。

为什么要成为 VLSI 设计师？

鉴于芯片短缺，各国签署了为半导体业务提供资金的战略计划，当下正是投身半导体行业的绝佳时机。在芯片短缺的形势下，VLSI 设计工程师的职业前景非常光明，职业生涯富有挑战性，可从技术层面获得满足感。

根据印度电子和半导体协会的一份报告，到 2030 年，全球半导体市场预计将达到 1 万亿美元，而印度半导体市场预计将以 16%的复合年增长率增长，到 2026 年达到 640 亿美元。届时将需要熟练的 VLSI 人员使用最新的电子设计自动化（electronic design automation，EDA）工具应对最具挑战性的 SoC 设计，进行复杂的系统集成，并解决亚微米工艺技术方面的难题。这意味着设计生产力差距的存在。目前，急需培养相关人才以弥合这一差距。

缩略词

缩略词	中文名	英文全名
ADC	模数转换器	analog-to-digital converter
AHB	高级高性能总线	advanced high-performance bus
AMP	非对称多处理	asymmetric multiprocessing
API	应用程序接口	application program interface
ASCII	美国信息交换标准代码	American Standard Code for Information Interchange
ASIC	专用集成电路	application specific integrated circuit
ATE	自动测试设备	automatic test equipment
ATPG	自动测试模式生成	automatic test pattern generation
ATSE	高级电视系统委员会	Advanced Television Systems Committee
BCL	基类库	base class library
BFM	总线功能模块	bus functional module
BGA	球栅阵列	ball grid array
Bi-CMOS	双极互补金属氧化物半导体	bipolar complementary metal oxide semiconductor
BIST	内建自测试	built-in self-test
BS	边界扫描	boundary scan
CMOS	互补金属氧化物半导体	complementary metal oxide semiconductor
CSP	芯片级封装	chip scale package
CTS	时钟树综合	clock tree synthesis
CVD	化学气相沉积	chemical vapor deposition
DAC	数模转换器	digital-to-analog converter
DDR	双倍数据速率	double data rate

续表

缩略词	中文名	英文全名
DFT	可测试性设计	design for testability
DMAC	直接存储器访问控制器	direct memory access controller
DRC	设计规则检查	design rule check
DRM	设计规则管理	design rule management
DRV	设计规则违规	design rule violation
DUT	待测设计	design under test
ECO	电子变更单	electronic change order
EDA	电子设计自动化	electronic design automation
EM	电迁移	electromigration
ERC	电气规则检查	electrical rule check
ESD	静电放电	electrostatic discharge
EU	有效利用率	effective utilization
EVM	电子验证模块	electronic validation module
FBGA	细间距球栅阵列	fine pitch ball grid array
FCS	帧检验序列	frame check sequence
FET	场效应晶体管	field effect transistor
FIFO	先进先出	first in first out
FPGA	现场可编程门阵列	field programmable gate array
FPU	浮点单元	floating point unit
FSM	有限状态机	finite state machine
FTP	文件传输协议	file transfer protocol
GSLA	全局同步局部异步	globally synchronous and locally asynchronous
HDL	硬件描述语言	hardware description language
HFN	高扇出线网	high fanout net
HLD	高级设计文档	high-level design document
I/O	输入输出	input/output
I2C	集成电路总线	inter-integrated circuit

续表

缩略词	中文名	英文全名
I2O	输入到输出	input-to-output
I2R	输入到寄存器	input-to-register
IC	集成电路	integrated circuit
ICG	集成时钟门控	integrated clock gate
IEEE-SA	电气电子工程师协会-标准协会	Institute of Electrical and Electronics Engineers-Standards Association
IP core	知识产权核	intellectual property core
ISP	系统内编程	in-system programming
ITU-T	国际电信联盟电信标准化部门	International Telecommunication Union-Telecommunication Standardization Sector
JTAG	联合测试工作组	Joint Test Action Group
LAN	局域网	local area network
LBIST	逻辑内建自测试	logic built-in self-test
LC	电感-电容	inductance-capacitance
LEC	逻辑等价性检查	logic equivalence check
LFSR	线性反馈移位寄存器	linear feedback shift register
LVS	版图与原理图一致性检查	layout versus schematic
MBIST	存储器内建自测试	memory built-in self-test
MCM	多芯片模块	multi-chip module
MEMS	微机电系统	microelectromechanical system
MIPS	每秒百万条指令	million instructions per second
MISG	多输入序列发生器	multiple input sequence generator
MoCA	同轴电缆多媒体联盟	Multimedia over Coax Alliance
MRD	市场需求文件	market requirements document
MSSV	多电源单电压	multi-supply single voltage
MSV	多电源电压	multiple supply voltage
NAS	网络附接存储	network attached storage
NRE	一次性工程	non-recurring engineering

续表

缩略词	中文名	英文全名
OCV	片上变化	on-chip variation
OS	操作系统	operating system
OSCG	片上时钟生成	on-SoC clock generation
P&R	布局布线	place and route
PTAM	功率感知测试访问机制	power aware test access mechanism
PCB	印制电路板	printed circuit board
PDP	首选数据路径	preferred data path
PGA	引脚网格阵列	pin grid array
PLL	锁相环	phase-locked loop
PMBIST	可编程存储器内建自测试	programmable memory built-in self-test
PR boundary	布局布线边界	place and route boundary
PRD	产品需求文件	product requirements document
PRPG	伪随机模式发生器	pseudo-random pattern generator
PVD	物理气相沉积	physical vapor deposition
PVT	工艺-电压-温度	process-voltage-temperature
R2O	寄存器到输出	register-to-output
R2R	寄存器到寄存器	register-to-register
RC	电阻-电容	resistance-capacitance
ROI	投资收益率	return on investment
RTL	寄存器传输级	register transfer level
SAN	存储区域网络	storage area network
SDC	综合设计约束	synthesis design constraint
SEM	扫描电子显微镜	scanning electron microscope
SI	信号完整性	signal integrity
SiP	系统级封装	system in package
SLEC	时序逻辑等价性检查	sequential logic equivalence check
SMD	表面贴装元件	surface mount device
SMP	对称多处理	symmetric multiprocessing

续表

缩略词	中文名	英文全名
SoC	片上系统	system on chip
SPI	串行外设接口	serial peripheral interface
SPICE	集成电路用仿真程序	simulation program with integrated circuit emphasis
SRAM	静态随机存取存储器	static random access memory
SSN	同步开关噪声	simultaneous switching noise
STA	静态时序分析	static timing analysis
TPI	测试程序接口	test program interface
TSMC	台湾积体电路制造股份有限公司	Taiwan Semiconductor Manufacturing Company
QFP	四面扁平封装	quad flat package
UART	通用异步收发器	universal asynchronous receiver/transmitter
USB	通用串行总线	universal serial bus
UV	紫外线	ultra violet
UVM	通用验证方法学	universal verification methodology
VHDL	超高速集成电路硬件描述语言	very high speed integrated hardware description language
VIP	验证知识产权	verification intellectual property
VLSI	超大规模集成电路	very large scale integrated circuit
Wi-Fi	无线保真	wireless fidelity
WNS	最差负时序裕量	worst negative slack
WSP	晶圆级封装	wafer scale package

目　录

第1章 引 言

1.1 CMOS超大规模集成电路简介

超大规模集成电路(VLSI)可用于开发硅片上的复杂系统,其中最主要的VLSI工艺技术是互补金属氧化物半导体(complementary metal oxide semiconductor,CMOS)超大规模集成电路,可在一块芯片上使用数百万个晶体管。晶体管是用于开发许多复杂系统的基本元器件。在半导体芯片上实现的系统称为片上系统(SoC)。CMOS超大规模集成电路SoC的优点是体积小、功耗低、速度快。智能手机、电子产品和信息娱乐产品都在使用SoC。CMOS是占主导地位的超大规模集成电路技术,几十年来一直遵循摩尔定律。摩尔定律指出,芯片上的晶体管数量每18个月翻一番。事实证明,自1965年以来,这个定律一直是正确的。但这给设计师带来了无数挑战。

1.2 SoC的应用领域

SoC已经成为各领域中产品不可缺少的一部分。在通信、数据存储和高科技计算领域,SoC的使用已经成为传统。如今,先进的SoC已经渗透到医疗、汽车、信息娱乐、安全和国防等领域。SoC几乎可用于所有需要信号、数据、计算和通信的领域。例如:

- 医疗保健、汽车、家庭自动化和工业自动化中的所有物联网应用。
- 大型数据中心和数据农场。
- 智能手机和移动设备。
- 医疗设备。
- 卫星通信和空间技术。
- 农业自动化技术。
- 多媒体信息娱乐。

1.3 超大规模集成电路的发展趋势

近几十年来,SoC产业发展迅速。系统变得愈发复杂、密集、异构、庞大、稳健且功能强大,同时具有低功耗特性。设计方法虽然已经成熟,但极为复杂。下面将从以下几个方面讨论超大规模集成电路技术的发展趋势:

- SoC的复杂性。
- SoC的性能、功耗和面积目标。
- 芯片尺寸。
- 设计方法。

1.4 SoC的复杂性

自从晶体管被发明以来,在过去的60年里,晶体管的物理尺寸一直在不断缩小,使得硅片上可以封装越来越多的晶体管,将越来越多的功能集成到电路中。这种现象被称为等比例缩小(scaling),并且这种情况还在继续。但是根据预测,在未来几年内,晶体管的尺寸缩小会导致其成本高昂,以至于进一步缩小将不再具有商业可行性。这在一定程度上是正确的。制造成本过高,使得设计和研发变得更加关键,需要通过正确的设计来避免制造上的错误。技术的进步仍在推动物理尺寸持续缩小。最近,半导体代工厂已宣布推出用于商用SoC开发的3 nm技术。研究人员声称成功研发了实现1 nm[1]器件特性的技术。这表明,即使在今天,也有研究人员认为,使用CMOS以外的技术和替代材料来缩小特征尺寸是有可能的。这似乎比在现有的开发芯片上高度集成系统的方法更有前景。虽然目前认为缩小到原子尺寸(0.1~0.5 nm)是不可能的,但事实上,正是尺寸的缩小推动了SoC在计算和通信应用领域的巨大发展。处理器的处理能力提高了许多倍,改变了我们感知、处理、存储、显示和交流任何量级信息的方式。在过去的几十年里,芯片已经从简单的时序关键电路发展成复杂的多处理器多核系统。与过去的产品不同,如今的电子产品除SoC外几乎不需要片外元件。集成越来越多的电路以形成SoC的趋势是VLSI相关技术进步的结果。CMOS VLSI制造工艺的进步使得芯片上最复杂系统的开发成为可能。EDA 工具中智能算法功能的增强加速了这一过程。Cerebras 公司于 2019 年研制的人工智能芯片 WSE（图 1.1）拥有 2.6 万亿个晶体管和 85 万个核，采用台积电 7 nm 工艺技术。最大的通用处理器拥有 1140 亿个晶体管，最大的图形处理单元拥有 800 亿个晶体管。其他类型的集成电路（integrated circuit，IC），如现场可编程门阵列（field programmable gate array，FPGA），其晶体管数量最多，可达 500 亿个，逻辑单元可达 90 亿个。这也体现了当今 SoC 的复杂性。

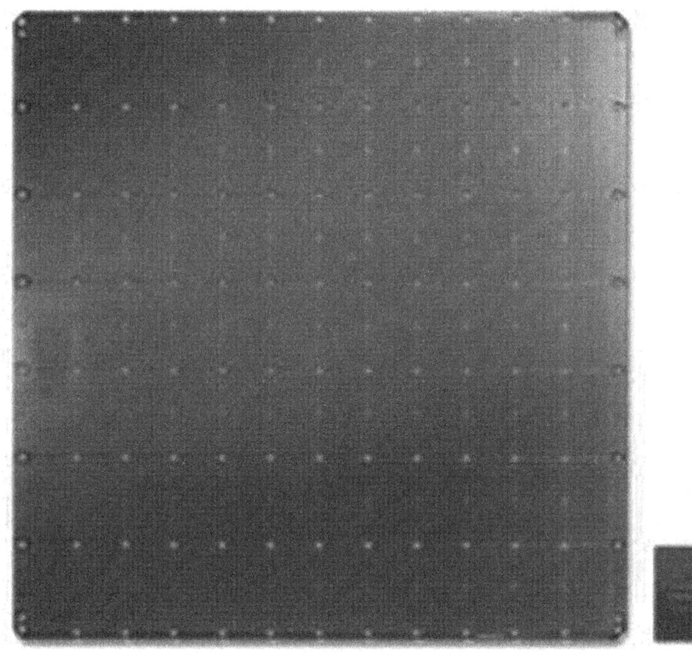

图 1.1　人工智能芯片 WSE（鸣谢：Cerebras）

1.5　从电路到 SoC 的集成趋势

20 世纪 70 年代的超大规模集成电路设计是小型时序关键电路，需要与标准通用处理器协同工作，以实现与其他设备在印制电路板（printed circuit board，PCB）上的集成。在早期的设计中，时序关键电路在 EDA 工具中绘制，并与其他模块互连。随着 CMOS 技术的进步，越来越多的晶体管被封装在一个小区域内，再加上自动综合工具（将使用硬件描述语言表示的设计转换为原理图)的发明,为完整系统定义大型复杂设计逐渐成为可能。等比例缩小现象、工艺技术的进步和改进的设计方法增强了非数字电路制造工艺与 CMOS 制造工艺的兼容性,使非数字组件的集成成为可能。这种集成可以在包含 IC 的封装内实现,被称作系统级封装(system in package, SiP)技术,也可以 SoC 形式在芯片上实现。非数字组件包括射频、模拟和传感器设备。图 1.2 展示了国际半导体技术蓝图(International Technology Roadmap for Semiconductors,ITRS)将数字和非数字组件集成到单个芯片中的趋势。

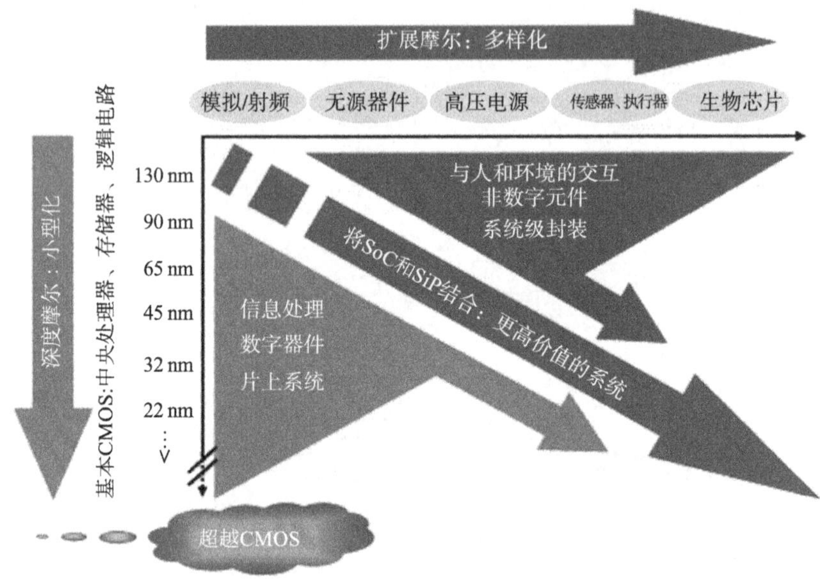

图 1.2　将数字和非数字组件集成到单个芯片中的双重趋势

(资料来源:ITRS 白皮书)

ITRS 强调,CMOS 技术中的等比例缩小及其在性能方面的相关优势将持续下去。这一趋势被称为"深度摩尔"。第二个趋势是集成非数字功能,以促进电子系统的小型化,尽管它们不一定以与数字功能相同的速度发展。这一趋势被称为"扩展摩尔"。

EDA 工具的进步使得通过自动化和分析来实现完整的芯片系统成为可能。用硬件描述语言(hardware description language,HDL)对 SoC 进行行为建模,通过综合将其转换为原理图的过程称为物理设计,能够生成设计数据库(该数据库为 GDSII 格式,将数据库提交给晶圆厂的过程称为流片),直接用于芯片的制造过程。目前，VLSI 设计都是非常复杂的 SoC 设计。从简单的微控制器系统到使用数亿个晶体管的大型网络芯片，SoC 芯片的复杂性不断提高。图 1.3 展示了从简单的片上电路到 SoC 的演变过程。

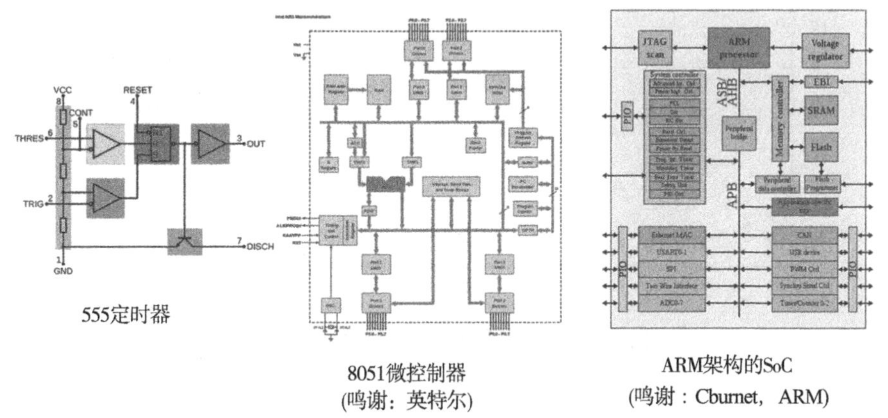

555定时器

8051微控制器
(鸣谢：英特尔)

ARM架构的SoC
(鸣谢：Cburnet，ARM)

图 1.3　集成电路复杂性的变化趋势

（资料来源：维基百科，GFDL 授权的图片）

今天的 SoC，如高通的骁龙系列智能手机 SoC，包含嵌入式处理器（如 ARMv8 处理器）、通用处理器、数字信号处理器、射频收发器、WLAN 802.11 ac 核心、嵌入式存储器、缓存和模拟接口。SoC 的每个功能核心，如 WLAN 802.11 ac 核心和射频收发器，都由一个或多个复杂程度各异的嵌入式处理器控制。另一个例子是英特尔的 i 系列芯片，它包含多个可以独立工作的处理器核心，并且具有符合高速串行计算机扩展总线（peripheral component interface express，PCIe）和通用串行总线（universal serial bus，USB）等接口标准的快速接口核和片上存储器。

1.6　运行速度

在过去 60 年中，我们还观察到另一个趋势，即系统运行速度的显著提高。图 1.4 展示了速度、功耗、晶体管密度和逻辑核数量的趋势。半导体行业龙头企业声称，他们开发的高速 SoC 的工作频率为 2.5～3 GHz。此外，很少有 SoC 支持 100 GB/s 的数据传输速率。所有这些趋势都给设计师带来了许多挑战，直接导致多年来设计方法的变化。这些挑战促使人们不断尝试新的设计方法，并在系统层次结构的高级抽象层面上构思新方法并进行建模。

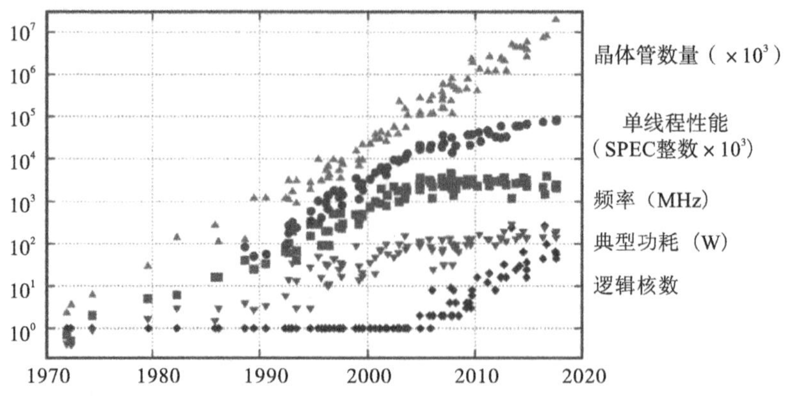

图 1.4 片上计算系统的复杂性变化趋势

（2010 年前的原始数据由 M. Horowitz、F. Labonte、O. Shacham、K. Olukotun、L. Hammond 和 C. Batten 收集并绘制成图。2010—2017 年的数据由 K. Rupp 收集并绘制成图）

1.7 芯片尺寸

随着晶体管尺寸的缩小，单个芯片上封装的晶体管越来越多，晶体管密度（单位面积的硅晶体管数量）不断增大。这使得芯片上单位面积内可以实现的功能越来越多，整个系统设计的完整协同功能也能够在芯片上实现。为了应对摩尔定律，芯片尺寸每两年增大 14%（来源：英特尔），从而使得实现完整的 SoC 成为可能。于是，小型化时代开始了，这导致了从大型机到高性能个人计算机的几代计算机的发展。图 1.5 展示了由 SoC 制造的三代计算机。

今天可以放在口袋里的高性能智能手机就是 VLSI 技术中这种小型化和非数字功能模块集成的结果。

图 1.5　几代计算机（资料来源：IBM）

1.8　设计方法

为了跟上过去60年来超大规模集成电路技术发展的脚步，设计方法一直在发展，而这与大型计算资源的可用性和设计自动化工具的发展紧密相关。这些工具可被视为关键技术，是复杂SoC设计的主要推动因素。例如，综合工具、仿真器、静态时序分析（static timing analysis，STA）工具和物理设计工具。图1.6描述了EDA工具通过使用计算机自动化的方法取代手工设计，助力技术发展的情况。此外，设计生产力的差距促进了虚拟设计核心的发展，使得复用成为当今大型设计中的必然选择。在此期间，设计的输入方式从简单的原理图输入，转变为处理器和外设等许多功能设计核心（如IP核）的互连。IP核是一种可以按许可或版税条款购买的功能模块，购买后可以重复使用多次。在当今的系统中，被集成的IP核的数量接近100个甚至更多。工作站和系统的强大计算能力也是这一进步的推动者，这也使得大型设计数据库和仿真验证成为可能。

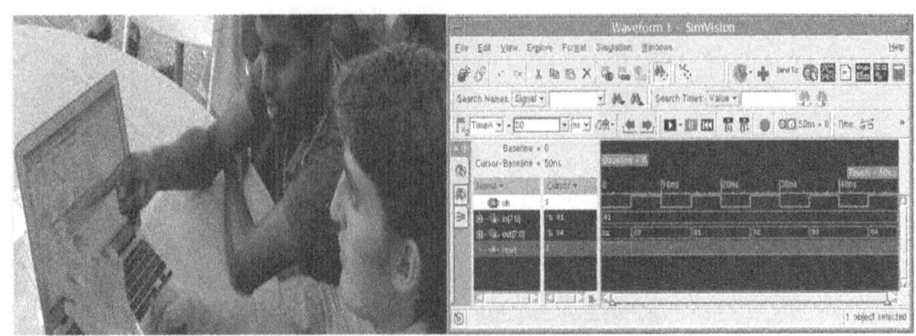

图1.6 EDA工具助力技术进步

SoC设计方法的选择取决于若干相互影响的因素:性能(速度或功耗)、成本和体积。主要的设计方案有自定义设计、标准的基于单元的设计和基于阵列的设计。复杂的SoC设计可能采用其中一种方案或全部方案。

1.9 SoC的设计与开发

随着技术的进步,SoC的设计和开发环境不断升级:引入了更新的先进技能集、具备先进算法的智能工具、可以提高芯片性能可预测性的标准设计准则、建模和硬件描述语言、运行频率达到数十吉赫级别的高容量开发系统,以及具有强大处理能力的太字节级别的大容量存储器。这些变化要求人力资源具备新技能集。

1.10 所需技能集

在过去几十年里,随着智能EDA工具的出现,设计的复杂性和方法发生了变化,超大规模集成电路设计师所需技能也发生了改变,从掌握电路基础知识转变为具备通过逻辑定义和使用硬件描述语言建模来实现具体功能的能力。用于描述硬件功能的硬件描述语言主要有Verilog、SystemVerilog和超高速集成电路硬件描述语言(very high speed integrated circuit hardware description language,VHDL)。通过正确输入设计描述文件和约束条件来指导工具以获得所需的功能,需要工具使用知识的支撑。对于设计人员来说,具备芯片设计和设计流程的基本知识是非常重要的。TCL-tk、Perl等脚本语言在自动化仿真、综合和STA脚本运行中很有用，且需要反复运行，在分析设计工具生成的报告和日志时也是如此。最重要的是，先构思硬件，然后为它编码，这有助于硬件的实现和调试。具备能够在任何设计部门工作的灵活性，能胜任逻辑设计、综合、时序分析、物理设计和FPGA验证等工作，会使设计师备受青睐。

1.11 电子设计自动化环境

随着设计复杂性的提升，从时序关键电路演变到SoC，基于算法的综合与时序分析工具以及物理设计工具(如布局布线工具)，也得到了发展并趋于成熟。这些工具能够为最先进的制造技术接口编写设计数据库，以供掩模制作设备使用。该设计数据库可用于根据先进光学光刻和电子束光刻技术制作掩模。基于周期和基于事件的仿真器支持的通用验证方法学(universal verification methodology，UVM)和先进的硬件描述语言如SystemVerilog，可以有效帮助设计师在复杂SoC的开发过程中取得成功。这些芯片的验证结果与设计仿真有很强的相关性。SoC设计过程中使用的EDA工具主要有仿真器、综合工具、静态时序分析器、布局布线(place and route，P&R)工具、寄生参数提取器和形式验证工具(如等价性检查器、设计和电气规则检查器等)。考虑到SoC的复杂性，可以采用一些由机器学习和人工智能支持的工具，帮助设计师在设计流程的各个阶段作出正确的设计决策。其中一些工具已经被用于SoC设计的布局阶段。对于先进的技术节点，也有一些工具可以采用设计数据库，生成带有必要的工艺参数校正的掩模数据，这有助于在第一时间完成正确的处理。基于FPGA的开发最初被视为VLSI开发的竞争对手，而现在被视为对VLSI设计过程的补充，有助于实现首次设计SoC的成功。

1.12 所有挑战

前面讨论的趋势和进展表明，工具使用和系统建模方面的技能和技术要不断升级，以便通过等比例缩小和设计方法的调整，适应快速变化的制造技术。此外，电子产品很容易过时，促使开发周期和上市时间缩短，同时要求VLSI设计师时刻保持警惕、灵活、高效，及时了解工具的进步，以便为SoC的开发作出贡献。从技术上来看，功能模块集成化程度越来越高，采用CMOS和与CMOS兼容的技术将导致芯片上的大量变异，从而为实现高成品率和SoC高性能带来巨大挑战。调试出现故障的SoC是极具挑战性的。电源管理是当今SoC面临的另一个主要挑战。创新的电源管理设计对降低功耗、获得良好的电源调节质量和转换效率至关重要。像SiP这样的封装技术提出了高质量集成和电源管理的挑战，并且可能成为SoC的替代方案。

参考文献

[1]'Taiwan's TSMC claims breakthrough on 1nm chips' News reports

第2章　SoC设计

2.1　SoC的定义

SoC被定义为具有电子系统的大部分功能的功能模块。电子系统中只有少数功能是不能在芯片上实现的，如电池、显示器和键盘。互补金属氧化物半导体(CMOS)以及与CMOS兼容的技术主要用于实现SoC。基于微机电系统(micro electro mechanical system，MEMS)的传感器技术、双极互补金属氧化物半导体(bipolar complementary metal oxide semiconductor，BiCMOS)技术和存储器技术都是一些与CMOS兼容的技术。

现在的SoC要复杂得多，一般包含数百个处理器核心、数十个数字信号处理器(digital signal processor，DSP)引擎，以及许多连接在高速总线上的接口和网际互连协议。典型的SoC包含一个产品最基本的功能模块。此外，它们还有片上存储器、测试和诊断核心模块，这些模块可使它们更加稳定可靠。

2.2　SoC的组成

典型的SoC由以下功能核心组成：

- 一些通用的精简指令集计算机处理器。
- 一个或多个数字信号处理器。
- 片上嵌入式存储器。
- 片上协议模块。
- 用于增加存储的外部存储控制器。
- 一个或多个标准接口控制器核心，如USB和PCIe核。
- 片上时钟生成模块或者时钟恢复和稳定逻辑模块。
- 电源管理和配电网络。

- 模拟核。
- 用户界面模块，如键盘和显示控制器、通信核心和无线电接口。
- 传感器、衰减调节器或控制器。

此外，SoC 具有嵌入式软件，可用于加载工厂默认设置的引导功能。这就是为什么你购买的产品可以立即工作，而不需要安装或设置任何额外的软件。SoC 的每个组成部分都可以通过不同的设计和开发方法进行独立设计。设计过程中，可采用基于自动化单元的全定制设计流程(用于模拟、混合信号模块、锁相环电路、焊盘电路)、MEMS 设计流程和基于结构化阵列的设计流程(用于嵌入式存储器)等设计方法。最终，这些组件会被集成为单个芯片或将多个芯片堆叠并封装起来。

2.3 处理器子系统核心

大多数具有片上核心的 SoC 都有单个或多个处理器。核心是处理器的最小单元，能够独立执行指令，具有与 SoC 内其他功能模块交互的能力。处理器在 SoC 中被用于执行不同的片上控制和数据处理功能，同时用于配置和控制外围设备。例如物联网(internet of things，IoT) SoC 中的蓝牙收发器，可以通过其处理器核心来配置，而且可以根据蓝牙协议在不同的功能模式下运行。多媒体 SoC 通常配备片上处理器，以处理应用程序所需的媒体数据或信号。

片上处理器也有嵌入式软件，用于支持其正常运行。从软件的角度来看，多核处理器提出了一个有趣的问题，其主要的挑战在于，在各个核心之间合理分配负载，协调发挥整体和单个核心的性能。图 2.1 展示了 SoC 中多处理器核心架构的示例。以下是一些最常用的架构：

- 非对称多处理(asymmetric multiprocessing，AMP)：在这种模式下，SoC 架构师将处理器功能分配给每个核心，确保 SoC 中每个处理器都有不同的程序。每个核心在某种程度上是独立的，可以运行各自的软件，并且具有独立的内存空间。核心可以运行操作系统(operating system，OS)，也可以在没有底层操作系统的情况下直接运行代码。在没有操作系统的情况下直接运行的软件代码称为裸机代码。每个核心都有独立的中断系统和访问特定外设的权限。SoC 中的处理器通过共享内存或中断系统来相互通信。所有这些都是在开发之初进行 SoC 架构设计时就规划好的,包括内存大小、类型和中断线的数量及其类型。

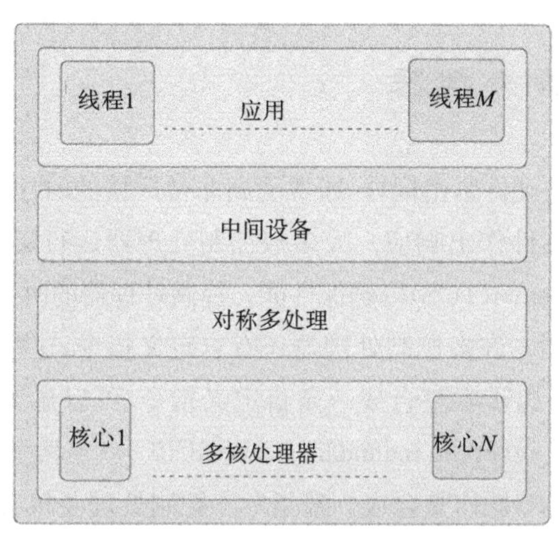

图 2.1　SMP-AMP 处理器结构

- 对称多处理(symmetric multiprocessing,SMP):在这种模式下,操作系统负责决定由哪个核心执行工作。这也意味着所有的处理器核心都是通用的,不能确定哪个核心正在执行特定的工作,因为任务的分配会根据核心的实时状态进行调整。在 SMP 模式下,处理器的地址空间是共享的。也就是说,所有的核心都可以访问一个公共的内存区域,因为根据负载条件,任何一个核心都可能被要求执行特定的工作。数据共享是通过内存完成的,由操作系统控制。当任务是通用的且需要计算资源时,通常使用这种模式。大多数云计算 SoC 都采用这种模式。

根据 SoC 的应用,处理器可以分为应用处理器和控制处理器。

2.4　特定应用处理器

特定应用处理器通常是高性能的计算引擎,用于运行 SoC 特定的应用程序并控制 SoC 中的接口，倾向于运行嵌入式 Linux、Android 等操作系统。大多数应用程序处理器是多核的，由时钟频率驱动，频率范围从几百兆赫到几吉赫。应用程序处理器通常以 SMP 模式运行。智能手机的 SoC 就是其中一个例子。

2.5 控制处理器

控制处理器与硬件紧密耦合，通常受到非常严格的时序约束，需要在特定的时限内对相关硬件作出响应。大多数控制处理器运行实时操作系统(real-time operating system，RTOS)以确保性能。控制处理器的时钟频率通常处于低于 1 GHz 的范围内。许多控制处理器还有自定义指令，这些指令是针对特定功能设计的。将一组步骤整合成一条自定义指令，可以显著提升软件的运行效率。循环冗余校验(cyclic redundancy check，CRC)就是典型的自定义指令，其将一系列异或(XOR)操作整合成一条指令。控制处理器核心具有自定义寄存器，可进一步提升性能。大多数片上控制处理器通常以 AMP 模式运行。

2.6 数字信号处理器

SoC 是为需要快速特定信号处理功能的应用而设计的，如快速傅里叶变换、位的编码和解码以及交织与反交织操作。数字信号处理器(DSP)核提供了特定的指令集，可适用于此类处理。设计人员可以将 DSP 核嵌入软件，无须在硬件中完成信号处理功能。从 SoC 的角度来看，这些 DSP 核可以被视为控制处理器。它们通常有独立的内存区域，且能通过共享内存或中断机制与其他处理器通信。SoC 中的 DSP 核通常用裸机软件编程。

2.7 向量处理器

许多 SoC 中都有一些特定的任务因为规模很小而无法添加控制处理器或 DSP。同时，出于灵活性考虑，这些任务也不适合在硬件中完成。例如，假如有一种加密算法，该算法可能要根据 SoC 的销售地区进行更改。在这种情况下，设计人员希望有一个小的核心，可以根据区域加载特定的算法，以保持 SoC 的通用性。特定区域的适配可以由软件实现，不需要设计不同的 SoC 或将所有硬件集成到 SoC 中。向量处理器被视为微型 DSP，由 SoC 中的其他某个处理器加载和初始化，运行裸机代码。市面上有很多可商用的 SoC。

2.7.1　嵌入式存储核

嵌入式存储属于静态随机存取存储器(random access memory，RAM)，可以作为硬宏使用，可针对特定技术提供多种配置选项。所需要的内存大小和组织可以使用内存供应商提供的存储器编译器工具进行配置。存储器编译器可以生成所有与设计相关的文件，其中包含所选内存模型在设计阶段所需的视图。它可以编写用于仿真的寄存器传输级模型、用于时序分析的时序模型，以及物理设计步骤的结构框架视图。除存储器大小外，存储器编译器所支持的可配置参数还包括宽高比、子组块数量以及行、列地址多路复用器，具体取决于性能、功耗和面积(power，performance and area，PPA)需求，如访问时间、功耗和面积。存储器编译器还可以包含内建自测试(built-in self-test，BIST)电路和外围功能模块，如冗余位加法和纠错码(error correction code，ECC)。以这种方式设计的片上编译存储器针对性能进行了优化，但对于选定的配置是固定的。设计过程中，对于 1～10 kB 的小型内存，通常使用触发器作为寄存器阵列。中型内存通常是静态随机存取存储器(static RAM，SRAM)。典型的 SRAM 存储单元版图如图 2.2 所示。

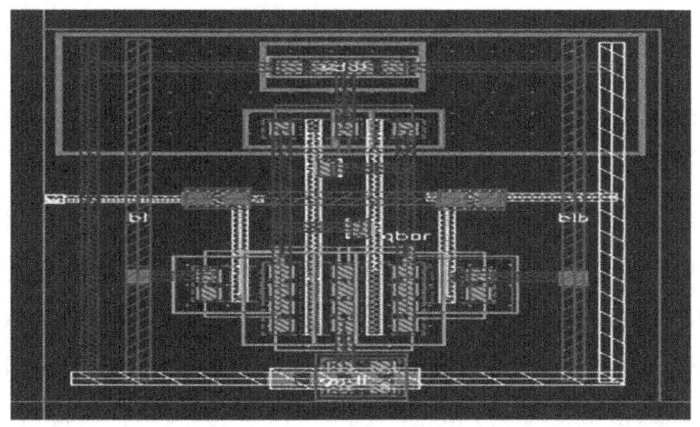

图 2.2　SRAM 存储单元版图

对于更大的内存，可选用编译存储器。此类存储器针对面积、功耗和运行速度进行了优化，适用于 SoC，是被称为"1T 存储器"的单晶体管存储器。这些高密度存储器通常用于内存资源丰富的 SoC，用于数据存储。在处理器 SoC 中，用作缓存存储器的一级和二级存储器通常是 SRAM。

2.7.2 模拟核

模拟核，如运算放大器、收发器、功率放大器、串行器/解串器(serializer/deserializer，SerDes)、锁相环(phase-locked loop，PLL)和混合信号模块，通常存在于大多数常见的 SoC 中。这些模拟核使用混合信号设计程序单独设计，并在物理设计阶段作为硬核集成到 SoC 中。模拟核的仿真模型是接口时序模型，在全 SoC 级仿真中进行验证。运算放大器的版图如图 2.3 所示。

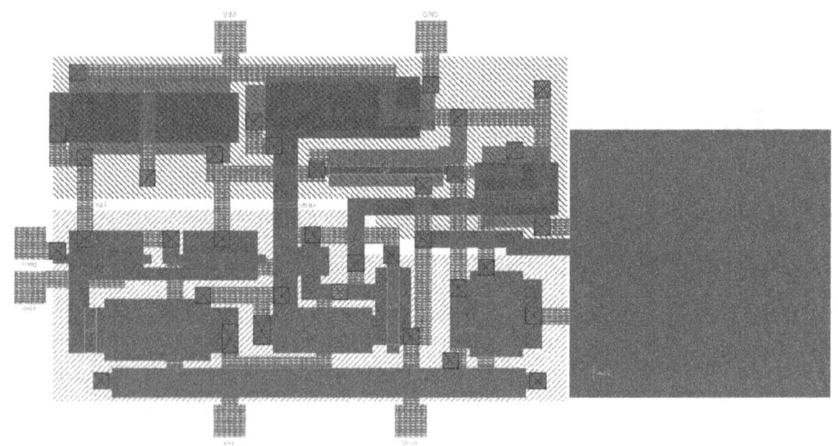

图 2.3 运算放大器的版图

2.7.3 接口核

SoC 的另一个重要组成部分是各种接口或通信模块，这些接口或通信模块可为 SoC 与外部的外设或器件的连接提供便利，以实现更高的板上集成度。这些接口核包括 USB、通用异步收发器(universal asynchronous receiver/transmitter，UART)、串行外设接口(serial peripheral interface，SPI)、第二代双倍数据速率(double data rate 2，DDR2)、PCIe、高级可扩展接口(Advanced eXtensible Interface，AXI)和高级高性能总线(advanced high-performance bus,AHB)主从控制器。这些核心通常配备本地处理器和执行这些核心协议功能的嵌入式软件。这些核心可以由团队自行设计,也可以采用第三方的硬核或软核。

2.7.4　片上时钟发生器、锁相环和传感器

除负责功能操作的 SoC 组件外,还有一些必要的片上功能模块是 SoC 操作所必需的,包括:

- 片上时钟发生器。
- 锁相环。
- 片上传感器。

2.8　SoC 开发周期

企业通过对业务领域进行市场调研可以获得产品需求。市场调研是指在公司目标范围内识别客户的需求并提供技术解决方案。技术解决方案是非常详细的,可用于确定系统需求,评估系统芯片或 SoC 解决方案开发的可行性。例如,一家农业科技公司可能会确定无人机的 SoC 解决方案,以应用于农业用地、农作物监测和远程监控。然而,只有在深入了解市场需求和开发可行性后,才会考虑开发 SoC。一旦决定开发无线无人机控制器的 SoC,就要进行技术研究以明确功能需求,然后制定功能规格。这种 SoC 的典型功能规格包括收发器规格、控制范围、监管要求、适用的协议标准、功耗要求等。这些细节都会被记录在市场需求文件(market requirements document,MRD)中,文件中还会附上预估的开发和制造成本。这是产品开发周期的第一步。基于 MRD,可以明确产品和系统的具体需求,整理成产品需求文件(product requirement document,PRD)。PRD 不仅会记录应用场景,还会确定需要集成在所提议的系统中的各种功能核心,定义电子硬件系统需求、外围模块、用户界面、外壳等内容。然后,使用恰当的、有针对性的技术对电子系统进行开发,SoC 的设计概念由此清晰呈现。系统架构师将进一步研究在工程和成本约束下设计的可行性。这是一个反复的过程,涉及多次审查及市场营销团队和系统团队之间的深入讨论。一旦被接受,PRD 将被转交给工

程团队，以评估开发的可行性。SoC 是针对 VLSI 及相关技术设计的。此后，SoC 会被划分为多个子系统，接着会确定这些子系统是使用内部模块还是使用现成的 IP 核。在进行技术可行性分析之后，需要选择合适的通用处理器，有时会涉及技术实验和分析。此外，需要确定专用数字信号处理器或模块的特殊信号处理功能，从而为系统实际的软硬件分区提供依据。系统的高级设计文档(high-level design document，HLD)中将详细记录以上所有内容。工程设计团队正是从这里开始着手规划、设计并开发 SoC 的。

2.9 SoC 设计要求

SoC 的 HLD 会列出明确的功能规格，详细说明适用的技术标准、认证需求和封装要求。为确保安全性和互操作性，在 SoC 开发过程中，需要遵循由 IEEE、高级电视系统委员会(Advanced Television Systems Committee，ATSE)或国际电信联盟电信标准化部门(International Telecommunication Union-Telecommunication Standardization Sector，ITU-T)等专业机构定义的技术标准。SoC 性能因素，如 PPA，是芯片供应商的独特卖点。因此，必须使用创新的方法来设计 SoC，以实现既定的设计目标。

2.10 SoC 设计策略

SoC 设计方法取决于许多因素，包括 SoC 类型(数字、模拟或混合信号)、PPA、EDA 工具流程及设计版本(第一代或后续版本)。在大多数 SoC 设计中，对公司有高价值的功能核心都是公司内部自行开发的，其余的通用 IP 则从第三方设计厂商处购买并集成。每个设计人员都必须了解相关策略，以调整自己在 SoC 设计和开发中的角色。SoC 的商业可行性取决于设计复杂性、PPA 需求、目标工艺技术和计划生产的数量。PPA 表现优异的 SoC 的设计和开发成本很高。要想在市场上具有竞争力，需要尽量降低开发成本。消费类应用中的 SoC 对成本非常敏感，必须具有足够的竞争力。只有在大批量生产的情况下，才有可能实现低成本和卓越的 PPA 表现。不过也有例外：国防和航天应用等战略领域对 SoC 性能的要求非常高，但需求量相对较小。

在这种情况下，SoC 的成本只占大型系统成本的一小部分。然而，在所有类别中，设计人员的目标都是最小化一次性工程（non-recurring engineering，NRE）成本，努力实现卓越的 PPA 表现。当 SoC 投入生产时，每个部件的成本将受芯片尺寸、目标制造技术、封装、测试和验证等多种因素的影响，规模经济将在其中发挥作用：产量越大，成本越低。所有这些情况都要求设计人员制定正确的 SoC 设计策略。

2.11　SoC 设计规划

SoC 设计始于芯片架构开发。芯片架构文件包含对功能模块及其接口、通信接口模块、时钟和复位策略、上电和启动过程、数据路径、控制路径和 IP 核的描述。需要注意的是，在这个阶段可能还无法明确所有的细节，但这份初始文件可以作为一个起点。如果需要，系统架构师可以通过对一些模块进行实验和建模来完善这份文件。这也构成了资源规划、定义工具流程和设计基础设施规划的基础。借助芯片架构，可以确定设计人员和验证工程师的数量、设计工作站的数量、网络需求和 EDA 工具。新设计公司的设计规划始于配备一两名建模工程师和建模/仿真工具，其余的需求最终会在开发过程中适时补充。根据 SoC 的复杂性和性能要求，使用芯片架构文件来定义设计流程和方法。当 SoC 的性能要求非常高时，采用定制设计流程，而数字设计则采用基于单元的自动设计流程。基于单元的自动设计流程也被称为标准单元设计。模拟模块，如高速数据转换器、时钟生成电路、锁相环和高性能串行器/解串器，是采用定制设计方法的候选对象。定制设计方法不适合大型 SoC 设计。对于此类 SoC 设计，应该采用基于标准单元的设计流程。在这种方法中，需要使用一个预先设计好的标准单元库，其中包含各种不同驱动强度的逻辑门。标准单元库不仅包含所有标准逻辑单元，还包含一些其他单元，如加法器、比较器、编码器-解码器和时钟缓冲器。大多数 EDA 工具都支持这种流程。事实上，标准单元设计已经成为大型复杂 SoC 设计的行业标准。在采用正确的设计策略时，确定单元库的组成已成为一项关键工作。

2.12　系统建模

在 HLD 和芯片架构中，系统模块在处理时间、算法选择、延迟和时钟数据路径吞吐量方面的设计假设很少。这些假设可通过对子系统建模进行验证。为此，可以开发一个系统参考模型，并将其用作验证实际设计的最佳参考。系统建模最常用的是 C++、System C 等高级编程语言，以及 System View、MATLAB 和 Scilab 等工具。系统模型可确保 SoC 设计中使用的分区、接口和算法的正确性。

2.13　系统模块开发可行性研究

虽然系统模型在一定程度上验证了可行性，但硬件设计的限制可能会影响 SoC 设计目标的实现。可通过在开发平台采用不同的实现方案和仿真方法选出合适的实现技术，评估实现 SoC PPA 目标的可行性。这些方法可以帮助设计人员确定循环冗余校验、帧检验序列等并行和串行功能以及内存需求方面的决策。

2.14　IP 设计决策

SoC 在通用处理器和处理器子系统上执行功能进程和任务。通用处理器核心是大多数 SoC 的组成部分，专为实现高性能和最优面积而设计。有公司专门针对不同的性能要求设计处理器或处理器子系统核心，并以多种形态提供这些核心，作为 IP 核用于 SoC 集成。这些核心需要根据集成系统的需求进行性能和延迟的验证。针对特定应用的 SoC 设计师会购买处理器核心、子系统核心、DDR 控制器以及标准协议接口核，作为 IP 核用于集成。这些 IP 核都是经过验证的，在功能性、互操作性和集成性方面表现可靠。SoC 设计者会按特许权使用费或许可证条款购买这些 IP 核。软宏模块对目标技术良好的可用性、重用性和可移植性使 SoC 设计得以迅速开展并推向市场。这种现成的 IP 核有很多，如处理器核心、安全引擎，以及 USB、UART、SPI

和高清多媒体接口(high definition multimedia interface,HDMI)等接口 IP。

2.15 验证知识产权

与设计 IP 核一样,验证知识产权(verification intellectual property,VIP)核是预先建模和验证的软核,可以集成到 SoC 验证环境中,有助于发现 SoC 设计中 IP 核的兼容性和对功能的误解。VIP 通常基于版税或许可条款提供,可以在多个 SoC 设计的验证中重复使用。VIP 还附带一套标准测试场景,有助于更快地验证 SoC 设计。SPI 主/从核和以太网媒体访问控制(media access control,MAC)核均可作为 VIP 使用。因为大多数 VIP 是不可综合的,所以它们仅用于设计验证。

2.16 目标技术决策

一旦确定了处理器子系统、IP 核以及合适的封装,下一步就是确定 SoC 处理的目标技术。这一决策主要基于芯片的功耗预算、估算的芯片尺寸以及目标技术中已确定的 IP 核(如 PLL、存储器和其他基本核心)的可用性。如果 IP 核在目标技术中没有得到验证,这就会成为一个商业决策问题,因为它会增加 SoC 的设计时间。这是一个反复决策的过程,直到作出合适的目标技术决策。

2.17 开发计划

SoC 架构中会确定所有必需的子系统和 IP 核,制定时间表,并根据上市时间(在 MRD 中决定)制定设计流片计划。相应地,对于 IP 核,会作出自行开发或购买的决策,同时考虑企业的早期市场进入优势。然而,对于第三方 IP,可能需要进行一些设计包装,以便将它们集成到系统中,同时需要进行验证以检查集成的适用性。除目标技术供应商提供的标准单元库外,SoC 设计通常需要一些额外的复杂单元,称为宏单元或大型单元。这些单元有时可以从 EDA 工具供应商处直接购买。常见宏单元有快速乘法器和存储阵列。宏单元可以在许多设计中重复使用，可以抵消初始设计成本。功能宏有硬宏或软宏两种类型。硬宏是设计好的核心，可以在物理设计阶段集成到 SoC 中。SoC 设计人员不能以任何方式修改它们，只能通过输入输出信号将它们连接到 SoC 内部模块。硬宏的主要优点是宏单元在尺寸、功耗和速度方面进行了优化。硬宏的缺点是不能适用于其他工艺技术。但是，对于可参数化的硬宏单元，供应商一般会提供宏生成器，可以根据配置参数生成所需的宏单元。例如，存储器编译器可以生成各种不同大小的存储阵列。软宏是具有预定功能的功能模块，可作为可综合的核心使用。软宏可适用于 SoC 设计所选择的任何工艺技术。软宏在 SoC 设计的综合阶段之前进行集成。必须经过综合和物理设计流程，以满足 SoC 设计目标。软宏可以根据 SoC 集成的需求进行定制，如乘法器模块。

2.18　EDA 工具计划

EDA 工具在 SoC 设计过程中起着非常重要的作用。EDA 工具用于功能和时序验证、设计综合、可测试性设计、物理综合、布局布线以及 SoC 设计过程中的设计规则检查。EDA 工具可以大致分为设计工具和验证工具。设计工具主要有综合工具和布局布线工具。验证工具主要有功能、时序和故障模拟器，静态时序分析器，等效检查器，设计规则检查器，以及电气规则检查器。有许多工具供应商为 SoC 设计提供端到端 EDA 工具，这些工具都有易于使用的图形用户界面(graphical user interface，GUI)。即便如此，也有必要根据 SoC 设计复杂性和设计类型定制工具流程。通常，使用一家供应商的 EDA 完成 SoC 设计，使用另一套工具进行验证和分析。这是因为 SoC 设计具有复杂性，用不同的算法进行 VLSI 设计和验证，有助于在验证过程中发现设计中的不匹配现象。除 EDA 工具外，还有一些用于设计数据库管理、调试和分析的工具也很重要。设计 SoC 至少需要以下几类工具：HDL 模拟器、Lint 检查器、综合工具、静态时序分析器、签核工具。有时，还需要使用软硬件协同仿真器、FPGA 验证平台和建模软件，以及具有版本控制和错误跟踪功能的设计存储库管理工具。定制设计流程需要在设计环境中使用提取和建模工具、电路仿真器、版图编辑器、设计规则检查器以及电气规则检查器。

2.19 设计中心基础设施

SoC 设计是一个计算密集型过程，需要使用高性能系统处理设计仿真、综合和物理设计。根据设计的复杂度，设计周期内流程运行时间从几分钟到几天不等。因此，需要配备高端服务器级别的工作站和具有合适的操作系统的设计系统来运行设计流程。大多数 SoC 设计都是在基于 Linux 的高性能计算机系统上进行的。SoC 设计是团队工作，许多设计人员需要在设计周期的不同时间点访问不同的工具集。因此，需要建立一个合理的系统网络，为设计人员提供系统和工具的访问权限。确保适当的备份设施、保障 IP 数据库的安全性对设计过程也是至关重要的。SoC 设计的典型网络设置如图 2.4 所示。

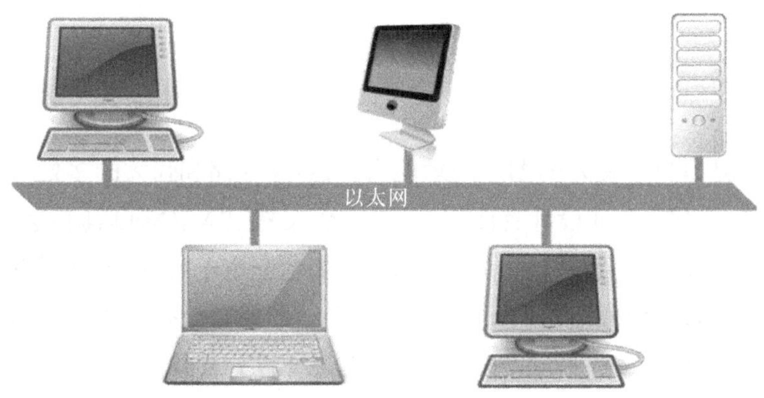

图 2.4 设计基础设施的网络拓扑结构

2.20 计算服务器

计算服务器（执行繁重计算的服务器）是运行 SoC 设计中模拟、逻辑和物理综合的机器。这些机器的配置是为满足实际运行高端设计流程工具的需求而设计的。一台典型的机器可能有 8～16 个核，运行频率为 2 GHz 或更高，并且配备 64 GB 或更大的内存（RAM）。除此之外，还需要配备一个大容量缓存，用来保存设计从输入格式转换到输出格式期间存储的临时数据。EDA 流程也会生成大量数据，一次模拟的波形输出可以达到 100 GB 或更大。

2.21 文件管理器

存储文件管理器是为实现大容量数据的存储、备份和归档而设计和配置的文件服务器。存储文件管理器也称为网络附接存储(network attached storage, NAS)文件管理器或存储区域网络(storage area network, SAN)文件管理器。当需要通过以太局域网在多个用户之间共享大量数据时,它们非常有用。

理想的存储文件管理器具有全天候可用性、可伸缩性、可扩展性且易于管理,通常支持多种网络协议,具有较高的存储容量。其中许多都能实现存储冗余,保证高吞吐量,且安全性强,可与各种备份设备类型和配置兼容。

2.22 工作站

工作站是具有良好的图形处理能力、大容量存储和强大的多处理器的高性能系统,可供VLSI设计者使用。不过,个人笔记本电脑也具有这些功能,因此设计师在大多数设计环节都使用高性能笔记本电脑,在最终版图编辑时使用工作站,以在物理设计验证期间修复经设计规则检查发现的问题和其他违反规范的问题。选择工作站时主要考虑EDA工具的要求和设计的复杂性。

2.23 备份服务器

备份服务器是一种能在专用的内部服务器或远程服务器上备份数据、文件、应用程序和数据库的服务器。它融合了硬件和软件技术,可以为其连接的计算机、服务器或相关设备提供备份存储和检索服务。备份服务器通常用于企业IT环境,整个组织的计算系统通过网络连接一个或多个备份服务器。备份服务器由存储容量大的标准硬件服务器(大多带有冗余存储驱动器)和专门构建的备份服务器应用程序组成。每台计算机的备份计划可通过安装客户端实用程序实现,也可在主机操作系统中配置。到了预定的时间,主机会连接备份服务器,启动数据备份。在发生数据丢失、数据损坏或遭遇灾难时,可以检索或恢复备份数据。在托管或云服务提供商的背景下,备份服务器可以通过网页或供应商的应用程序接口(application program interface,API)实现远程连接。

2.24 源代码管理服务器

源代码管理服务器是设计中心基础设施中的重要组件,有助于管理设计数据库开发过程中产生的源代码的各个版本,也被称为版本控制服务器。源代码管理服务器是主服务器,负责托管设计数据库及其修改内容,以及设计所有者所做的变更日志,包含变更时间、登录详情以及设计随时间的变化等详细信息。对文档或源代码的更改由修订号或标签标识。如有需要,可以随时检索带有标签的对应数据库,这样就可以跟踪数据库从初始版本或修订版本到最终版本的更改进程。这也有助于在由设计团队、验证团队、综合团队和物理设计团队组成的多团队环境中,通过发布机制将数据库从一个组转移到另一个组。这些系统和软件支持数据库标记、合并、撤销更改等操作,但是对数据库的操作将会被记录下来,具有可追溯性。

2.25 防火墙

防火墙是用于防止未经授权访问存储库服务器或源代码管理服务器的硬件或软件系统。拥有对存储和处理 SoC 设计数据库系统的访问控制机制是非常重要的。

2.26 资源规划

好的设计师才能做出好的设计,拥有顶尖技术和专业知识的设计人员能一次成功设计出高质量的 SoC。从事复杂 SoC 设计的设计团队,其成员需要具备不同的技能组合,具体取决于他们的角色。系统架构师必须具备完整的系统级知识,掌握不同的算法,并能够解读标准规范。此外,他们还必须了解时钟策略、低功耗概念、处理器架构、总线结构、内存组织及其对性能的影响。他们必须对建模技术有很好的理解，并具备设计和验证要求的工作知识。前端或逻辑设计人员必须精通逻辑设计的基础知识，掌握可综合概念、HDL 编程、时序概念和设计流程，了解相关 EDA 工具。要实现良好的 SoC 设计，必须拥有一支由设计师、验证工程师、实现工程师、工具专家、网络支持团队和物理设计团队组成的优秀团队。此外，在设计团队中需要有精通数字和模拟电路的设计师，他们要对相关协议有透彻的理解。

2.27　SoC 设计流程

SoC 设计流程涉及不同子系统采用的多个并行设计流程。在逻辑、综合或物理设计阶段，完整的子系统被集成到一个 SoC 设计中。最终，在全面验证和签核后，设计数据库作为单个 SoC 设计进行流片，以供制造。下面将解释不同类型系统（如处理器核心或子系统、数字子系统核心、模拟/射频核心或内存控制器）所采用的不同设计流程。

2.27.1　SoC 芯片高级设计方法

在过去的 60 年中，设计方法发展迅速，以至于在超大规模集成电路技术中，焦点已经从电路设计转向系统设计。超大规模集成电路设计流程已经成为整个系统设计的一小部分，而系统开发的方法更注重复杂系统中大量功能模块的集成。系统设计由一组子系统设计流程组成，这些流程并行执行，并在不同阶段进行集成。主要设计开发流程如下：

- 数字 SoC 核心开发流程。
- 处理器子系统设计流程。
- SoC 物理设计流程。
- 软件开发流程。
- 电子验证模块/软件开发平台设计流程。
- 产品集成流程。

2.27.2　数字 SoC 核心开发流程

数字 SoC 核心开发流程即专用集成电路(application specific integrated circuit，ASIC)设计流程或标准单元设计流程。SoC 的数字核心用于设计系统的关键部分，是应用程序中的主要区分因素。基于标准单元的自动化设计流程如图 2.5 所示。

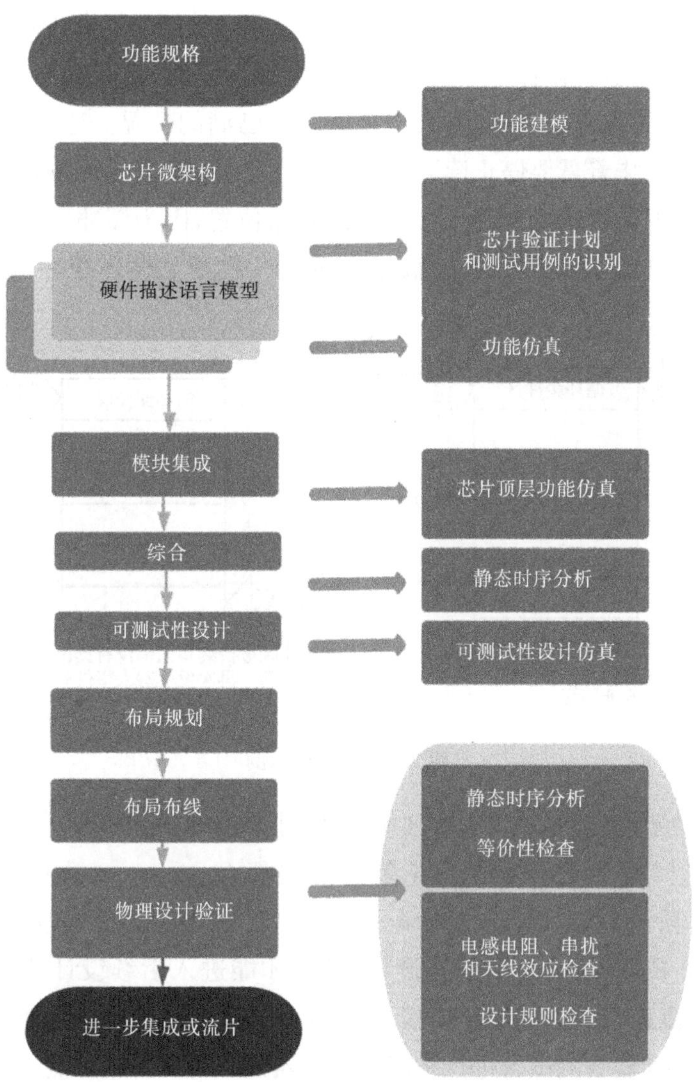

图 2.5　数字核心标准单元设计流程

功能规格由整个 SoC 规划中的关键模块定义。如果此模块是完全的数字逻辑核，则使用标准单元设计流程。这个模块在功能上被划分为多个子模块，每个子模块都被详细定义。这被称为设计文档或微架构设计，可能针对模块/子模块级别或芯片顶层，视复杂度而定。子模块或模块的设计细节包括功能描述、内部框图、接口信号描述、时序图和内部状态机细节(如果有)。设计文档会指定一些特殊的特性和场景，这些特性和场景对需要验证的功能至关重要。此信息通常用于在测试台中创建特殊功能或能力的要求，以验证设计场景。例如，在设计一千个位置的循环缓冲区时，当数据不断被写入和读取时，除非读取停止，否则不会出现缓冲区已满的情况。这是此背景下的设计角。这意味着需要停止读取缓冲区以查看缓冲区是否已满，并测试进一步写入的数据是否正确地写入缓冲区的起始位置，因为缓冲区是循环的，在此过程中不会丢失最后写入的数据。图 2.6 展示了循环缓冲区的设计角条件。

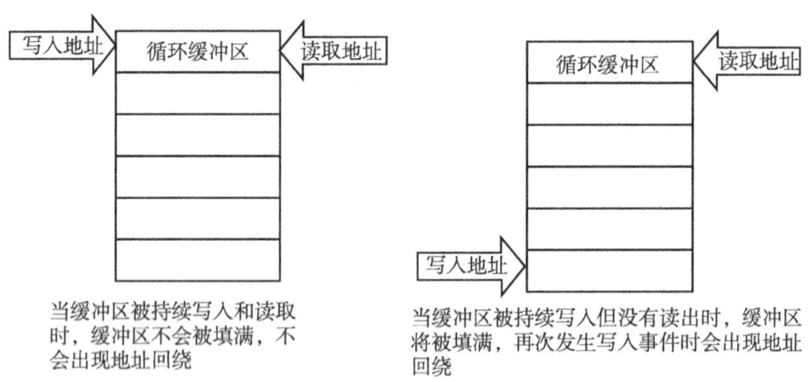

图 2.6　设计角示例

根据微架构，模块或芯片核心使用硬件描述语言(如 SystemVerilog 和 VHDL)进行行为建模，属于寄存器传输级(register transfer language, RTL)设计阶段，其中 SystemVerilog 现在已经成为芯片设计事实上的硬件描述语言。RTL 设计必须遵守设计准则，才能进入后续设计阶段，如综合(SoC 设计流程中的关键设计步骤)。为确保 HDL 建模设计功能的正确性，可以使用仿真器的测试台进行仿真。仿真器是一种支持施加测试向量，捕获被测设计的响应，生成图形信号波形的应用程序，可帮助设计者作出分析和决策。仿真器有两种类型：基于周期的仿真器和基于事件的仿真器。对于数字设计，最常用的是基于周期的仿真器。建模后利用适当的设计约束对 RTL 设计进行综合。设计约束包含设计人员对时钟细节、输入输出延迟以及特定逻辑综合指令的要求，这些都是综合工具会用到的内容。设计约束包含使用技术单元库中的标准逻辑单元以特定方式互连以满足设计的面积、时序和功耗目标。综合是读取 HDL 行为模块并将其转换为称作网表的门级设计的过程。设计的网表是一组标准的门、单元、触发器，通过互连来实现 HDL 模型中描述的特定功能。这是使用综合工具完成的。在综合过程中，设计网表中推导出的 D 触发器被替换为用于进行可测试性设计（design for testability，DFT）的扫描触发器。DFT 是确保由制造过程导致的模块故障可追踪和可识别的过程。DFT 工具会进一步修改设计，以用于嵌入式存储器、D 触发器和输入输出引脚的额外测试结构。关于这些流程的更多内容将在后面的章节中详细介绍。最终，设计网表将被交付到物理设计流程中，该流程通常被称为后端流程。物理设计流程会将设计网表转换为设计版图。

平面规划是物理设计的第一步，涉及子模块和所有设计元素在设计网表中的布局。输入输出引脚的布局、功耗需求、片上存储器、宏以及子模块在布局布线边界内的互连能力都在此步骤中确定。物理设计工具中的平面规划是指创建框架，用于安置子模块、存储器宏和标准单元。平面规划之后是模块的实际布局。一旦所有的功能模块都布局好，就可以通过布线过程进行互连。在此之前，要对已布局的所有单元进行电源分配，并进行时钟树综合（clock tree synthesis，CTS）。CTS 可以确保时钟被适当地传送给设计中的所有时序元件。布线可以分为两步：全局布线和详细布线。全局布线是粗略的布线，主要为布线创建通道。如果有拥堵，则会显示出来。通过适当的布局调整进行纠正后，才能进行详细布线。每个物理设计流程都是通过从处理过的数据库中提取网表，并将其与作为物理设计流程输入的综合网表进行比较来验证的，这个过程称为逻辑等价性检查（logic equivalence check，LEC）。物理设计验证内容包括信号完整性、串扰、天线效应和电压降。在物理设计过程中，设计转换的每一步都需要进行静态时序分析，以确保达到时序目标。一旦物理设计通过了所有的验证，文件就可以库文件和 GDSII 文件格式的输出。如果必须将其与其他设计子模块进一步集成，则输出设计的库文件。

如图 2.7 所示，在每个设计阶段，不同的核心都有一系列并行活动，如通过模拟进行设计验证、静态时序分析、可测试性设计仿真、逻辑等价性检查和物理设计验证等。这些活动必须在适当的设计节点完成，这样才能进一步集成到 SoC 中。

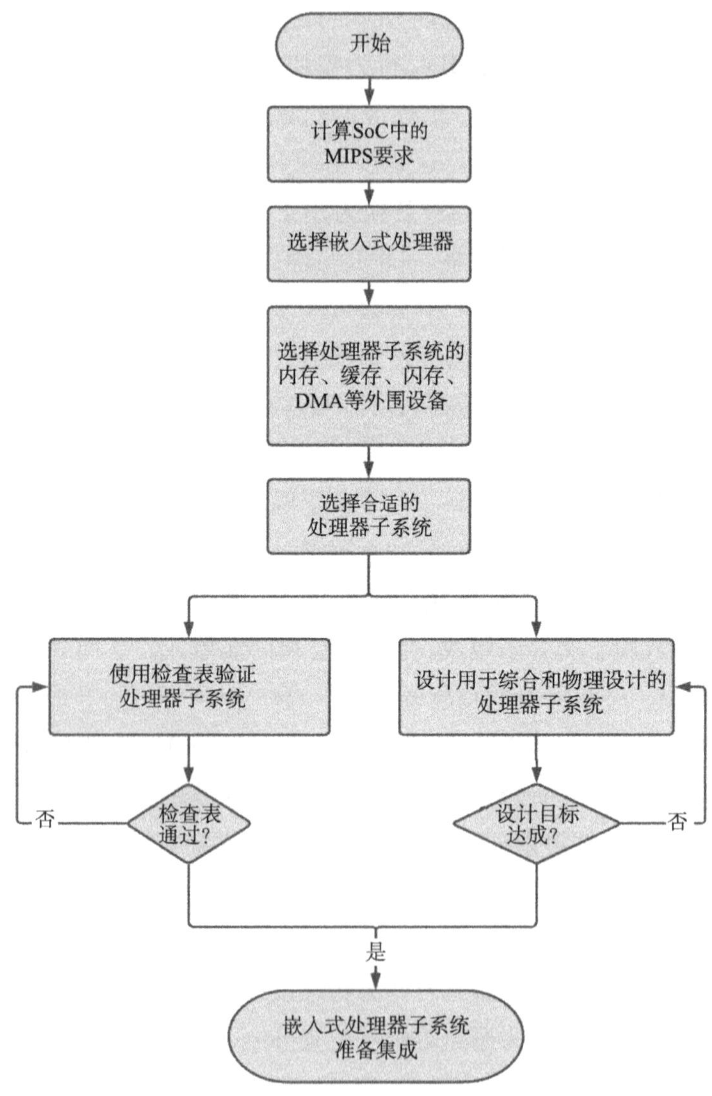

图 2.7　处理器设计流程

2.27.3 处理器子系统核心设计

嵌入式处理器是 SoC 设计中不可或缺的组成部分。在复杂的 SoC 中，可能会有数百个执行通用控制功能的处理器核心和一些特殊的信号处理核心。通常，按照专利条款，处理器子系统核心是以软核或硬核 IP 的形式授权或者购买的，除非设计中心参与处理器设计。为了简化集成到不同系统架构中的过程，处理器核心在配置方面提供了很高的灵活度。必须选择合适的处理器核心配置，以便集成到 SoC 设计中。图 2.7 展示了典型的处理器子系统核心设计流程。在 SoC 设计中，处理器子系统核心的设计始于对系统所需处理能力的评估，一般以每秒百万条指令(million instructions per second, MIPS)表示。一旦得出 MIPS 需求，便会针对该需求评估不同供应商提供的可用嵌入式处理器，然后结合其他参数选出最合适的处理器和子系统核心。考虑的参数包括处理器占用的面积、集成时的定制需求、功耗、软件开发平台、处理器上 RTOS 的可用性，以及商业方面的因素如成本、授权条款等。一旦选定处理器，就会根据 SoC 架构确定支持性外设，如一级和二级缓存选项、引导选项、调试接口协议、网络互联支持等。处理器配置的选择是在对典型应用场景建模的基础上完成的，设计师的集成经验对此也有一定影响。处理器配置的主要参数包括地址和数据总线宽度、指令和数据缓存大小、直接存储器访问(direct memory access, DMA)控制器等外设子系统、AMBA 高性能总线(AMBA high-performance bus, AHB)和 AMBA 外设总线(AMBA peripheral bus, APB)主从总线、所需计时器数量和中断线数量等。基于这些参数生成处理器子系统核心后，在供应商提供的标准验证环境中验证，以确保其性能和处理能力符合宣称的标准。处理器子系统核心可以是软核或硬核，可与 SoC 的其他模块连接，推进设计流程的展开。如果处理器子系统核心是软核，则将其作为逻辑模块进行连接；如果处理器子系统核心是硬核，则在 SoC 物理设计过程中进行集成。

2.27.4 SoC 集成设计流程

SoC 设计流程与标准的超大规模集成电路设计流程仅在集成流程方面有所不同。它可以被视为一种混合设计流程，其中许多核心设计在不同的设计抽象阶段被集成。待集成的设计模块、宏和 IP 核可以不同类型呈现：软核(RTL 源代码)或网表、硬宏库文件(LIB)或版图文件(GDSII)。模拟、射频核心设计遵循全定制设计流程，而处理器子系统核心设计则使用基于标准单元的 ASIC 设计流程进行，以实现高性能。这些核心在 SoC 设计阶段的不同层级进行集成，具体取决于设计的抽象程度和类型。图 2.8 展示了 SoC 设计中可能的集成阶段。

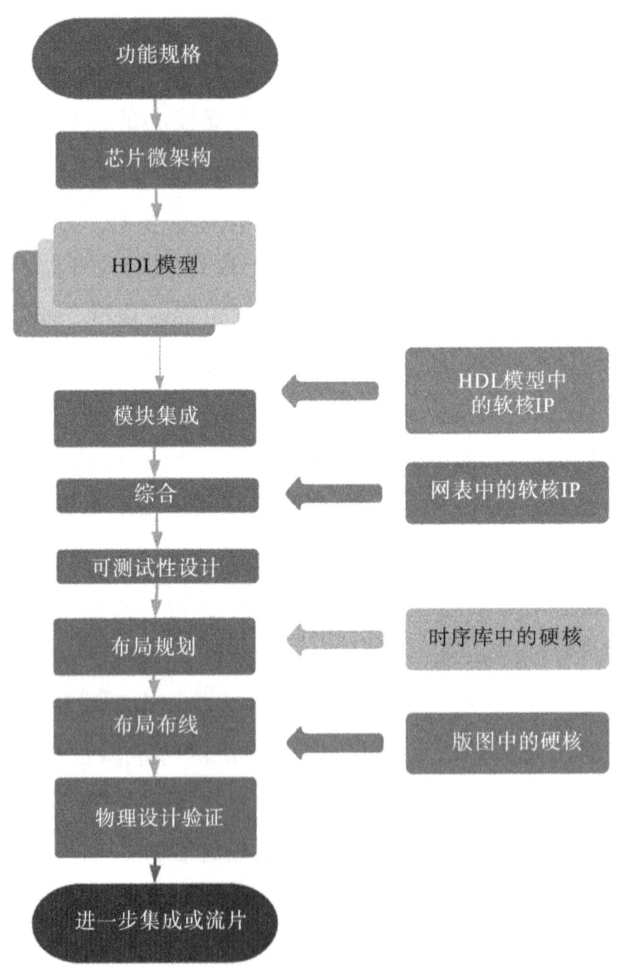

图 2.8 SoC 物理设计流程

在任何设计阶段，额外的核心被集成到 SoC 设计数据库中，都必须进行适当的集成验证，以确保集成设计按预期工作且达到设计目标。集成 IP 核后继续 SoC 设计，同时进行适当的设计约束修改和综合验证。图 2.9 展示了包含 IP 核集成的设计流程。

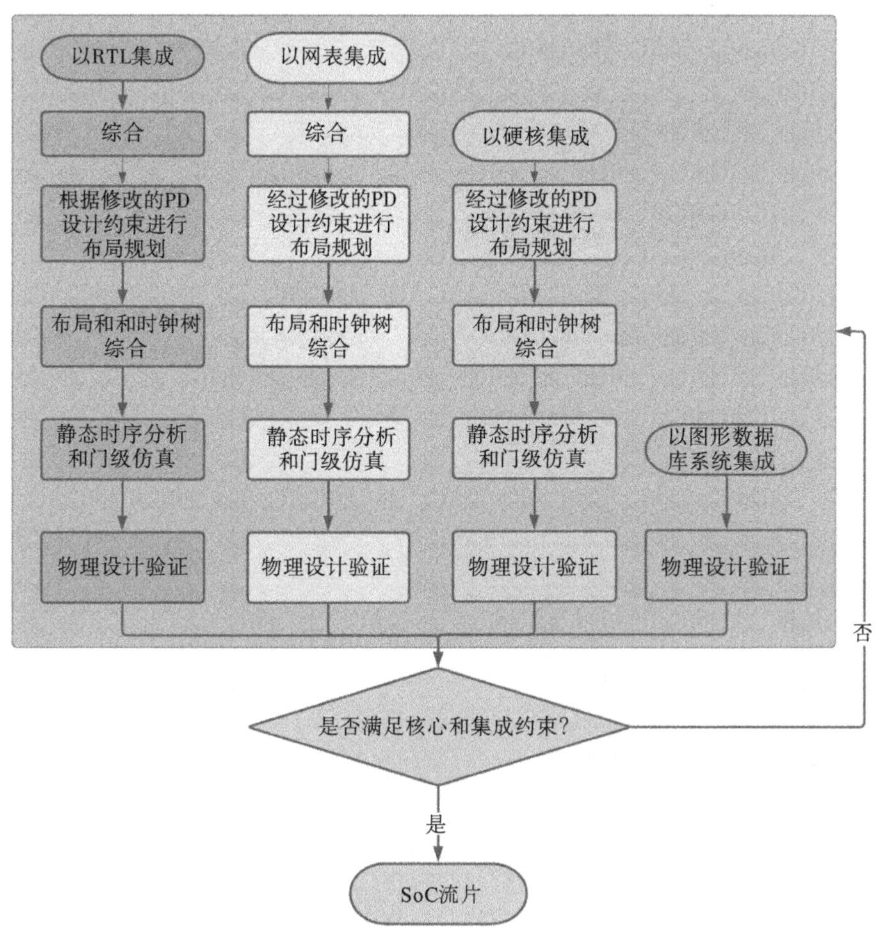

图 2.9 不同抽象级别核心集成的 SoC 设计流程

2.28 电子验证模块设计开发流程

最简单的 SoC 验证平台是带有 SoC 及所有相关离散元件和模块的电路板，用于在实际应用场景中验证 SoC 的特定功能和性能。电子验证模块(electronic validation module，EVM)开发流程在确定封装方式后立即开始，通常在 SoC 的功耗、面积和输入输出数量确定后进行。在包含多个芯片的复杂 SoC 中，封装设计需要耗费大量时间和精力，因此在 EVM 开发之前必须充分考虑这些因素。EVM 设计流程如图 2.10 所示。

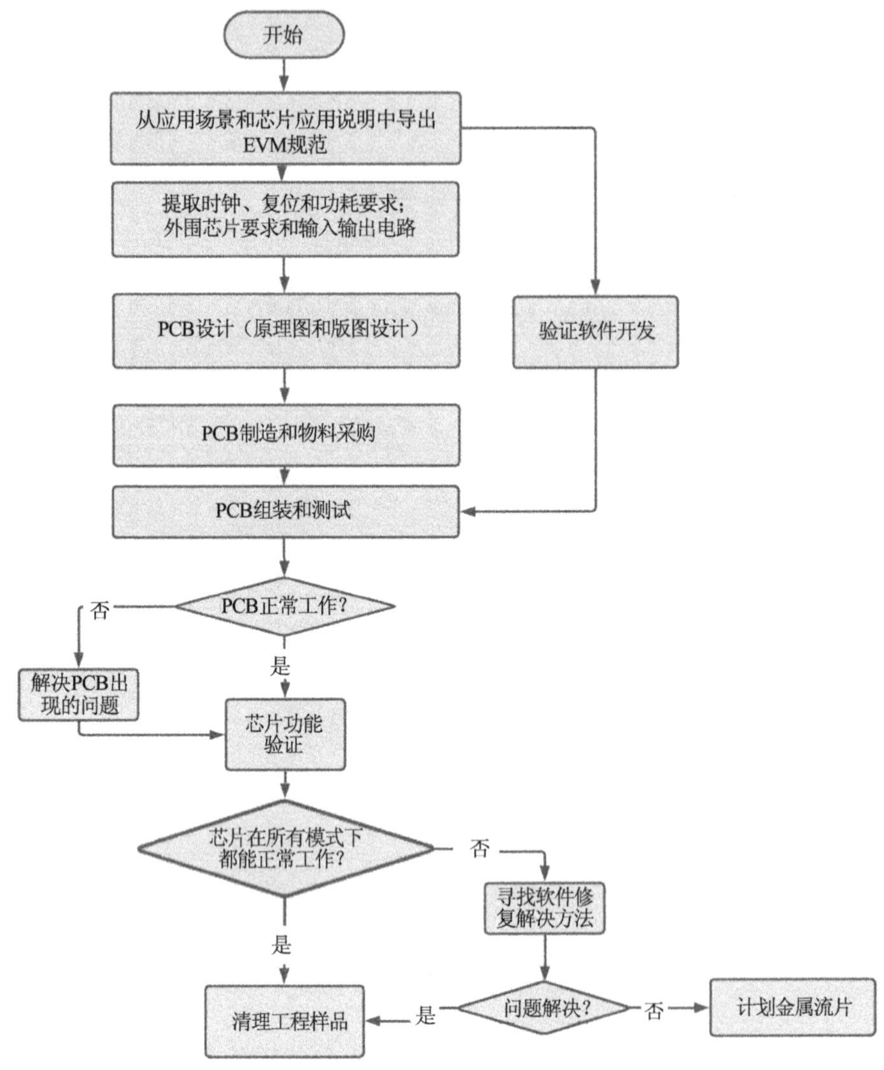

图 2.10　EVM 设计流程

2.29 软件开发流程

早期,软件开发通常在硬件平台准备就绪、芯片设计和制造完成后才开始。但随着配备处理器子系统和高密度现场可编程门阵列(FPGA)的开发板的问世,现在可以在这些开发板上开发整个系统,软件团队也得以在SoC设计周期的早期阶段介入。此外,提供处理器核心的公司还会提供带有处理器和额外FPGA的开发板,以供用户进行逻辑设计。通过将设计模块移植到FPGA中,这些开发板可用于验证芯片设计。除此之外,开发板还可用于与芯片开发并行的软件开发,有助于在SoC设计期间验证许多设计假设,例如功能延迟、接口、中断/直接存储器访问机制等。通过在固件中开发、验证智能算法,我们可以确定SoC的实时配置。很多时候,在众多备选方案中选择合适的算法往往能成为SoC的独特卖点。嵌入式固件开发流程如图2.11所示。

2.30 产品集成流程

SoC设计在基于EVM的开发平台上得到验证后,通常会为产品设计的各种应用场景生成SoC使用说明。

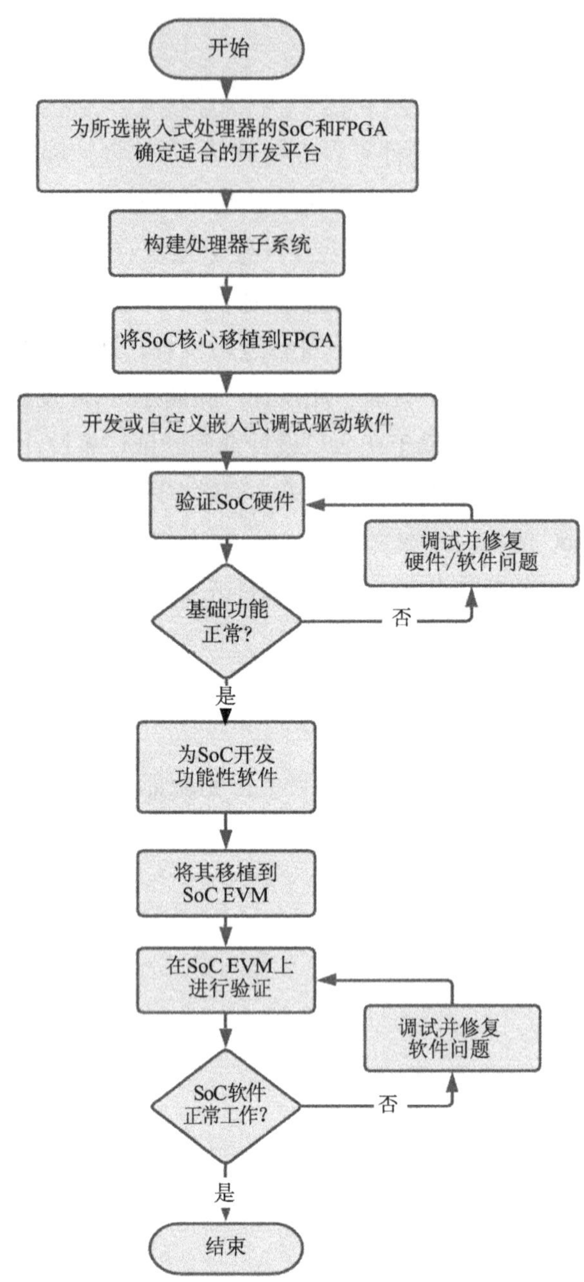
开始
为所选嵌入式处理器的SoC和FPGA
确定适合的开发平台
构建处理器子系统
将SoC核心移植到FPGA
开发或自定义嵌入式调试驱动软件
验证SoC硬件
调试并修复
硬件/软件问题
基础功能
正常?
否
是
为SoC开发
功能性软件
将其移植到
SoC EVM
在SoC EVM上
进行验证
调试并修复
软件问题
SoC软件
正常工作?
否
是
结束

图 2.11 固件设计流程

第 3 章　SoC 组成部分

3.1　SoC 组成部分

一个典型的 SoC 包含一个或多个处理器和处理器子系统、片上存储器、外围子系统、标准通信核心以及外围设备和存储器控制器。芯片上的处理器子系统包含单个或多个处理器核心、标准外围总线桥接和接口；片上存储器由 SRAM 或寄存器阵列组成，具体取决于其大小。SoC 的主要组成部分有特定应用功能模块、协议模块、数据处理模块、物理层功能模块或多媒体 SoC 的高效信号处理核心；路由器 SoC 中还可能包含基于规则的交换功能模块。芯片上的通信核心支持与对等设备的通信并使它们具有相互操作性。常用的通信核心有 USB、UART、集成电路总线(inter-integrated circuit，I2C)和 SPI。目前，SoC 还包含高性能混合信号（模拟和数字信号）处理模块，如模数转换器(analog-to-digital converter，ADC)/数模转换器(digital-to-analog converter，DAC)、信号调节电路、用于感知温度和活动的传感器功能模块，以及带有射频收发器功能的功能模块。除此之外，SoC 中还添加了额外的胶合逻辑，有助于管理用于处理或通信传输的数据、通信接口和加速器，以支持嵌入式固件。SoC 中通常还有特定应用协议功能模块和传感器/执行器接口与信号调节电路以及其他控制路径模块，如时钟复位电路、调试逻辑、直接存储器访问控制器(direct memory access controller，DMAC)、存储器控制器、中断控制器、总线转换模块、网络互联模块和 DFT 逻辑。

3.1.1　嵌入式处理器子系统

通常，在大多数 SoC 和嵌入式处理器中，主要的功能核心是精简指令集计算机(reduced instruction set computer，RISC)处理器，它可以是单个实例或多个实例，具体取决于特定应用所需的处理能力。随着技术的进步，现在已经可以在单个芯片上集成越来越多的核心，这使得 SoC 能够支持运行数百个应用程序。有时，单个芯片上甚至嵌入数十到数百个处理器和外设。用于云服务器系统的 SoC 就是这种复杂系统的例子。嵌入式处理器可以是 RISC 处理器或数字信号处理器(DSP)，也可以是两者的组合，具体取决于目标应用。安谋(ARM)的 Cortex-M4 嵌入式处理器子系统[图 3.1(a)]是 SoC 中最受欢迎的处理器子系统核心之一，由处理器核心、中断控制器、DSP 核、浮点单元(floating point unit，FPU)、存储器保护单元、AMBA 高性能总线(AHB) 精简接口以及联合测试工作组(Joint Test Action Group，JATG)接口和串行线接口等调试接口组成。

图 3.1(b)展示了 ARM 610 微处理器 SoC 的芯片。结合图片，不难看出这款 SoC 的复杂性和高度集成性。

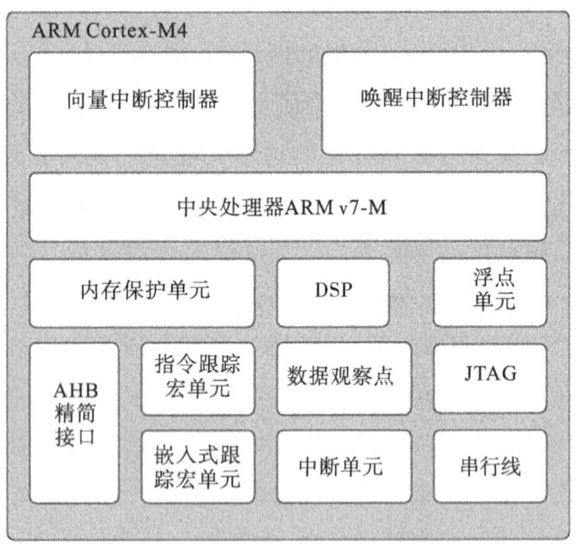

(a)

(b)

图 3.1　(a) ARM Cortex M4 功能框图；(b) ARM 610 微处理器裸片显微照片

(资料来源：ARM 610 微处理器。鸣谢：GEC Plessey)

SoC 嵌入式处理器的选择

片上处理器及其子系统的选择完全基于系统的处理需求。其处理能力取决于应用程序，功能则根据系统的关键性进行定义和分类。通过硬件-软件功能的划分，得出对芯片的处理需求。虽然没有推导处理需求的正式流程，但为满足这些需求通常开展如下活动：

- SoC 的硬软件分区后，列出需要在软件中执行的功能。
- 将它们分为可以由通用指令和信号处理指令执行的功能（进行乘法、除法、滤波等数学运算的功能）。通用功能会映射到 RISC 处理器上，信号处理功能会映射到数字信号处理器上。

嵌入式通用 RISC 处理器

- 将功能分为实时操作和多循环操作。
- 列出多循环操作功能中涉及的所有进程。
- 将功能的处理过程映射到通用 RISC 处理器的加载、操作和存储指令上。
- 汇总执行所有操作所需的所有指令，并将其乘以每条指令的平均周期数，由此得出每秒指令数(instructions per second，IPS)。这是执行操作所需的处理过程。很多时候，实际情况不会像这里所写的这样简单。在这种情况下，可以在可用的处理器开发平台上对这些功能、程序和算法进行建模，以评估操作所需的读/写指令和算术/逻辑指令的数量。

- 将需求映射到可用的处理器数据表参数，并进行比较。
- 选择最合适的处理器核心。选择过程如图 3.2 所示。

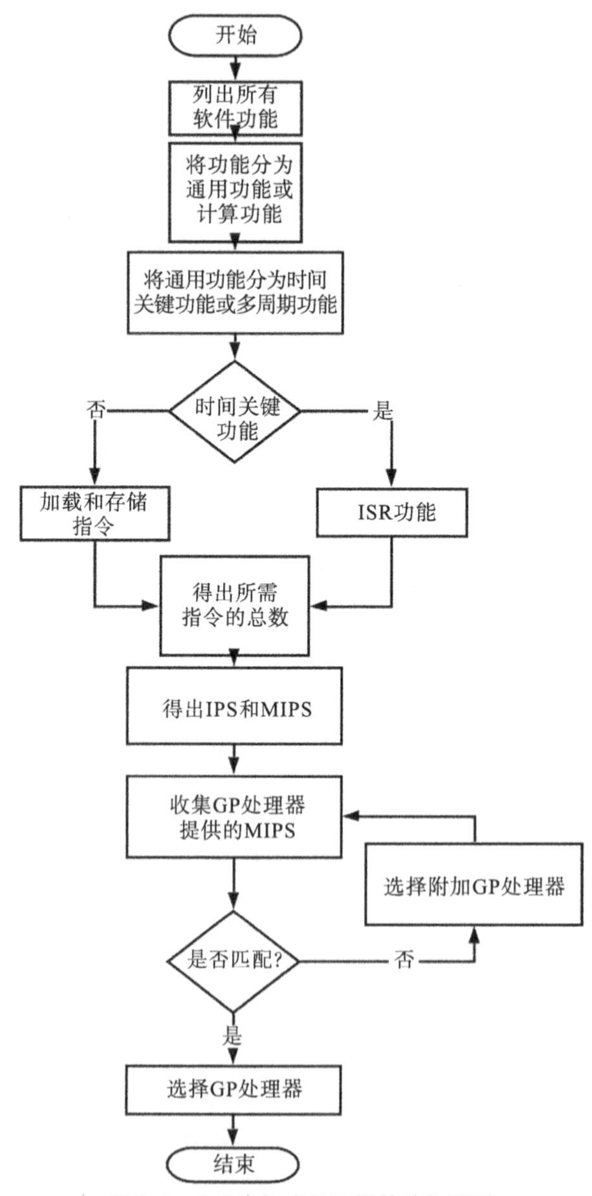

图 3.2 SoC 嵌入式处理器的选择流程

案例学习 3.1　处理 256 B 以太网数据包的 MIPS 需求

以太网框架的结构如图 3.3 所示。

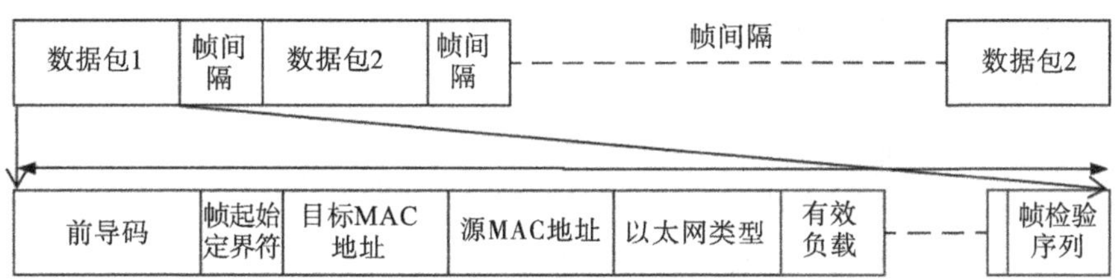

图 3.3　以太网帧格式

如图 3.3 所示，一个典型的以太网框架包含一个前导码、帧起始界定符(start frame delimiter，SFD)、带有目的地址和源地址的媒体访问控制(media access control，MAC)帧头、以太网帧类型以及帧检验序列(frame check sequence，FCS)。两个以太网帧由帧间隔(interframe gap，IFG)隔开，这是一种已知的空闲模式。为了确定处理这些帧的处理器的 MIPS，必须知道帧的结构。注意：帧的大小为 64～1864 B，并不固定。以太网还支持大于 1864 B 的巨型帧。对于所有不同大小的帧，计算数据吞吐量时要考虑技术开销。在确定处理器 MIPS 需求时要考虑的所有假设见表 3.1。

表 3.1　关于以太网帧传输的假设

帧部分	数值	单位	备注
前导码	2	μs	传输时间
物理层帧头	582	ns	
保护间隔	36.4	ns	
发送/接收速率	700 000 000	b/s	传输速率
MAC 帧头	40	B	字长

用户数据吞吐量被定义为每秒可以传输多少用户数据(有效负载)，不包括前导码、帧头和 FCS 等技术开销。

系统支持的设备数量：128。

要读取以进行处理的帧部分：40 B（仅数据包的头部）。

处理 40 B 所需的读写次数：10（取决于处理器数据的总线宽度）。

配置和设备检测所需的读操作次数：128。

检测设备所需的比较操作次数：128。

写次数：5。

每帧总处理次数：10＋128＋128＋5＝271。

每秒的帧数：（帧大小以字节为单位）

$$\frac{\text{传输/接收速率}}{\text{帧大小}\times 8}=\frac{700\ 000\ 000}{128\times 8}=683\ 593.75$$

每秒处理大小为 128 B 的帧所需的操作次数：185 253 906。

对应的 MIPS：185 253 906/1 000 000＝185.26，向上取整为 186 MIPS。

管理连接设备和链路管理所需的 MIPS 可以假设占 15％，即 0.15×帧处理 MIPS。

所需的总 MIPS：186＋0.15×186＝213.9，向上取整为 214 MIPS。

但值得注意的是，计算中考虑的是固定大小的帧。在实践中，以太网帧的大小在 64～1836 B 范围内，通常假设额外需要 40％的 MIPS 以适应不同大小的帧和其他可能的开销。

此 SoC 所需的 MIPS 为 214＋0.4×214＝299.6，向上取整为 300 MIPS。任何超过 300 MIPS 的嵌入式处理器都能满足单端口以太网帧处理 SoC 的需求。然而，如果 SoC 需要处理多个端口，那么所需 MIPS 必须乘以端口的数量。

本案例研究的目的是给出基于 MIPS 选择处理器的基本原理，而不是给出精确数值。值得注意的是，如图 3.2 所示的处理器选择是基于 SoC 的技术可行性的。很多时候，处理器的选择还取决于其他因素，如定制需求、功耗、核心面积等。此外，还有一些影响处理器选择的因素，如嵌入式软件的开发支持，以及编译器和操作系统（RTOS）等支持软件。有时，这可能成为一个商业决策。处理器 IP 是带许可采购的，SoC 批量生产时需要支付版税。处理器核心也可作为硬微处理器用于 SoC 集成，从而缩短设计时间。像 RISC-V 这样的处理器核心可以免费用于 SoC 设计，这促进了 SoC 开发的普及化。

3.1.2　数字信号处理器

在物联网和多媒体应用中使用 SoC，要求 VLSI 芯片集成许多实时信号处理功能。例如多传感器 SoC，其具有信号调节功能，可周期性地对大量实时物理参数进行采样并取平均值,然后对噪声进行数字滤波以获得有意义的数据。SoC 的大多数通信协议特性要求进行基带级数据处理。此外,还有专用的基于数字信号处理器的 SoC,它们在面积和功耗方面进行了优化,能够集成到这些应用的芯片上。在大多数应用中,SoC 使用 DSP 作为采样和信号/数据前端处理的外部接口,以获得有意义的信息。这些信息会由芯片上的 RISC 处理器进行进一步数据解读和分析。这一点在所有多媒体和通信 SoC 中都有体现。

3.2　软硬件协同设计问题

为在市场中抢得先机,在软硬件协同设计的需求下,SoC 设计的复杂性显著提升。在 SoC 设计过程中,软件开发所采用的系统内编程 (in-system programming, ISP) 技术对实现高性能提出了许多挑战。ISP 主要用于数据计算和控制系统。对特定应用的、可重定位的编译器和嵌入式汇编级编程的需求使情况更加复杂。有必要在早期阶段就确定是否引入软件加速器和硬件加速器/协同处理器,以确保实现目标系统的高性能。在 SoC 开发中,嵌入式处理器的软件开发时间往往超过硬件集成时间。有时,在安全性至关重要的应用中,必须优先考虑芯片的安全性而非单纯的性能。在这种情况下,就会生成并使用计算机辅助编译器。此类决策要求我们具备系统级的知识和经验以预见可能出现的问题,并在 SoC 中增加相应的解决方案插件。

3.2.1　处理器子系统

处理引擎是系统的核心,但要运行应用程序,单靠处理器是不够的,还需要许多外围设备,如用于引导的片上闪存模块、用于存储数据和程序代码的内部 SRAM、缓存或便签、用于调试程序执行的 UART/JTAG、DMAC 和中断控制器等。许多 SoC 应用需要大容量的可扩展存储器,为此须配备稳定可靠的高密度存储器控制器。所有这些共同构成处理器的子系统。用于物联网应用程序的典型处理器子系统如图 3.4 所示。SoC 中的处理器子系统包含与专用或通用外设相连的处理器核心。处理器核心通过标准高性能总线(如 AHB 扩展端口)与其他 IP 核和标准功能模块(如 DMA、存储器控制器和无线电控制器模块）相连，并通过低性能的外设总线（如 APB 接口）与 ADC、DAC 和 I2C 等外设子系统相连；片上和片外存储器通过存储器控制器相连；嵌入式闪存连接到闪存控制器以及闪存缓存控制器。

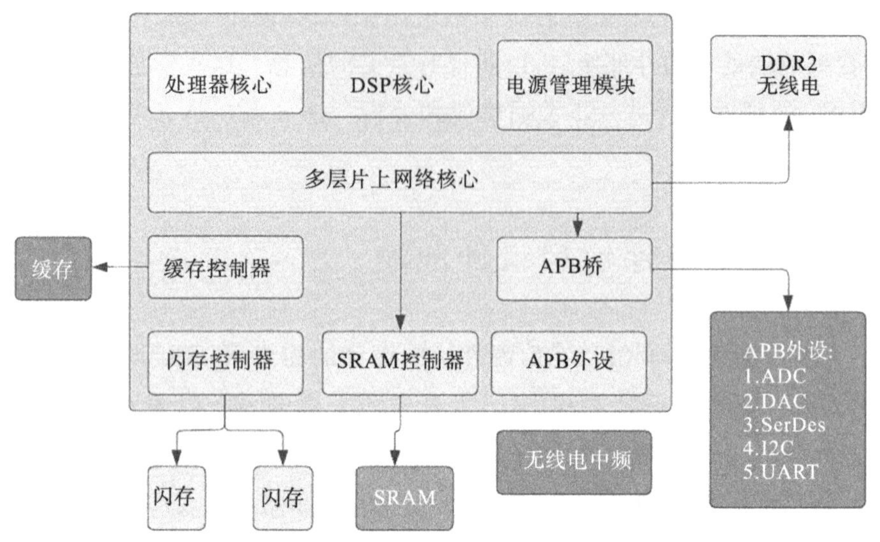

图 3.4 处理器子系统

3.2.2 处理器配置工具

考虑到 SoC 设计的复杂性，处理器供应商提供了处理器系统配置工具，用于确定合适的处理器核心配置。处理器配置工具用于为所选处理器子系统生成各种软件开发平台和定制工具包。这有助于模拟所需配置的片上处理器，并自动生成适用于处理器软硬件协同设计的工具包。此外，它还能生成用于子系统验证和协同验证环境的测试设置，包括指令集模拟器。嵌入处理器子系统要求设计人员同时涉猎两个专业领域：处理器架构的硬件开发，编译器、汇编器、链接器、模拟器和调试器的软件工具链开发。二者都使用软件模拟器来分析数据，以识别指令集中的热点和瓶颈，分析算法的性能，并确定所需的存储器和寄存器的容量。除架构探索外，这些工具还可提供生成硬件设计文件的方法，包括 RTL 文件以及使用建模语言（如 MATLAB 或 System C）创建的其他物理设计文件和系统级别描述。图 3.5 中的流程展示了典型处理器子系统配置工具中参数的选择过程。

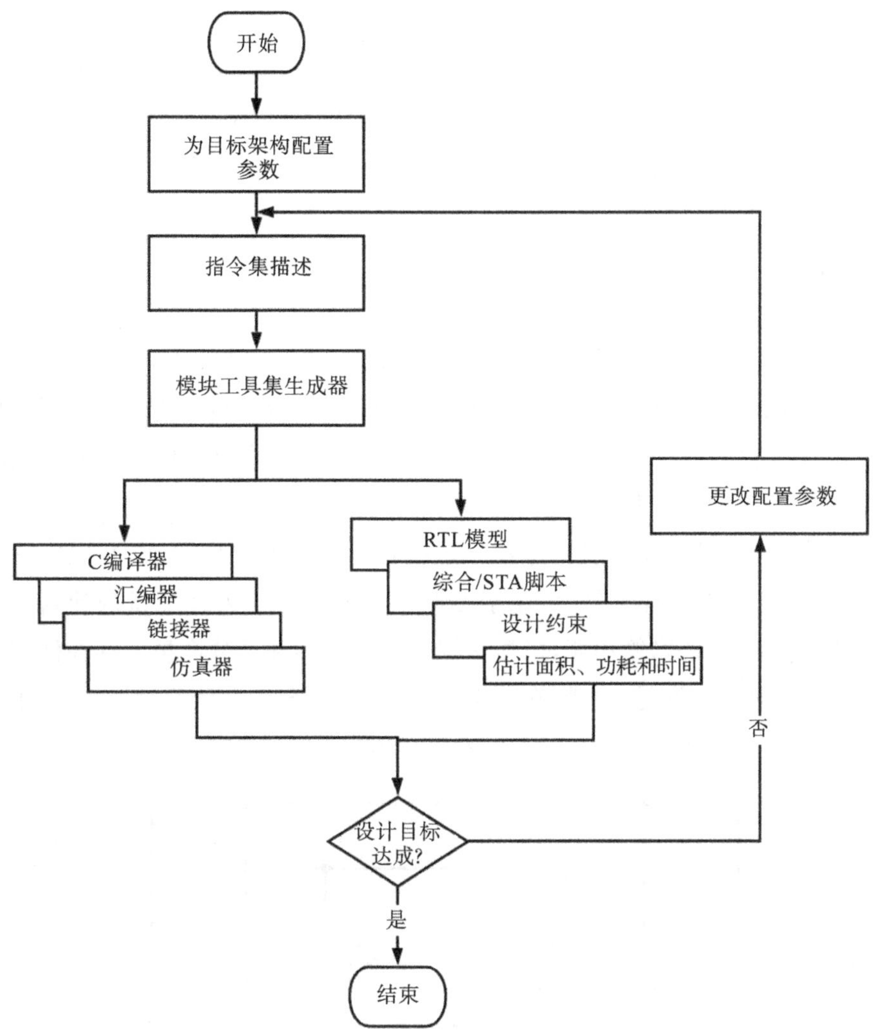

图 3.5 处理器配置流程

3.2.3 处理器开发板

为了降低复杂 SoC 制造过程中的风险，首先在具有与所使用的处理器核心等效的硬处理器芯片的开发平台上进行设计验证。开发板搭载高密度现场可编程门阵列（FPGA），SoC 设计会被移植到其中，不仅有助于验证 SoC 模块，而且可作为系统软件设计的开发平台。处理器核心开发人员还提供基于处理器芯片的开发板，或将其作为硬宏用于 FPGA。开发板用于评估

SoC 设计性能，如速度、功耗、精度和成本。通常，SoC 接口模块的软件驱动程序是在这些开发板上开发和验证的。这些开发板被用作 FPGA 上的定制 IP 的验证平台，这些 IP 必须与处理器协同工作。ARM 的 Juno 和 Neoverse 开发板便是典型案例。

3.3　嵌入式存储器

嵌入式存储器是 SoC 设计中不可或缺的一部分。事实上，SoC 上40%～60%的区域为片上存储器。它们要么是 SRAM 模块，要么是寄存器阵列。存储器用于存储数据、系统配置或系统中的标准参考数据。作为具有不同行列的可定制存储器阵列，片上 SRAM 可用于 SoC 集成。有些公司专门生产不同类型的高质量、高性能存储器。这些存储器已通过硅验证，并以宏库形式提供，包含所有设计文件，可用于 SoC 集成。存储器宏还配备内建自测试（BIST）电路，具备修复功能，可显著提升可测试性和芯片产量。存在使用单晶体管的 SRAM 单元，这类单元常用于高密度 SoC。目前被广泛使用的 SRAM 单元有 6 个晶体管（6T）。典型的 6T SRAM 单元如图 3.6 所示。

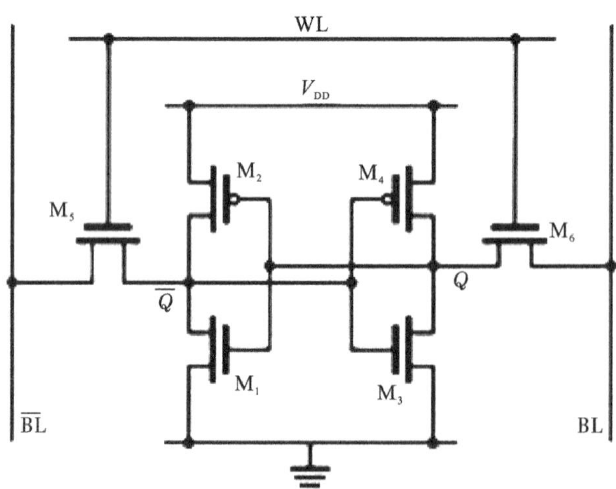

图 3.6　6T SRAM 单元结构

3.3.1 存储器类型

SoC设计中使用的存储器有SRAM、只读存储器(read-only memory,ROM)和可擦编程只读存储器(erasable and programmable ROM,EPROM),具体使用哪种类型取决于需求。EPROM通过一种特殊的设备编程器进行电编程。通常,处理器子系统的小型引导向量代码或复位向量可以作为上电序列的一部分加载到这些EPROM中。在自动测试筛选过程中,ROM必须加载来自制造工厂的初始化数据。因此,当SoC设计包含ROM时,必须将矢量文件提交给制造/测试机构。存储器供应商提供的存储器是不同类型的宏,它们对存储器的大小、功耗和访问时间进行了深度优化,且已通过硅验证。存储器宏被构建为由寄存器阵列、单端口SRAM (single-port SRAM,SPSRAM)、双端口SRAM (dual-port SRAM,DPSRAM) 和SRAM/双端口RAM(dual-port RAM,DPRAM)构成的寄存器文件。有一些特殊的存储器宏具有冗余存储,称为可修复存储器。通常不会使用存储器宏的冗余部分,除非某些存储器单元发生故障。特殊的存储器宏还带有纠错码 (ECC) 逻辑,用作可修复存储器。系统处理数据过程中,ECC RAM使用一种称为奇偶校验的方法进行监控,自动识别错误并纠正。

3.3.2 存储器的选择

片上RAM的故障类型与逻辑功能的故障类型不同。为了避免这些问题,在芯片设计过程中必须采取特殊措施,但这会以增加硅片面积为代价。常用的特殊设计技术有内建自测试 (BIST) 逻辑、可修复逻辑等。片上存储器的选择取决于存储内容的重要性、访问时序要求和硅片面积开销的可承受能力。

3.3.3 存储器编译器和编译存储器

如前所述,SoC的片上存储器可以作为不同类型的宏使用。存储器宏是过程技术中经过验证的核心。存储器宏针对PPA进行了优化,以适应SoC应用。它们的大小和结构是根据行数和列数以及在版图上的放置方向进行组织和配置的。它们是由一种名为存储器编译器的工具配置的。这些编译器为选定的宏配置生成设计文件。存储器编译器可以根据用户的偏好生成SoC集成和设计所需的不同设计文件。宏设计文件包括前端（如 HDL）模型、测试台、测试场景和物理设计文件。存储器编译器还会生成特殊的存储器宏，包括可修复存储器和具有高级电源管理模式（如休眠、睡眠和关机模式）的存储器宏。它们可以生成具有高速感测放大器、快速时钟和快速位线恢复功能的宏，以满足当今高性能应用对高速的要求。总之，存储器编译器具有以下功能：

①生成存储器实例，其中包含所有必要的逻辑，以促进高速 BIST、ECC和冗余修复用户配置。

②在一个简洁的数据库中生成具有不同宽高比、测试台、时序库文件、GDSII 和 LEF 文件以及许多其他视图的存储器模型。

③通过选择工艺-西格玛表征和读写裕量设置，生成在访问时间或高产量因素方面表现优异的高性能存储器。

④使用标准 EDA 工具自动为 SoC 设计集成生成宏设计文件。

⑤具有用户友好的图形用户界面（GUI），支持以批处理方式生成大量存储器宏，运行效率高。

⑥生成完全加密和受保护的物理设计文件，因为这些文件是为满足设定的性能而定义的。

⑦为所创建的宏生成相应的 PDF 格式的数据表。

⑧独立于 EDA 工具运行。

⑨生成用户设计指南，提供 SoC 集成的培训和教程。

⑩生成基于实例的实时特性描述。

典型的存储器编译器架构如图 3.7 所示。

英特尔的 22 nm SRAM 存储器芯片如图 3.8 所示。

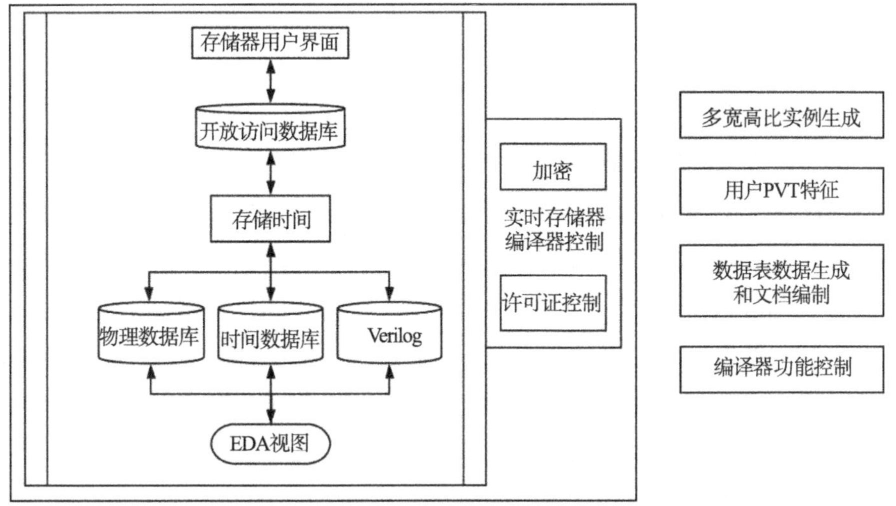

图 3.7 存储器编译器架构

图 3.8 英特尔的 22 nm SRAM 存储器芯片

(资料来源:SemiconDr 博客。鸣谢:英特尔)

3.4 协议模块

系统的特定功能由一个或一组功能模块设计而成,这些功能模块能够协同执行任务。功能模块可以是 SoC 中执行协议功能的子系统。协议是一系列过程,涉及系统中的两个或多个功能单元,旨在实现特定功能。该协议的典型特点如下:

①所有模块都是协议的一部分，执行确定的预定功能。

②所有模块协同工作以执行一个功能。

③协议功能必须是明确的。

④协议必须是完整的，所有条件都必须明确定义。

协议可以由技术定义，或取决于应用程序，或取决于进程。技术相关协议有由各自的技术标准定义的蓝牙协议、WLAN 协议和以太网协议。这些标准由 ITU-T、IEEE 等专业机构定义，被开发者群体广泛接受，有助于实现互操作性。进程相关协议的一个例子是加密协议。该协议用于防止黑客攻击或数据滥用。部分协议示例如图 3.9 所示。为了便于理解和遵守，协议用状态图、消息序列图和数据流图表示。

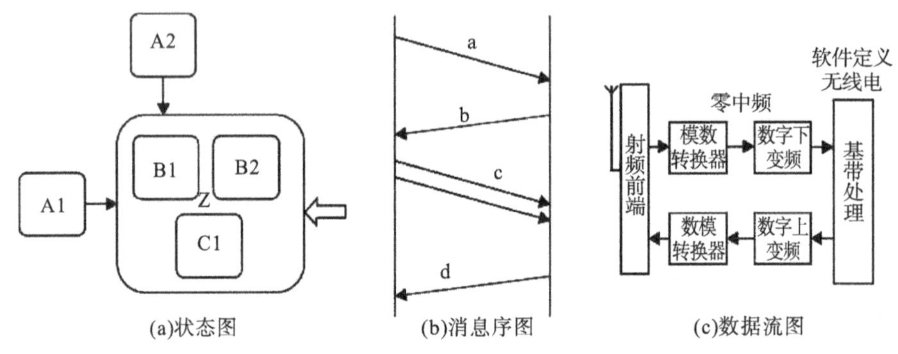

图 3.9 协议示例

协议模块能够识别配置并响应标准协议中定义的上下文。图 3.10 展示了在开放系统互连（open system interconnection，OSI）模型中应用基于 IEEE 802.3 标准的 10/100 Mb/s 介质独立接口（media independent interface，MII）协议的示例（在本章的后半部分详细介绍）。

在图 3.10 中，协议模块有物理层设计功能，包括管理传输介质，如无线技术中的空气和有线技术中的导线。协议功能模块负责处理信号水平和强度，进行噪声滤波、配置空气/连接器接口，执行必要的信号处理。物理介质接口支持与物理编码子层（physical coding sublayer，PCS）功能相关的信号处理，如编码/解码、扰码/解扰、3B/4B 码转换器等。物理层模块与媒体访问控制器（media access controller，MAC）相连，MAC 是系统中的数据链路控制器模块和逻辑链路控制功能模块。本书不对功能的细节作深入探讨。

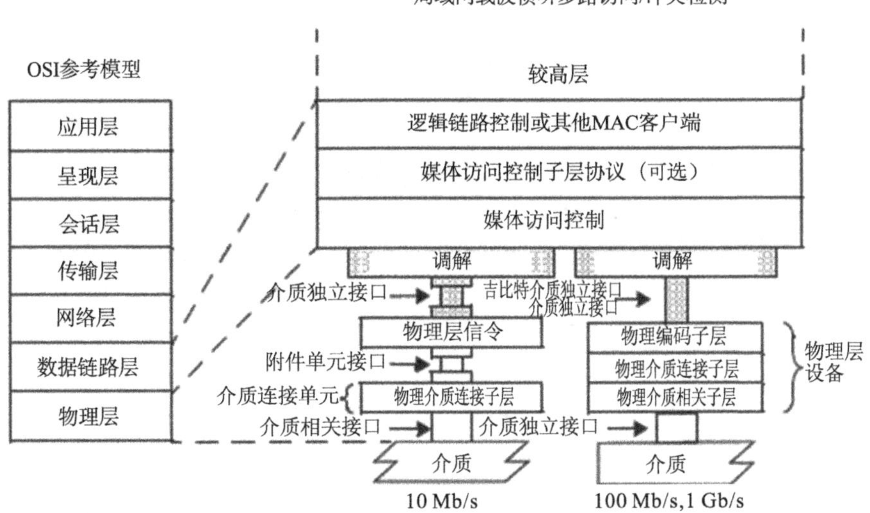

图 3.10　基于 IEEE 802.3 标准的 10/100 Mb/s MII 协议(鸣谢:IEEE)

3.5　混合信号模块

随着设计自动化工具的进步,设计人员现在可以在 SoC 中集成混合信号模块。SoC 设计方法允许连接模拟和数字信号处理模块,从而简化产品的物料清单 (bill of material, BOM)。混合信号模块有数据转换器、收发器等。数据转换器有两种类型:模数转换器 (ADC) 和数模转换器 (DAC)。这些转换器可使 SoC 与传感器或换能器(如麦克风、扬声器、摄像头和加速度计)相连,以感测、处理和监控物理参数。混合信号模块按照 Wi-Fi、蓝牙、同轴电缆多媒体联盟(Multimedia over Coax Alliance,MoCA)、PLL 等技术标准进行连接,或根据应用程序的要求,通过温度传感器、加速度计、压力传感器和声音传感器等传感器的专有接口连接。数据转换器的示例如图 3.11 所示。有些设计公司专门设计这些混合信号 IP 核,用于 SoC 集成。与数字设计方法相比,模拟和混合信号设计方法更加复杂,涉及更多的人工流程。

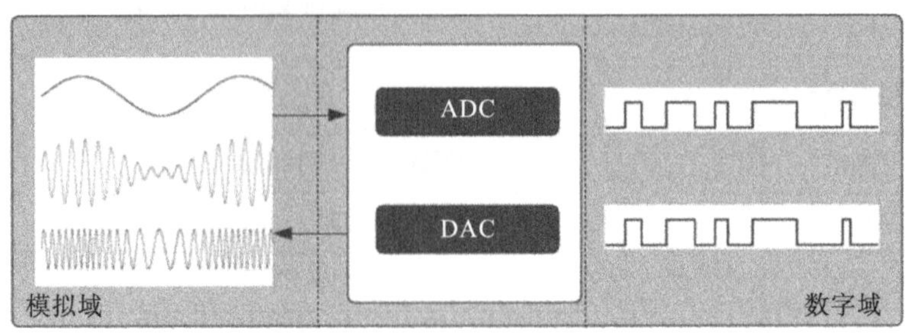

图 3.11　SoC 集成的数据转换器

3.6　射频控制模块

工艺技术的发展使得在芯片上实现中频和射频(radio frequency,RF)信号处理成为可能。信号处理功能,如调制和解调、中频滤波以及天线结构在芯片上的实现,都可以在一种与 CMOS 兼容的制造过程中实现,此过程称为 RF-CMOS 过程。现代通信技术以每秒千兆位数量级的高数据速率运行。它们采用复杂的信号调制方案,应用于 80 MHz 带宽的通信信道上的数据传输。这是由信道的聚集、复杂的多天线阵列架构和信道间噪声消除技术导致的结果。从基带的角度来看,多天线需要处理多个数据流,这就需要多个模拟接口模块。典型的 WLAN 802.11 ac SoC 实现方案使用两个以上数据流传输与天线阵列配置。因此,在大多数高性能通信处理器和电视处理 SoC 中,中频和射频收发器是不可或缺的组件。

3.7　模拟模块

通常,信号调理是一种模拟功能,在模拟模块中进行,这些模拟模块作为宏被集成到 SoC 中。它们是作为第三方知识产权宏开发或购买的,在物理设计阶段被集成到 SoC 中。模拟模块是用定制的版图设计的,这些布局是手工制作的,主要由测试芯片验证。典型的例子有锁相环 (PLL),用于在芯片上产生固定和可变频率时钟。PLL 的框图如图 3.12 所示。

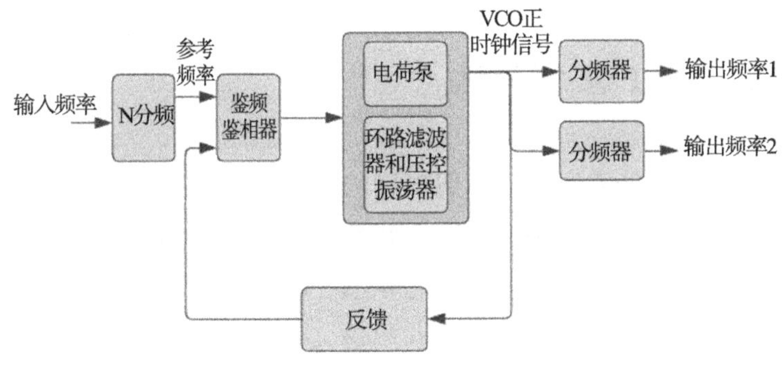

图 3.12　PLL 框图

在完全定制的设计流程中，设计是通过使用晶体管、电容、电阻和电感等电路元件绘制原理图电路来完成的，这些电路元件是利用原理图编辑器工具相互连接的。大多数 EDA 工具都带有用于设计输入的原理图编辑器。模拟模块的电路仿真是在晶体管级使用电路模拟器工具完成的，使用集成电路用仿真程序(simulation program with integrated circuit emphasis，SPICE) 。用于基于自动单元的设计流程的标准单元库单元是用自定义设计流程设计的。这种设计方法最常用于数字设计。

3.8　第三方 IP 核

除已解释的专用 SoC 组件外，SoC 有必要包含标准接口 IC 核心，如 UART、USB 和 SPI，以扩展并与外部 IC 连接，增强性能。这些接口核被称为 IP 核，可根据许可和版税条款从第三方供应商处购买。SoC 的 IP 核是经过预验证和预确认的功能模块，可直接集成到 SoC 中。根据目标技术和集成所需的定制要求，购买 IP 核作为软核或硬核。软 IP 核附带设计文件、测试台和带有设计约束的综合设置，这些设计约束条件是它们必须遵守的综合规则。当 IP 作为硬核购买时，无法进行定制。

3.9　系统软件

系统软件是 SoC 不可或缺的组成部分，可以多种方式分类。

3.10 OSI系统模型

通信系统层的分类取决于它们执行的功能,以及它们与硬件或与用户交互的应用程序交互的密切程度。如图3.13所示为国际标准化组织(International Organization for Standardization,ISO)定义的网络系统系统层的最常见OSI模型。通过整合一些层级,同样的模型可以用来解释芯片上的其他系统。芯片上的系统设计通常会识别第1层、第2层和第3层的所有时间关键功能,将它们全部整合起来,以便在芯片上实现或作为固件实现的加速器引擎。第4层及以上层是在与SoC硬件交互的通用处理器或计算系统中实现的。

本节简单介绍OSI模型。

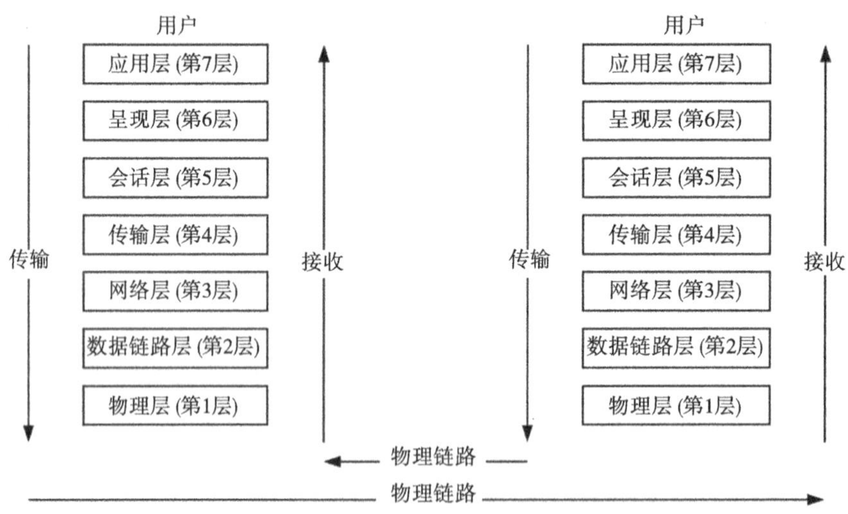

图3.13 系统层的OSI模型及各层的相互作用

物理层(第1层)

物理层功能包括物理层信号处理功能和物理层链路控制功能,如信号增强、调制与解调、接收信号检测、载波检测、链路建立与维护、编码与解码、时钟恢复,以及检测有效物理层数据包并将其传递到数据链路层等。

数据链路层(第2层)

数据链路层功能包括点对点数据传输功能和错误检测与修正功能。它包括两个子层:数据链路子层和逻辑链路子层。

网络层(第 3 层)

网络层集成了网络和路由功能,可以通过检测源地址和目的地址并应用某些既定的规则,将数据传输到不同的节点和接口。此外,这一层还负责管理数据包路由功能,确保数据被传输到不同的节点甚至路由器。

传输层(第 4 层)

传输层负责协调从主机到系统的数据传输,决定数据速率、带宽和吞吐量。

会话层(第 5 层)

点对点链路建立后,两台设备之间需要建立会话以进行数据传输。会话层为数据传输建立会话,并在传输完成后终止会话。

呈现层(第 6 层)

呈现层负责数据从应用程序格式到网络格式或从网络格式到应用程序格式的准备或转换。换句话说,该层为应用程序或网络“呈现”数据。对数据进行加密和解密以确保传输安全的过程就是在呈现层进行的。

应用层(第 7 层)

应用层是用户界面,接收来自用户的数据以进行传输或进一步处理和通信。应用层与用户直接相关。

3.11 软件的良好自动化生产实践规范分类

系统层的分类遵循国际制药工程协会(International Society for Pharmaceutical Engineering, ISPE)下属的技术小组委员会制定的良好自动化生产实践规范(good automated manufacturing practice,GAMP)的定义。根据此定义,硬件、固件、设备驱动程序、中间件、软件和新增的云都属于系统层。与用户交互的软件也被称为“人性化软件”。图 3.14 展示了系统层及其交互作用。GAMP 分类标准包含风险评估和可追溯性指标,虽然最初是为制药系统制定的,但现在已广泛应用于其他领域。下面简要介绍各层。

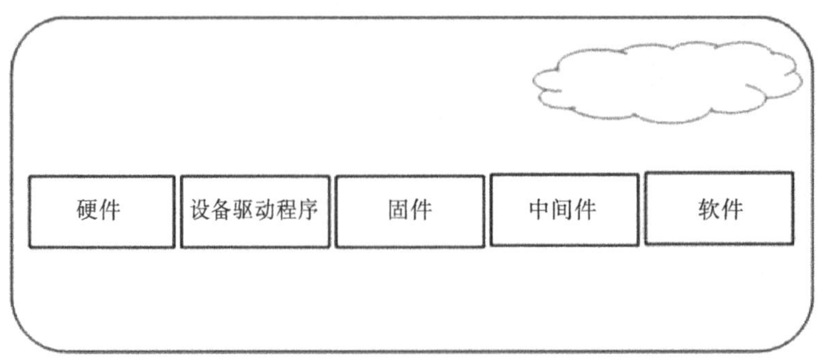

图3.14 系统层及其交互作用

3.11.1 硬件

硬件包括SoC及其外设，它们是系统或解决方案的主要组成部分。

3.11.2 设备驱动程序

设备驱动程序与硬件紧密相关，用于控制硬件功能。常见的设备驱动程序有显示控制器驱动程序、键盘控制器驱动程序、接口控制器驱动程序（如I2C主从驱动程序）、蓝牙模块驱动程序等。设备驱动程序可以存储在闪存中。

3.11.3 固件

当系统被划分为硬件和软件时，程序的软件部分与硬件相互配合，补充并完善功能。软件部分包括算法、协议解释、基于各种事件的决策和硬件状态，通常存储在ROM、EPROM或闪存中。这类软件可以是裸机软件（直接与硬件协作而无需操作系统）或基于实时操作系统的应用程序。

3.11.4 中间件

中间件是连接固件或操作系统和应用软件的软件，负责管理涉及多个分布式应用软件的复杂事务。

3.11.5 软件

具有用户界面的程序和应用程序称为软件，负责将消息和事务转换成用户可以理解的方式。

3.11.6　云

系统的云部分对系统产生的大数据进行结构化、存储、处理和分析，为有权访问这些数据的用户提供可靠、安全的服务。云部分是共享资源，用户可以有选择地访问和使用自己的数据。

上述分类使复杂系统的正确开发成为可能。随着芯片技术的发展，大部分系统得以在芯片、存储芯片、处理器芯片或系统级芯片上实现，并封装为解决方案。

3.12　设计专用模块

除系统功能模块外，SoC 还需要利用特定的设计方法和技术模块来实现器件的良率和可靠性。这些模块包括：片上时钟（on-chip clock，OCC）发生器模块；电源管理模块；工艺、电压和温度（process，voltage and temperature，PVT）传感器，用于监控芯片状态；可测试性设计（DFT）逻辑，用于保证 SoC 的可靠性、安全性和可测试性。

第 4 章　超大规模集成电路逻辑设计与硬件描述语言

4.1　SoC 设计概念

基本的逻辑功能由组合电路和时序电路实现，但大多数 SoC 设计是时序设计，因为很容易通过数据/控制路径架构来表示系统功能。通过定义它们在时间线上的不同状态可以轻松完成。如果系统功能可以被归类为有限数量的状态，那么系统定义的数据路径体系结构可以扩展到大多数子系统。对此，需要将系统功能识别为小型逻辑分区，并通过基础逻辑电路实现。定义一个系统的功能架构所需的 SoC 设计概念如下：

- 逻辑设计基础。
- 同步时序功能模块。
- 速度匹配。
- 系统状态机。
- 片上网络架构。
- 系统模式。
- 硬件加速器。

4.1.1　逻辑设计基础

系统设计概念基本建立在逻辑设计基础之上。在本节中，我们将回顾逻辑设计的设计概念。逻辑电路的功能分为时序逻辑和组合逻辑。需要时钟来运行的电路称为时序逻辑电路。通常，这些电路要么用于存储待处理的数据，要么涉及内存。时序电路的示例有定时器、计数器、乘法器寄存器阵列等。子模块采用组合逻辑和时序逻辑设计，将时钟作为主要的模块控制信号。这类模块被称为同步逻辑模块。时钟信号有助于为数据流体系结构中的每个事件计时，并在数据处理期间控制数据移动。时钟被送入所有时序元件,如触发器和锁存器。这些元件被用作数据路径中的存储元件。逻辑功能是通过组合逻辑门和被称为标准单元的时序单元实现的。与非门、或非门、异或门、非门和缓冲门是组合单元,而 D 触发器和锁存器是被称为标准单元的时序单元。一些复杂的单元,如加法器、减法器、编码器、解码器和多路复用器,是使用逻辑门设计的,用于形成复杂的设计元素。采用数据流体系结构对设计进行建模的设计方法主要是寄存器传输级(RTL)设计。在 RTL 设计中,任何逻辑设计都可以通过对行为和结构的描述或以算法的形式得到表达,这是子系统设计的重要组成部分。所有以时钟为主要控制信号的设计均为同步设计。在这种设计中,所有其他控制信号都与主系统时钟同步。

如前所述,所有逻辑功能都可以使用硬件描述语言(HDL)以 RTL 设计的形式表示。通过 EDA 综合工具的综合过程,RTL 设计可转化为设计网表。综合工具会根据设计者指定的成本函数(针对面积或时间)优化逻辑功能。逻辑优化技术包括两级逻辑优化、信号重排、逻辑共享等。

4.1.2　系统时钟和时钟域

在单一时钟下运行的一组逻辑设计模块称为时钟域。复杂的 SoC 可能有数百个时钟输入,它们可以驱动逻辑电路的不同部分,相应形成多个时钟域。如果一个时钟是时钟生成电路(时钟源)的输出,则该时钟称为主时钟。SoC 的时钟源通常是锁相环(PLL)电路。通过在主时钟内部除以或乘以一个常数或引入相位延迟生成的时钟为派生时钟。由于 SoC 中存在多个时钟域,数据信号会在不同时钟域的子模块之间进行传递。不同域的时钟可能频率相同、相位不同,也可能频率和相位均不同。因为大多数逻辑设计都使用时钟来锁存数据,所以使用所生成的时钟(也称为发射时钟)来生成数据以正确地锁存数据非常重要。当异步信号跨时钟域时,需要识别关键数据和控制信号,并将其同步到接收时钟,以确保其至少在接收时钟的一个时钟周期内是稳定的,最好在接收域的多个时钟周期内保持稳定。图 4.1 中展示了一个示例。

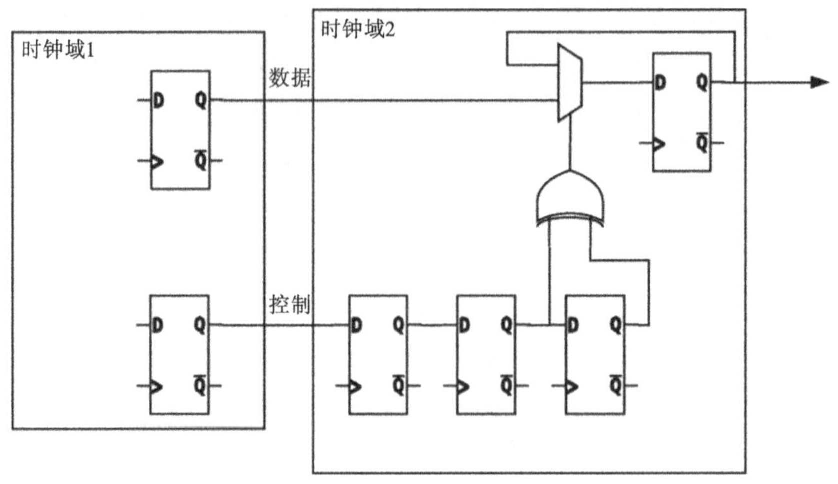

图 4.1　时钟域交叉

4.1.3　异步复位和同步复位

为实现稳定可靠的运行，系统在逻辑状态方面必须具有确定性。为使系统具有确定性，必须将电路初始化为已知状态。这一步可由复位信号完成。这个信号可以是脉冲信号或电平信号。复位信号是一种外部信号，能将所有逻辑状态重置为已知的默认状态或预定义状态。这个信号可以是来自外部开关的异步信号，也可以与系统时钟同步，形成同步复位事件。

亚稳态

设计不当的电路可能陷入亚稳态，即信号停留在逻辑 0 和逻辑 1 之间的中间值。这些信号的状态是不确定的。此时，系统中的逻辑电路可能陷入亚稳态，无法恢复稳定状态，从而导致致命的系统错误。当时序设计元素的时序要求没有得到满足时，这种情况就会发生。时序元件如触发器和锁存器的特点是其正确操作需要满足建立时间和保持时间的要求。两个主要的时间要求是建立时间和保持时间的要求。触发器的建立时间是指在有效时钟边沿之前，数据应该达到一个稳定的逻辑值（1 或 0）的时间间隔。保持时间是指在有效时钟边沿之后，数据应该保持稳定的时间间隔。数据到达触发器或锁存器输入端的时间必须满足建立时间和保持时间的要求，以便进行正确的操作。如果不满足这个条件，电路就会进入亚稳态，并且在大多数情况下不会恢复稳定状态。满足设计元件的正确时序规范可以避免这种情况。如果信号与捕获时钟异步，则可采用一种称为双同步的技术。在这种情况下，数据输入通过两个或多个触发器与时钟同步，从而使它们在被用于处理之前有足够的时间稳定下来。图 4.2 展示了亚稳态和稳定状态下的逻辑路径。

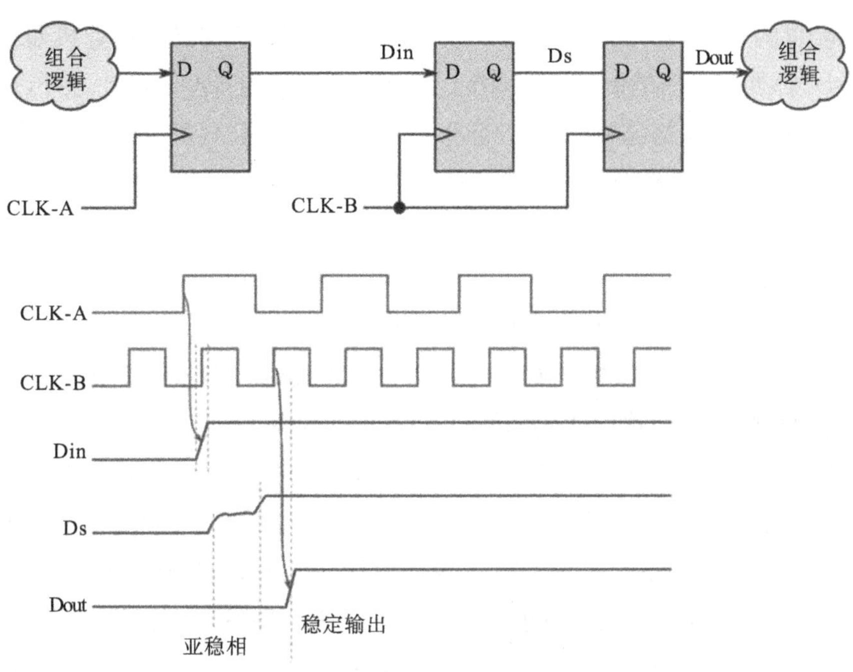

图 4.2　信号的亚稳态及稳定态

标准单元和编译逻辑模块

供应商提供常用的电路模块作为标准单元库。标准单元是预先设计的，经过功能验证和特性表征。典型的单元库包含所有对应于通用标准单元的单元，包括基本功能单元及其反功能的单元，例如与非门(NAND)、与门(AND)、或非门(NOR)、或门(OR)、异或门(XOR)、同或门(XNOR)、非门(INV)，以及在合成过程中作为最小单元集使用的缓冲器。单元库还包含复杂度超过标准门的大型单元，如与或非(AOI)、时钟缓冲器(两个级联的反相器)、非或与(IOA)，以及 SoC 设计中常用的加法器、乘法器、多路复用器、编码器和解码器等复杂功能单元。焊盘库包含不同类型的焊盘单元，如输入焊盘、输出焊盘和具有不同驱动强度的双向焊盘单元。焊盘单元是专门为

CMOS 兼容技术或 Bi-CMOS 工艺等混合技术设计的，对功耗、面积和时间进行了优化，用于基于自动单元的 SoC 设计。与之类似的还有各种类型的存储器宏，如单端口 SRAM(SPSRAM)和双端口 RAM(DPRAM)，单端口寄存器文件（single-port register file，SPRF）和双端口寄存器文件（dual-port register file，DPRF）。在 SoC 设计中，可以使用存储器编译器生成不同大小、不同配置的存储器。大多数半导体企业，如英特尔、TI 和国际商业机器公司(IBM)，都拥有自己的制造部门，用于制造自己设计的 SoC。除此之外，还有像台积电、格罗方德这样的代工企业可以接受设计公司的 SoC 设计委托。这使得无自有制造设施的设计中心能够通过提供设计服务实现各种 SoC 的设计。

硬宏和软宏

宏是一种可用于 SoC 设计的超大规模集成电路设计。宏可以作为软核或硬核提供。它们可以在 SoC 设计中通过许可或许可条款重复使用。软宏是具有 HDL 行为模块源代码的核心，可在前端或逻辑设计阶段(综合前)进行集成。设计师可以对其进行定制，使其适合 SoC 集成。集成后再进行综合。硬宏是物理设计阶段集成的核心，无法编辑或升级。处理器、子系统核心和接口核可作为硬宏和软宏用于 SoC 设计。处理器宏的例子有 ARM 的 Cortex M3/M4 和高级核、新思科技的 ARC 核、MIPS 核、标准接口核（如 PCIe、USB、UART 核）、高性能互连/接口模块（如 ARM 的 AHB 主从核 、AHB-APB 桥接以及 AXI 互连核）。

数据缓冲区和缓冲区管理器

在系统中，数据总是存储在片上存储器或外部存储器接口中，以便进行处理或转发。片上存储器是寄存器阵列，如 SRAM，而外部存储器有同步动态随机存取存储器(synchronous dynamic random-access memory，SDRAM)、DDR 等。这些存储器通过高效的访问方式进行管理，以便在系统需要时能够高效地存储和检索。这一工作是在存储器或缓冲区管理器或控制器中完成的。存储器管理器或控制器采用链表和数据排队等技术来提高数据访问的效率。不同类型的存储器控制器可作为 IP 核用于 SoC 集成，从而提高 SoC 的整体性能。

设计断言

设计断言是在 SoC 设计中生成的设计事件,用于检查同步信号的时间关系,以确保模块正常运行。设计中的断言由测试台检查器模块跟踪。设计验证过程中会不断监控那些对功能正确执行而言必要的事件。例如,信号从较快的时钟域跨越到较慢的时钟域。图 4.3 展示了一个时序示例。本例中,根据设计要求,如果设置了重新锁定选通脉冲信号,就必须设置重新锁定选通边缘信号。SoC 的设计中增加了用于监控的设计断言,但没有在设置选通脉冲边缘时增加重新锁定选通边缘的设置,这表明设计存在问题,可以在验证阶段进行调试。这是确保 SoC 设计可验证的一项重要技术。

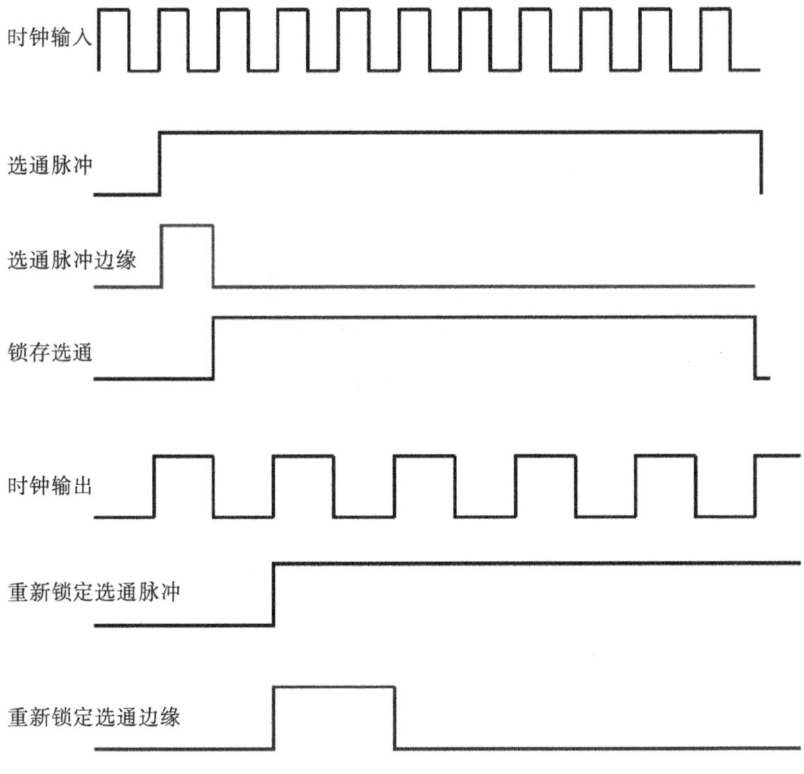

图 4.3　设计断言示例

4.1.4　同步时序功能模块

SoC 设计中的控制路径采用有限状态机（finite state machine，FSM）实现。因此，有限状态机在数字系统设计中是不可或缺的。基于有限状态机的子系统功能以特定的顺序执行，并且在相同的输入条件下可重复。系统状态是不同的，并且存储在片上存储器中。有限状态机要求对系统状态进行编码和存储。有限状态机有两种类型，分别是米利有限状态机和摩尔有限状态机。在米利有限状态机中，系统的输出取决于系统的当前状态和外部输入。如果系统的输出仅取决于机器的当前状态，则称为摩尔有限状态机。SoC 设计中常见的有限状态机多为米利有限状态机。米利有限状态机如图 4.4 所示，摩尔有限状态机如图 4.5 所示。

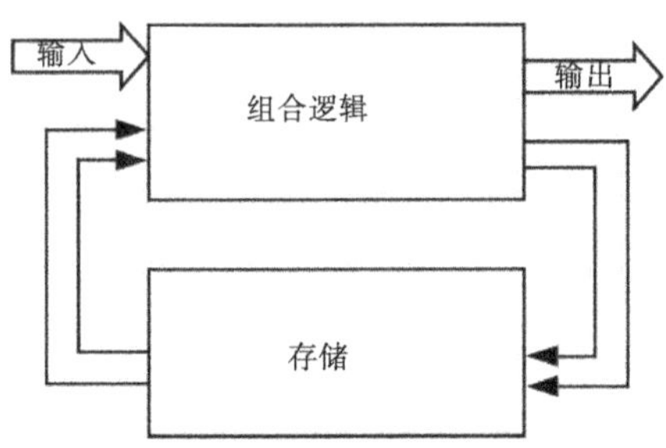

图 4.4　米利有限状态机

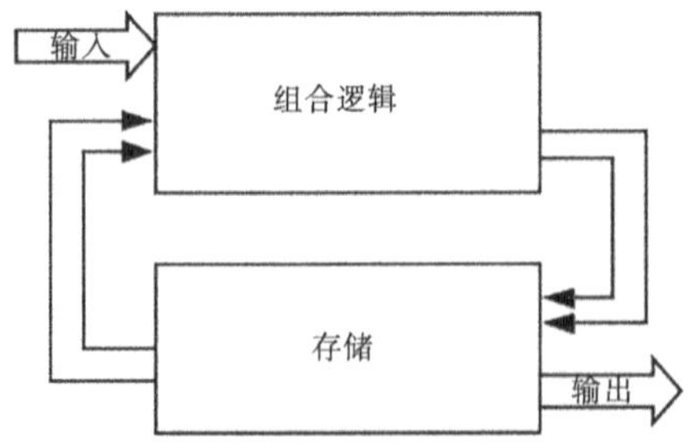

图 4.5　摩尔有限状态机

在同步数字系统中，系统状态输出与时钟信号同步。基于有限状态机的系统大多是同步的，同步系统的设计过程已标准化且较成熟。在同步处理器系统中，指令、执行、逻辑和存储功能等操作与系统时钟同步运行。在通信系统中，数据的传输和接收也与时钟同步。图 4.6 展示了一些此类操作的时序图。这些操作需要复位逻辑，以在已知的默认状态下启动设计。复位逻辑可以与时钟异步或同步。

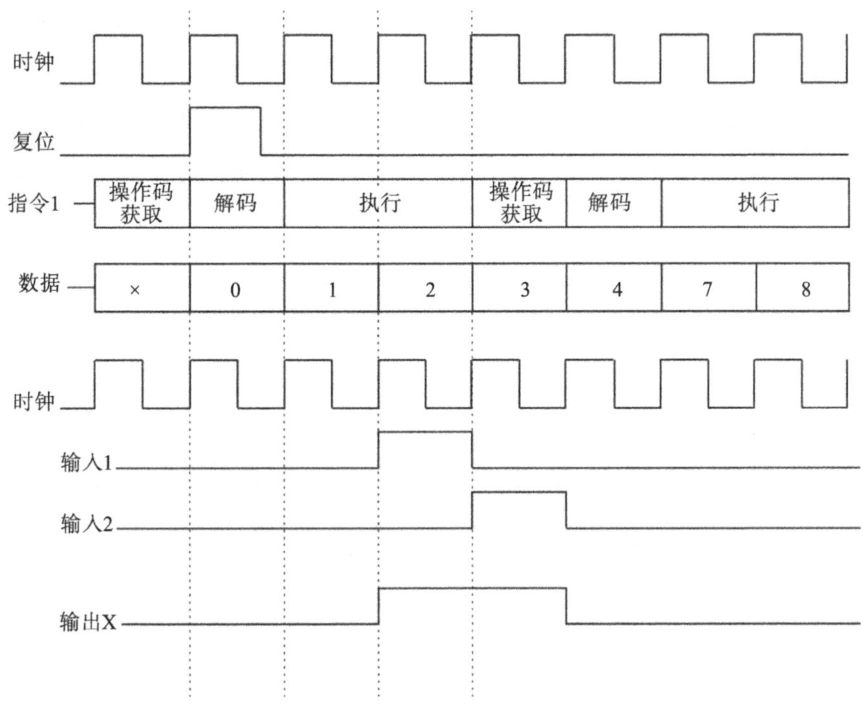

图 4.6　同步系统的时序图

如图 4.7 所示，一个 SoC 可以有许多大型功能核心，每个功能核心都有独立的时钟。

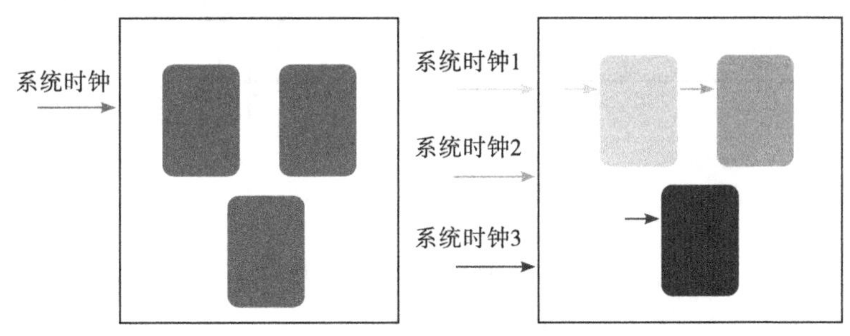

图 4.7　同步 SoC 模块

时钟的生成及分配对 SoC 的性能和功耗有显著的影响。为确保系统的正常运行，时钟边沿必须同时到达 SoC 设计中所有设计元件的时钟输入端。但是，由于存在亚微米技术的互连效应，当时钟边沿到达不同时序元件的时钟输入端时，会出现空间偏移。这将导致相对于源时钟的相移。这种 SoC 中不同位置的时钟跃迁到达时间的空间偏移（图中边沿 1 到达边沿 2）称为时钟偏差，如图 4.8 所示。在芯片中设计元件的同一时钟输入端，给定时间点的时钟周期也可以随时间而变化，这被称为时钟抖动。时钟偏差和时钟抖动共同构成时钟不确定性。在 SoC 设计中，时钟分配网络的设计应考虑时钟偏差，以满足时序元件的建立时间和保持时间要求。在同步时序电路的 VLSI 逻辑设计中，除时序闭合外，解决亚稳态问题也很重要。

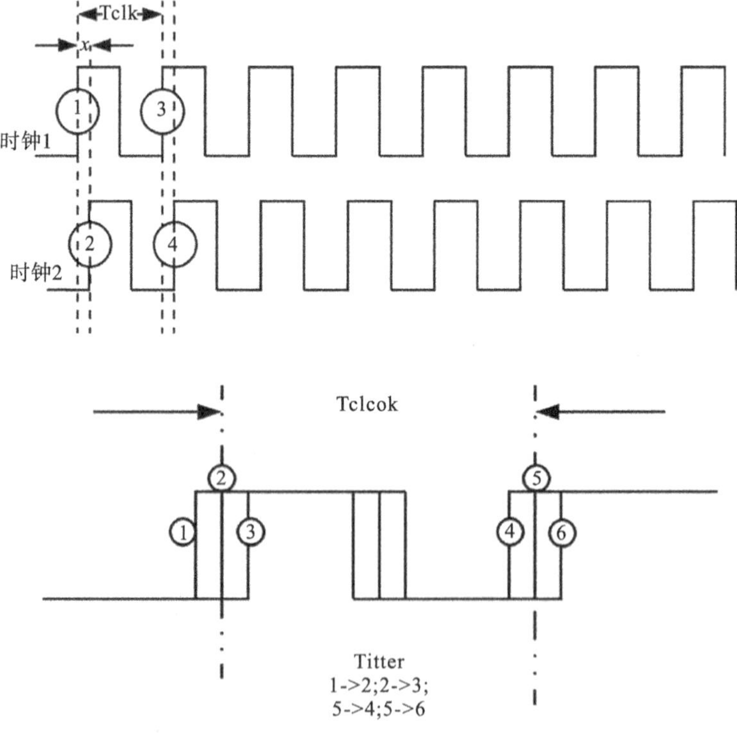

图 4.8　时钟偏差和时钟抖动

4.2　异步电路

系统逻辑也可以参考系统时钟设计成异步电路。它们由异步组合电路和异步信号组成。异步逻辑的输出只取决于当时的输入，与同步逻辑不同。在同步逻辑中，逻辑的输出随时钟参考的输入变化。在复杂的系统中，异步逻辑输出很难预测，因为它们只能追踪到输入，而输入可以随时改变。加法器、比较器和多路复用器/解复用器都是异步逻辑电路的典型示例。图 4.9 展示了加法器电路及其时序图。调试由内部异步逻辑电路引起的 SoC 问题是很困难的。由许多较小的组合逻辑电路集合实现的系统称为全局同步局部异步(globally synchronous and locally asynchronous，GSLA)系统。这些电路在适当的层级与时钟同步，以使它们可预测和可调试。

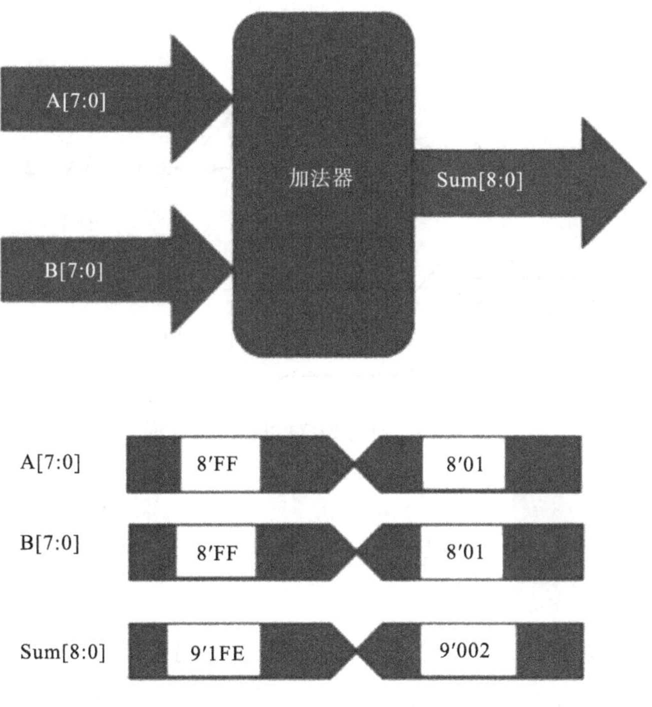

图 4.9　加法器及其时序图

4.3 速度匹配

如果多个信号跨越不同频率的域,则需要与接收域的时钟进行双同步,以确保它们不会变得不确定。在大型系统中,不同子模块以不同频率和不同速度运行是很常见的。在这种情况下,如果有多个相关信号或多条数据线跨越不同速度域,就需要添加速度匹配逻辑。最简单的速度匹配技术是使用异步先进先出(first in first out,FIFO),如图 4.10 所示,使用子模块的源时钟进行写入,使用子模块的目标时钟进行读取。FIFO 阈值被安全地维持在时钟速度差的范围内。这意味着,根据设计要求,只有在以前写入的数据被读出时,才允许对 FIFO 进行写入访问。在所有通信协议 SoC 中,在发送时钟和接收时钟的频率或相位不同或两者都不同的情况下,都可以采用速率匹配的 FIFO 技术。

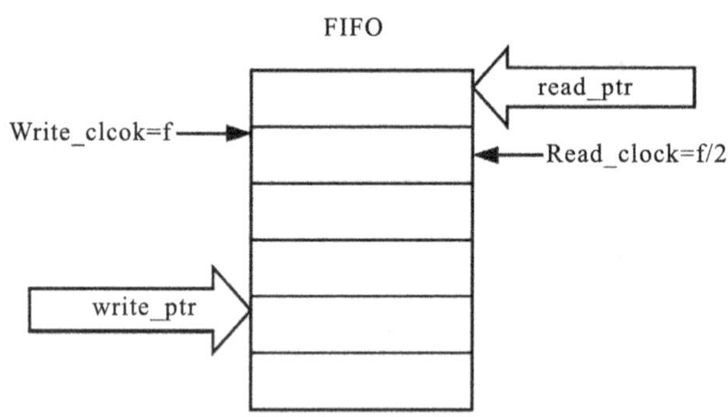

图 4.10 使用 FIFO 进行速度匹配

4.4 片上网络结构

对于不太复杂的 ASIC 设计,可以方便地使用分层或交叉总线结构来获得所需的性能。随着 SoC 的日益复杂,一个系统中可能需要互连数百个 IP 核。PPA 要求不容妥协。许多 SoC 将多种协议集成到同一个芯片中,这就涉及跨总线的异构消息传输。对于此类 SoC ,最佳方法是使用片上网络(network on chip,NoC)核连接大量 IP 或功能模块。该电路通过网络接口将数据从一个模块传输到另一个模块。它将来自源模块的所有总线事务转换为标准命令，对这些命令进行解码，捕获接收模块，从而有效地传输事务级数据。用于 SoC 设计的典型 NoC 核的架构如图 4.11 所示。

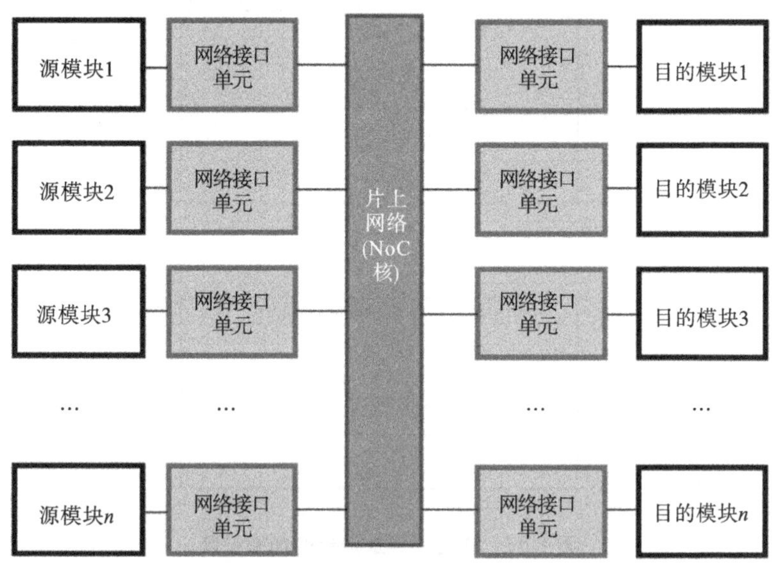

图 4.11　带有 NoC 核的 SoC

4.5　硬件加速器

SoC 中的某些功能不需要完全通过硬件实现，因为它们没有严格的时间限制。对时间要求严格的功能通过硬件实现，部分处理后的数据由软件访问并继续处理以完成整个功能。功能模块中负责处理部分数据的硬件称为硬件加速器。硬件加速器的最佳示例是加密引擎，它是安全功能中对时间要求严格的部分，使用硬件中配置的密钥实时加密传入的数据。密钥生成的部分由通用 RISC 处理器核心上运行的软件实现。图 4.12 展示了 SoC 中用于安全功能的加密加速器引擎。

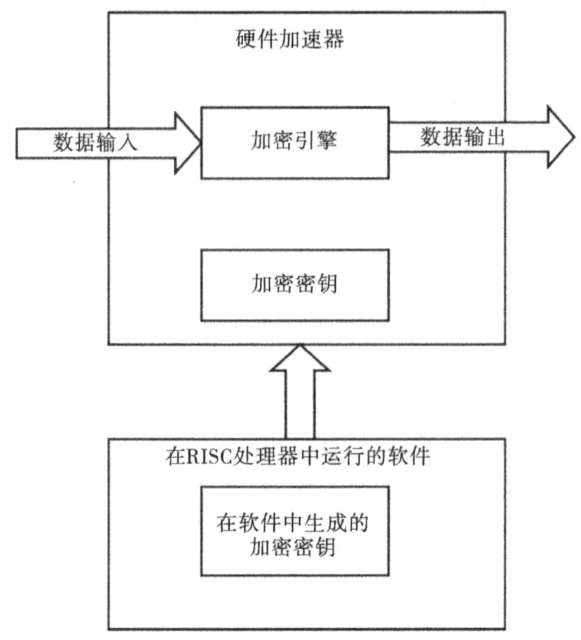

图 4.12　作为硬件加速器的加密引擎

4.6　硬件描述语言

在过去的 60 年里，设计方法发生了巨大变化，SoC 设计的复杂性也随之提升。设计方法的演变主要归功于硬件描述语言和 EDA 工具算法的发展，这些工具能够解码和处理这些语言，从而通过将其映射到目标标准单元库来合成等效逻辑，使其可制造化。要理解使用硬件描述语言的建模过程，必须了解硬件和软件实现之间的区别。表 4.1 列出了硬件和软件的区别。

表 4.1　硬件与软件的区别

序号	硬件	软件
1	任务同时执行。要求所有任务和事件与称为时钟的定时参考信号保持一致	任务和指令按顺序执行。没有与时钟引用同步的概念
2	执行速度非常快。可以实现纳秒级的功能定时。因此，时间关键功能被设计在硬件中	执行速度缓慢。最小时间分辨率为 100 μs

续表

序号	硬件	软件
3	可以并行	按顺序执行，尽管对用户来说，可能看起来是并行的
4	如果必须重做，物理成本和总体成本会非常高	可以重新编译
5	需要一次性成功	可以轻松地更正并重新编译
6	硬件可以一次性开发为平台，如果功能相同，可重复使用	可以轻松地重做
7	从纸质规格说明书到物理 SoC 的开发	需要处理硬件平台以进行软件开发
8	需要在制作之前充分想象所有场景并进行验证，验证是不可避免的	验证对于证实设计意图至关重要，但在有轻微缺陷的情况下可以予以纠正

从表中可以明显地看出，硬件描述语言应该具备最小化的特性并支持并发逻辑结构，并且必须具有时序概念，与称为高级编程语言（high-level programming language，HLL）的软件系统描述语言形成对比。因此，要求设计者理解硬件实现，以便能够使用 HDL 进行建模。SoC 设计中最常用的 HDL 是 SystemVerilog 和 VHDL。IEEE 标准协会的语言参考手册中对 HDL 的要求是：机器可读，人类可读，支持硬件设计的开发、验证、综合和测试，硬件设计数据的通信，以及硬件的维护、修改和采购。建议读者阅读相关书籍，以掌握 HDL 的语义和语法。至于语言参考手册，建议读者访问 IEEE 标准协会官方网站，查阅有关 RTL（寄存器传输级）设计的文档。RTL 设计表示为一组寄存器传输的功能或设计意图。这种表示方式在行业中是最常用的，遵循基于标准单元的设计方法。设计流程与代工厂的工艺技术无关，以便从代工厂获取标准单元库。根据硬件描述的风格，模型分为行为模型、数据流模型和结构模型。

4.7　硬件系统的行为建模

如果硬件的功能行为是使用 Verilog 或 VHDL 建模的，则此模型称为行为模型。图 4.13 给出了 Verilog 和 VHDL 中简单的十进制计数器和多路复用器行为模型示例。

```
// Verilog model of decade counter

module decade_counter (en, clock, rst,count);
input en, rst,clock;
 output reg [3:0] count;

  always @( posedge clock or negedge rst )
   if (!rst)
      count <= 4'h0
    else
    begin
        if(en)
          begin
             if ( count  >=4'h0 && count  < 4'hA) //hex A = dec 10
             count<=count+4'd1;
              else
                  count<=4'd0;
          end
        else
           count<=4'd0;
     end
  endmodule

// VHDL model of decade counter

library ieee;
use ieee.std_logic_1164.all;
use ieee.std_logic_arith.all;
entity decade_counter is
port (en,clk,rst : in std_logic;
count : out unsigned(3 downto 0));
end counter2;//port definition
architecture decade_counter_bhv of decade_counter is
signal reg : unsigned(3 downto 0);
begin
process(clk,rst)
begin
if rst='0' or reg="1010" then
reg <= "0000";
elsif (en ='1') then
```

图 4.13 Verilog 和 VHDL 中的十进制计数器行为模型

```
  if (clk'EVENT) and (clk='1') then
   reg <= reg + "0001";
  end if;
endif;
end process;
count <= reg;
end decade_counter_bhv;

//Verilog model of Multiplexer for shared logic
module sharing_example (a, b, c, d, cond, y);
parameter w = 16;
input [w-1:0] a, b, c, d;
input cond;
output [w*2-1:0] y;
wire [w*2-1:0] a_times_b = a * b;
wire [w*2-1:0] c_times_d = c * d;
assign y = cond ? a_times_b : c_times_d;
endmodule

//VHDL model of Multiplexer for shared logic

library ieee;
use ieee.std_logic_1164.all;
use ieee.numeric_std.all;
entity sharing_example is
generic (w : natural := 16);
port ( a, b, c, d : in unsigned (w-1 downto 0);
cond : in std_logic;
y : out unsigned (w*2-1 downto 0) );
end sharing_example;
architecture rtl of sharing_example is
signal a_times_b, c_times_d : unsigned (w*2-1 downto 0);
begin
a_times_b <= a * b;
c_times_d <= c * d;
y <= a_times_b when (cond = '1') else c_times_d;
end rtl;
```

图 4. 13(续)

当硬件被行为建模时，它必须被综合成一个门级网表。因此，有必要使模型可综合，即具有可综合性。虽然为综合编写代码需要经验，但有一些工具可以帮助检查模型是否可综合。这些工具称为 Lint 工具。通过行为建模，可以表示系统的任何复杂功能；通过使其可综合，可以将其转换为门级网表。SoC 网表文件的结构描述是使用 HDL 构造编写的。

4.8 硬件系统的数据流建模

系统也可以被建模为数据流模型，其中数据以不同的处理方式从不同的层向特定的方向发展。这些模型在通信系统中较常见，它们也是可综合的。本质上，数据流模型是为得到所需的输出数据应用于输入数据的逻辑函数的建模序列。使用 Verilog 对图 4.14(a)所示电路进行数据流建模，代码如图 4.14(b)所示。

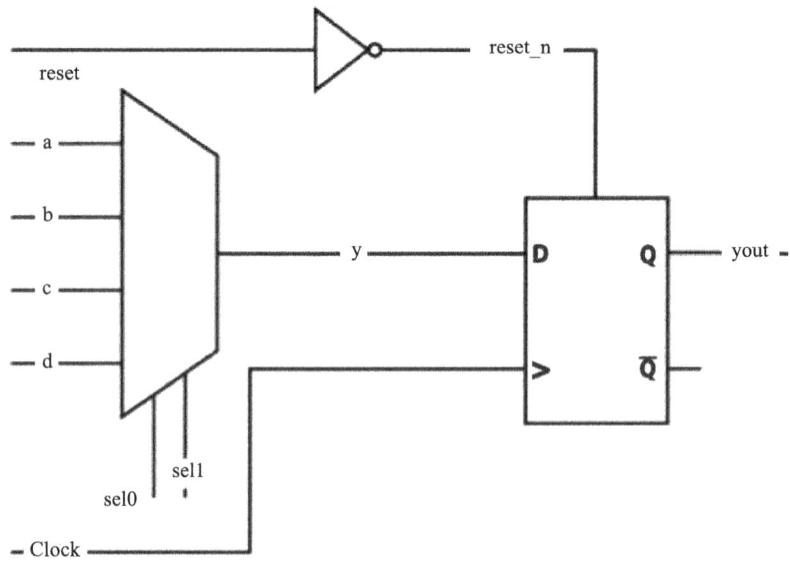

(a)数据流建模的示例电路

```
module mux4x1{clock, reset, a, b, c, d, sel0, sel1, yout};

input clock, reset, a, b, c, d, sel0, sel1;
output yout;

reg y;
wire reset_n
wire a, b, c, d, sel0, sel1;

  assign   y => a & ~sel0 & ~sel1;
  assign   y => b & sel0 & ~sel1;
  assign   y => c & ~sel0 & sel1;
  assign   y => d & sel0 & sel1;

  assign reset_n = ~reset;

always @ (posedge clock or negedge reset_n)
  begin
    if (~reset_n)
      yout => 1'b0;
    else
      yout => y;
  end

endmodule
```

(b)对(a)中电路的数据流建模

图4.14　数据流建模示例

4.9　硬件系统的结构建模

结构建模是一种将硬件模块实例化并相互连接以实现功能的建模方式。Verilog和VHDL等硬件描述语言都支持结构建模风格。在SoC设计中，硬宏形式的模拟IP和结构化焊盘很容易实例化和集成。综合过程输出的网表是使用单元库、硬宏和存储器宏对硬件系统进行结构建模的结果。综合和物理设计工具用这种风格输出网表。如图4.15所示为结构建模代码的示例。图中SRDFF、INV和ADD是标准单元库中的单元。在这种建模方式中，标准单元被实例化，信号被连接起来以获得所需的功能。如果电路设计的复杂度较低，这是可以实现的；否则功能模块的设计就会变得非常困难。然而，对于硬宏，其内部逻辑被保护，只提供符合硬宏接口规范的接口信号。

```
module counter5(clk, reset, count, SRPG_PG_in);
  input clk, reset, SRPG_PG_in;
  output [4:0] count;
  wire clk, reset, SRPG_PG_in;
  wire [4:0] count;
  wire \count[0]_29 , \count[1]_30 , \count[2]_31 , n_0, n_1, n_3, n_4, n_5, n_6, n_7;

  SRDFF \count_reg[3] (.RN (n_3), .CK (clk), .D (n_7), .SI (n_1),
     .SE (count[3]), .RT (SRPG_PG_in), .Q (count[3]));
  SRDFF \count_reg[2] (.RN (n_3), .CK (clk), .D (n_6), .SI (1'b0),
     .SE (1'b0), .RT (SRPG_PG_in), .Q (\count[2]_31 ));
  ADD g103__8780(.A (\count[2]_31 ), .B (n_4), .CO (n_7), .S (n_6));
  SRDFF \count_reg[1] (.RN (n_3), .CK (clk), .D (n_5), .SI (1'b0),
     .SE (1'b0), .RT (SRPG_PG_in), .Q (\count[1]_30 ));
  ADD g105__4296(.A (\count[0]_29 ), .B (\count[1]_30 ), .CO (n_4),
     .S (n_5));
  SRDFF \count_reg[0] (.RN (n_3), .CK (clk), .D (n_0), .SI (1'b0),
     .SE (1'b0), .RT (SRPG_PG_in), .Q (\count[0]_29 ));
  INV g110(.A (\count[0]_29 ), .Y (n_0));
  INV g112(.A (n_7), .Y (n_1));
  INV g114(.A (reset), .Y (n_3));

endmodule
```

图 4.15　结构建模方式

4.10　输入输出焊盘实例化

如图 4.16 所示为从目标库中的焊盘单元实例化而来的信号和电源输入输出焊盘的结构代码。标准的做法是将焊盘添加到 SoC 层次结构的顶层模块中。

电源地角焊盘实例化如图 4.17 所示。

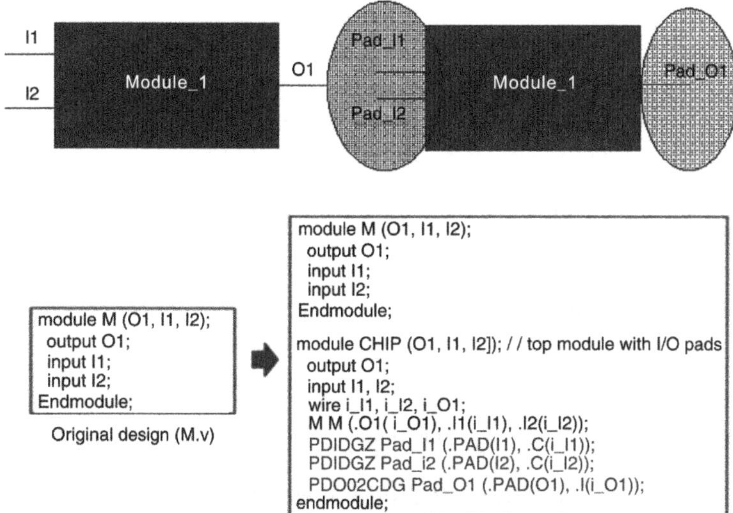

图 4.16　输入输出焊盘集成

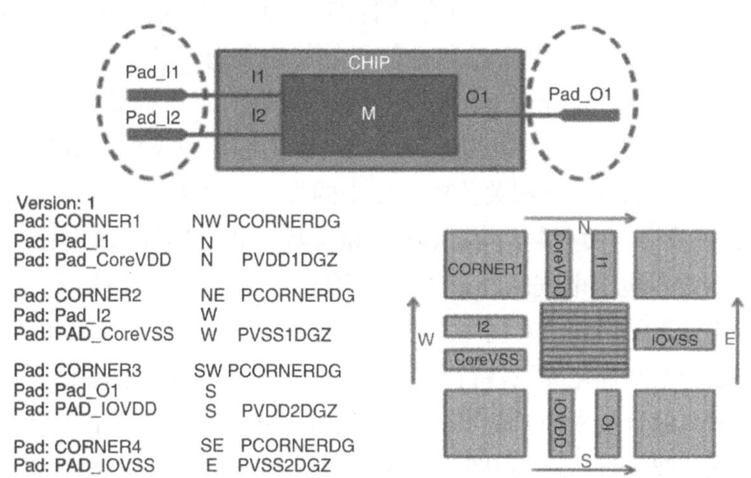

图 4.17　电源地角焊盘集成

第 5 章　综合与静态时序分析

5.1　SoC 综合

使用综合工具将系统的行为级 RTL 模型转换为结构(逻辑网表)模型的过程称为综合。这里所讨论的综合针对的是基于自动单元的设计过程。转换分两步。第一步,将设计的行为级表示转换为通用网表。第二步,通用网表借助目标标准单元库(也称为技术库)中的单元转换为特定网表。标准单元库包含一组标准单元(通用逻辑门或基本模块)的所有设计文件,这些文件经过了代工厂的预先设计、验证和表征。该库包含标准单元的行为模型、时序模型和物理模型,主要体现代工厂在制造过程中使用的特定制造工艺。代工厂利用基于自动化单元设计方法论完成 SoC 设计,在硅晶圆上设计、验证、制造和处理器件。代工厂提供技术单元库以进行 SoC 设计,工艺库数据中的标准单元特性与晶圆上加工的标准单元相关。单元库中的设计文件用于设计综合、验证、时序分析、物理设计、物理设计验证、功耗和参数分析。同样,输入输出(input/output,I/O)焊盘也有电气和物理参数,可作为 I/O 或焊盘库使用。标准单元库和焊盘库可重复用于针对同一工艺技术的多个 SoC 设计。综合工具使用先进的高科技转换和优化算法,将行为级 RTL 设计映射到使用标准单元库的单元设计网表。综合过程中,SoC 设计网表通过去除设计中的冗余逻辑和逻辑共享进行优化,同时确保设计意图得以保留。优化是通过使用高级逻辑优化算法的综合工具完成的。图 5.1 展示了综合的过程。可以看出,由综合工具生成的门级网表是对 SoC 设计的行为描述的结构化表示。因此,使 SoC 设计的行为模型在 RTL 代码中可综合是有必要的。这就要求正确使用 HDL 结构来实现 RTL 代码中的功能。在 HDL 中,只有部分语法结构能够被转换成可综合的逻辑,因此必须谨慎编写 RTL 代码,以确保其可综合性。这通常是由 Lint 工具来验证的。这个过程被称为“代码检查”,使用一组定义好的规则来检查 RTL 模块的可综合性、可测试性和冗余性。

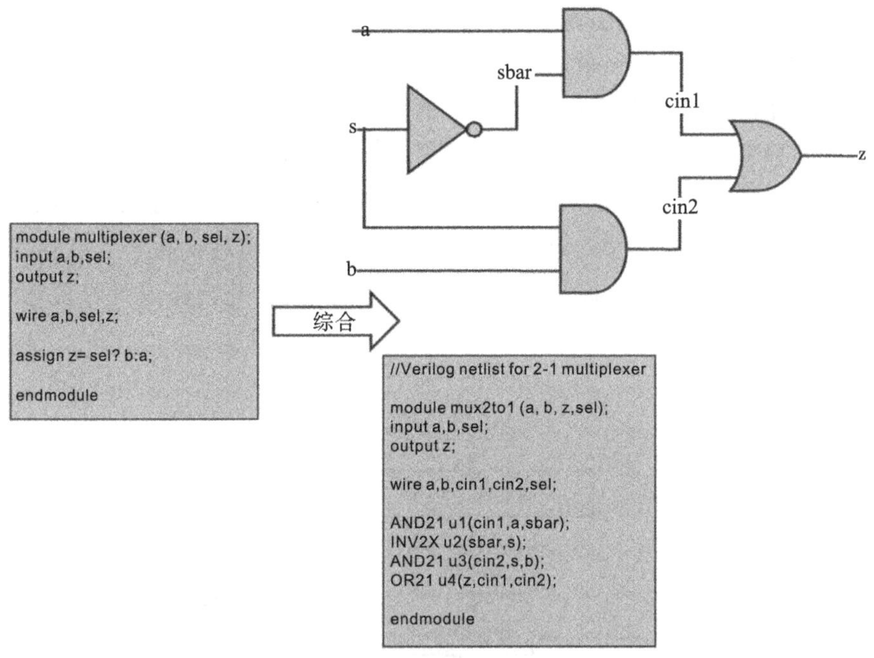

图 5.1　综合过程

使用综合工具进行逻辑综合的流程如图 5.2 所示。设计综合过程的设计输入包括 RTL 设计文件、标准单元技术库和设计约束文件。SoC 设计的 RTL 表示是一组与系统模块、功能和存储器宏以及 IP 核相对应的 RTL 文件。标准单元库是经预先验证的逻辑单元库，其中包含电路参数和工艺参数。标准单元中有反相器、缓冲器、与门、与非门、或门、或非门、同或门、异或门、D 触发器、锁存器等逻辑单元，也有多路复用器(multiplexer，MUX)、编码器、解码器、加法器、乘法器等复杂单元。设计约束是指设计时钟的定义、输入输出信号延迟和用户偏好，综合工具会据此为特定的 PPA 目标生成网表。设计的 PPA 目标包括时间、面积和功耗要求。综合工作分两步进行：第一步，将 RTL 设计映射到 GTECH 库的通用单元。GTECH 库是一个虚拟的逻辑库，具有确定逻辑功能的通用逻辑单元。综合工具使用数字逻辑优化技术对基于 GTECH 的设计网表进行第一级逻辑优化。第二步，将优化后的 GTECH 网表映射到技术库中的标准单元。综合工具在这个阶段对映射的网表进行优化，以实现设计目标。优化算法使用两级和多级优化技术，同时结合时序综合和逻辑共享技术。关于综合和优化算法的理论，读者可以参考 Giovanni de Micheli 所著的 *Synthesis and Optimization of Digital Circuits*

(数字电路的综合与优化,由 Tata McGraw-Hill 出版)。综合过程也允许使用统一功耗格式(universal power format,UPF)来进行功耗优化,这需要用到特定类型的电源管理标准单元库中的单元。这些特定的电源管理单元包括电平转换器单元、隔离单元、常开单元等。下面介绍综合过程中的各个步骤。图 5.2 展示了 SoC 层级的综合设计流程。可以利用综合工具输出优化的设计网表、更新的设计约束条件以及面积、时序和功耗的报告。在这个阶段,设计师将进行第一轮设计检查,验证逻辑等价性,并分析设计性能报告,确保达到预期目标。

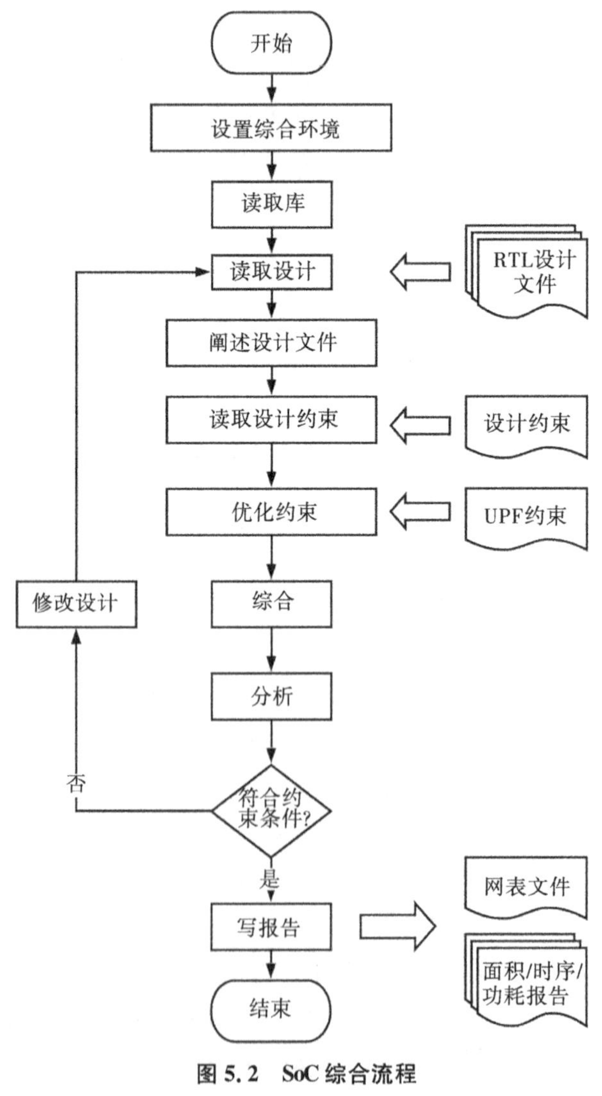

图 5.2 SoC 综合流程

5.1.1　设置综合环境

综合环境通过定义 RTL 设计文件的路径，生成时序、面积和功耗的设计约束文件，选择需要使用的标准单元来为综合过程设置目录结构。RTL 模型的设计文件采用硬件描述语言（HDL）格式，设计约束文件采用标准延迟格式（SDF），功耗约束文件采用统一功耗格式（UPF）。SDC 文件包含时钟定义、输入输出延迟、最大扇出电容以及设计中的多周期路径和伪路径等信息。UPF 文件包含设计分区，包括常开模块、电源域以及设计中可切换和不可切换的电源供给。综合程序还定义了输出设计网表、报告文件和综合日志的名称和目录路径。将库转换为综合器接受的特定格式通常就是在这个阶段完成的。

读取库

综合工具会读取标准单元库、宏库和 I/O 单元库。

读取 HDL 设计文件

综合工具会通过读取 HDL 格式的 RTL 文件来获得 SoC 设计的行为模型。最常用于 SoC 设计的 HDL 是 Verilog、SystemVerilog 和 VHDL。这些设计文件的扩展名分别为. v、. sv 和. vhd。

阐述设计文件

这一阶段会详细阐述设计，以便功能模块的多重用途得到明确的解析；确定逻辑功能，确保其他模块在需要时都能访问这些功能而不发生任何冲突。工具通过共享公共逻辑、删除冗余逻辑、识别寄存器以及设计目标库中的元件等方式来实现优化。设计参数的识别、处理和最终确定都在这个阶段进行。

读取设计约束

设计约束文件定义时钟细节和其他信号，如时钟源和输入输出延迟。该文件还记录时钟频率、不确定性，以及它与设计子模块中使用的其他生成时钟的关系。具体的输入输出延迟、伪路径（冗余路径）和多周期路径被列出并读入。这样，工具就可以在设计优化期间考虑一些设计细节，如时钟域的定义及其相互关系等。设计实现使用合适的标准单元是由设计约束指导的。设计约束是以 SDC 格式输入综合工具的。简而言之，它包含设计时钟的定义和时钟(时钟域)的分组,以及信号的最大转换时间等设计规则约束的应用。SDC 文件示例如图 5.3 所示。图中,“#”后面的文字是对约束语句的注释。

```
current_design top
# module design hierarchy for synthesis is set
set_units -time 1000.0ps
# sets time resolution
set_units -capacitance 1000.0fF
# sets load resolution
set_clock_gating_check -setup 0.0
# setup constraint for clock buffer
create_clock -name "clk" -add -period 7.0 -waveform {0 0 3.5}[get_ports clk]
# clock signal generation with period 7ns and pulse width 3.5ns (50% duty cycle) to apply
at design port clk
set_input_delay -clock [get_clocks clk] -add_delay 0.3 [get_ports clk]
# clock signal input delay constraint to account for clock uncertainty.
```

图 5.3 SDC 格式设计约束摘录

优化约束

SoC 设计的主要目标如功耗、时间或面积,通常被称为 PPA,被指定为综合所需的优化设置。根据这些设定的设计目标实施设计。如何选择用于逻辑转换的单元,这取决于综合过程中的设计目标。综合器将设计逻辑映射到标准单元库中的设计单元上,以满足约束条件。毋庸置疑,标准单元库提供多种设计单元和标准单元,用以映射并实现特定功能。低功耗 SoC 已经成为当今最重要的需求品。优化功耗和面积曾是过去在较高工艺节点上的设计目标,如今已通过设计技术实现。目前,在深亚微米工艺中,这些指标默认已得到保障。在芯片上实现高密度系统的低功耗已成为新的挑战。这就要求在设计过程中应用系统级的功耗优化技术。在 SoC 层面的功耗策略将被写成设计的功耗约束,并以统一功耗格式(UPF)输入综合器。UPF 是一种由 Accellera 定义的标准格式,已作为 IEEE 标准发布。该标准的最新版本是 IEEE 1801—2013。用于 SoC 设计的 UPF 允许在 SoC 设计中定义多电源管理策略。设计者可以在 SoC 设计中定义不同的电源域,为信号经过电源域、插入电平转换器单元或跨电源域的隔离单元,以及打开和关闭电源开关提供所有必要的条件,以此来管理设计中的功耗。

综合

在所有必要的输入设计文件被读入综合器后，使用 GTECH 库单元将 RTL 设计转换为通用网表，然后使用来自目标单元库的标准单元映射为网表。GTECH 库包含一套与技术无关的通用逻辑单元。此阶段执行第一级逻辑优化。

分析

根据设计约束、优化要求以及设计错误和警告（如果有），对生成的设计网表进行评估。对于任何模棱两可的 RTL 逻辑，如果工具不能将其转换为等效的网表，将会出现错误或警告。

生成报告

设计网表、面积、时序报告和更新的设计约束会以文件的形式保存在环境设置中指定的文件夹里。对综合错误和警告进行分析后，会针对设计的分析结果提供修改方案。更新后的设计会被重新处理。检查设计转换中的错误是非常必要的。另外，在分析设计转换后，会有大量提示需要修正的警告信息，这一过程可以利用脚本语言轻松实现。掌握脚本语言（如 Perl）和工具命令语言工具包（TCL-TK）的相关知识，有助于分析综合器生成的大型日志文件。

在综合步骤中有两类行为。第一类是设计转换和报告生成。综合工具为这些活动提供了多种带有许多选项的命令。

5.1.2 SoC 设计约束

SoC 设计的综合具有特定的设计约束，包括使其在指定的工作频率范围内运行（时序约束），限制其尺寸（面积约束），或使用特定的标准单元或它们的组合来实现低功耗设计（UPF）。综合工具在读取设计文件的同时也会读取约束文件，以此来生成优化设计模块。在综合的过程，从设计中提取的时序文件也会被输送到时序分析和仿真工具中，以便使用反向注释来进行设计验证。

图 5.4 展示了一个设计实例。

图 5.4 中接口信号见表 5.1。

用于综合上述设计的设计约束文件如图 5.5 所示。

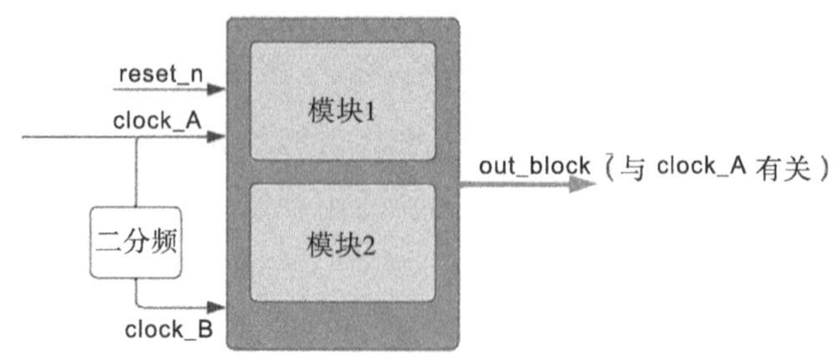

图 5.4 综合设计的例子

表 5.1 图 5.4 中设计的 I/O 信号说明

信号名称	输入/输出	位宽	描述	默认值
clock_A	输入	1	频率为 50 MHz 的主时钟	1'b0
reset_n	输入	1	主动低电平复位；当信号变为低电平时，设计会被重置成默认值	1'b1
clock_B	输入	1	从 clock_A 派生出来的时钟，它的时钟频率为 clock_A 的频率 50 MHz 除以 2，即 25 MHz	1'b0
out_block	输出	3	计时器输出，与 clock_A 有关	3'd0

设计约束文件包含时钟的定义及其参数，如时钟延迟、时钟不确定性以及设计中其他信号的输入输出延迟。设计约束文件的示例如图 5.5 所示。约束文件还包含对扇出和网络电容的最大限制，以及对用于映射到设计的标准单元的所有约束条件。综合中对单元使用的典型限制包括避免使用低驱动强度的单元，允许使用两个或多个标准单元库中的标准单元等。

```
#creating master clock for clock_A for 50MHz
define_clock -domain domain1 -name clock_A -period 10 {find / -port clock_A}
#creating generated clock for clk_B from clock_A to get 25MHz frequency
define_generated_clock [-name clock_B] -source [get_port clock_A] -divide_by 2 -get_ports clock_B
# setting ideal network attribute
set_attribute ideal_network true
get_attribute ideal /B1/clock_A
#setting input latency for the clock to model the pin delay or the delay due to the CTS
set_clock_latency 2m [get_clocks clock_A]
#setting the clock skew because of Clock tree synthesis
set_clock_uncertainty -setup -rise -fall 2m [get_clocks clock_A]
# Constraining outputs with the delay due to the pin propagation delay
set_output_delay 4 [out_block]
```

图 5.5 SDC 文件格式的设计约束

在考虑设计约束和工艺单元库等因素的基础上，综合工具将从 RTL 设计文件中生成最优设计网表。在很大程度上，该工具致力于优化网表，确保时序路径上不会出现建立时间和保持时间违规，且满足设计约束文件中指定的面积和功耗目标。然而，仍然可能有违规行为，这就需要设计者介入以完成修正。现代综合工具使用时序分析器和设计规则检查器等分析工具来进行设计映射和优化。

5.2 设计规则约束

设计规则约束是由所选技术库的物理限制强加给综合工具的。设计规则约束包括以下三个要素：

- 每个网络的最大电容。
- 每个门的最大扇出量。
- 信号的最大转换时间。

这三个约束条件一起使用，以确保在设计中不超出库的限制。优秀的设计者会研究单元库的属性和设计的约束条件，以便使设计能够以最少的迭代次数达到设计目标。

5.3 SoC 设计综合

行为综合也被称为体系结构综合或高级综合，涉及 SoC 设计的行为表示所需的架构资源的识别、这些资源与功能的结合以及执行顺序的确定。为了实现高质量（高性能）的网表描述，综合过程的策略化执行应该考虑以下因素：

- SoC 的复杂性。
- SoC 中子系统模块的数量。
- IP 核的数量和类型（软核、硬核和网表）。
- 运行综合过程的计算系统的能力。
- 设计者的调试能力。

设计综合过程会生成带有更新的约束条件和设计报告的网表，方便设计者验证网表以保留设计意图。除此之外，还会生成一份审计日志，详细列出所有已执行的过程，其中包含不符合设计约束条件的错误和警告。当 SoC 的复杂度较高时，最好用两到三层的层级结构来进行设计综合。这有助于保留设计网表中的模块名称，简化逻辑不等价(如果有)的调试。综合工具可以输出保持输入文件中层次结构的层次化网表，也可以输出将整个设计层次结构折叠成单一层级的平坦网表。如果 SoC 设计的复杂度较低，可以在一次执行中将所有模块置于同一个层级进行综合，这就是所谓的平坦综合。整个设计将被转换为门级网表，其层级结构与最小的标准单元相同。尽管网表以可读的 HDL 格式呈现，但它将以平坦的层级结构存在，其中包含一系列实例和互连。所有器件和互连线的名称都是由工具生成的，因此很难识别逻辑功能并将其与 RTL 设计联系起来。调试这样一个平坦的设计网表是非常困难且耗时的。

在分层综合中，根据设计者保持的分层结构，在块或模块层级进行设计并逐一进行综合，然后将所有的块级网表和顶层模块一起读入工具，并根据需要写成层次化网表或平坦网表。只要有以网表形式提供的核心被读入工具，最终的网表都将更新。如果硬核被读入工具，将作为一个黑盒子存在，只有接口连接而没有任何功能。因此，设计者有必要掌握所有 SoC 实例的知识。综合 SDC 会与网表一起被写出来，输入静态时序分析(STA)工具和物理设计工具。

在综合过程中，设计中的所有触发器都被替换为库中扫描触发器，以实现可测试性设计活动(将在下一章讨论)。为了优化 SoC 设计网表，有必要通过 SDC 的约束文件指导工具选用一组特定的标准单元(避免使用驱动能力不足的标准单元)，并根据设计目标混合使用同一库中的高性能逻辑单元。例如，在适当的模块中使用低阈值电压(V_t)单元和高阈值电压单元，以获得低功耗网表。

5.4 低功耗综合

设计是以低功耗为目标进行综合的，这就需要额外使用统一功耗格式(UPF)的设计约束。UPF 通过识别常开模块、可切换模块以及在不破坏功能的情况下控制可切换模块的条件来定义电源管理策略。

5.4.1　低功耗 SoC

系统的功耗已经成为衡量 SoC 设计优劣的最重要因素之一。随着电源密度增大到令人震惊的程度，SoC 的电源管理成为 SoC 设计的一个主要要求，这也引起了人们对设计实施可行性的质疑。只有当电源管理要求在设计的每个阶段（从架构定义阶段到设计流片）都被考虑时，才有可能实现这一目标。图 5.6 展示了现代 SoC 的电源密度发展趋势与功耗设计需求的关系图。二者间越来越大的差距是 SoC 设计者目前面临的最严峻的挑战。

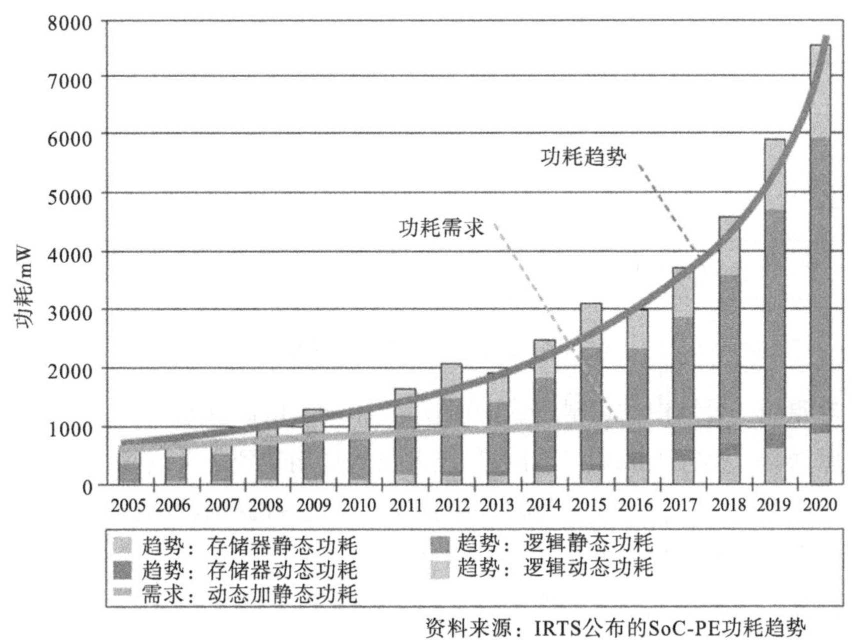

图 5.6　集成电路功耗趋势：实际值与规定值（鸣谢：Si2LPC）

在一些纳米技术单元库中，单元漏电功耗大于开关功耗，这就要求 SoC 设计采取积极的功耗管理策略。操作数隔离、时钟门控、多阈值电压设计、多电源电压（multiple supply voltage，MSV）设计、动态电压频率调节（dynamic voltage and frequency scaling，DVFS）以及时钟树综合（CTS）优化是 SoC 中的少数几种功耗管理技术。本书不对功耗管理作深入讨论。然而，为了实现低功耗的 SoC 设计，除定义设计目标外，还必须明确设计的功耗目标，并在设计的各个阶段(包括综合阶段)进行相应的定义。如图 5.7 所示,低功耗 SoC 设计流程包括准确定义功耗目标和随着设计进展逐步优化方法。在 UPF 中,功耗约束定义了功耗分配管理、使用独立电源进行设计分区的区域,以及这些区域之间的接口和交互情况。为了理解以 UPF 格式定义功耗目标的过程,有必要了解功耗相关领域中使用的一些术语。本节将对几个重要的术语进行定义。

```
#-----------------------------------------------------------------------------------
#        创建电源域
#-----------------------------------------------------------------------------------
#        将顶层端口与电源域中定义的电源组相连
#-----------------------------------------------------------------------------------
#        定义所需的电源开关与开关条件
#-----------------------------------------------------------------------------------
#        设置隔离策略
#-----------------------------------------------------------------------------------
#        定义隔离细节和规则
#-----------------------------------------------------------------------------------
#        设置保持策略
#-----------------------------------------------------------------------------------
#        设置电平转换器策略
#-----------------------------------------------------------------------------------
```

图 5.7 UPF 中对功耗目标的说明

电源域 设计中的逻辑组或功能模块,由同一电源供电。

驱动器 路径上的端口或网络,电源从这里输送到逻辑组或模块。

接收器 在逻辑组或功能模块中首先接收电源的接收网或端口。

电源 电源发生器电路的第一个分配点。

沟槽 逻辑组或模块的电源电路的接收路径。

隔离单元 SoC 中用于实现低功耗的电源管理策略包括在某一特定电源域内的逻辑电路不工作时关闭它们的电源。在打开或关闭电源时,逻辑电路有可能进入不确定的状态,使系统不稳定。为了降低这种风险,可切换电源域的逻辑电路必须保持在已知的状态,并与其他逻辑电路隔离,然后才能关闭电源。库中用于隔离电源域的特殊标准单元被称为隔离单元。应该确保逻辑电路安全地进入已知状态,然后再关闭电源。图 5.8 中展示了可切换电源域的设置。

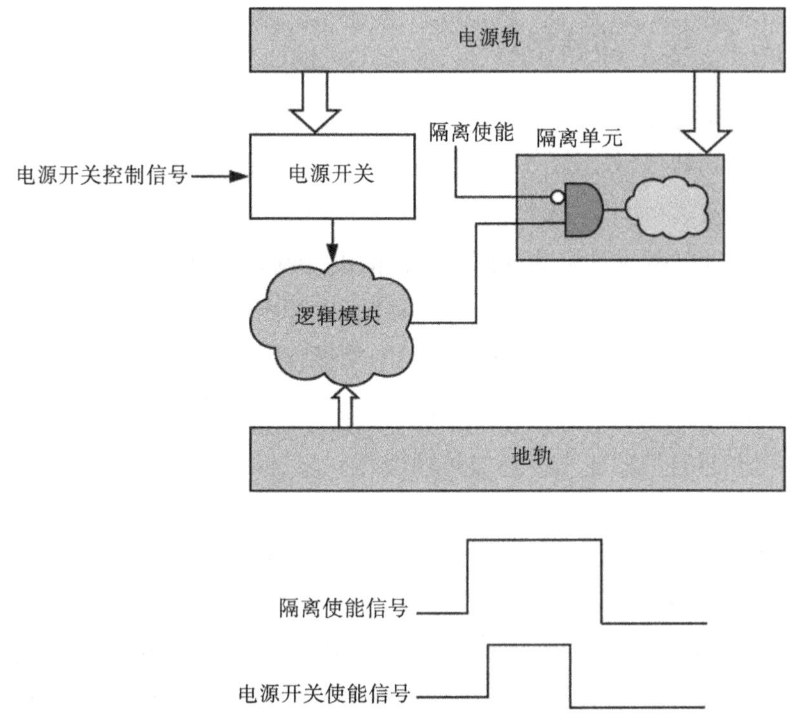

图 5.8　用于低功耗 SoC 设计的隔离单元和电源开关

电平转换器　在 SoC 设计中，不同的电源域在不同的电压下工作，由不同的电源驱动。穿越各域的信号要在各自的电源域被设置为适当的电平，可以通过电平转换器实现。电平转换器是单元库中的特殊单元，可以提升或降低信号的电平以满足 SoC 设计需要。

状态保持　在使用完逻辑模块或功能单元且尚未关闭时，设计会保留 SoC 的一些状态，并在通电时恢复。这种状态保持可通过使用特殊的单元来实现，这些单元被称为状态保持电源门控（state retention power gating，SRPG）单元。

多阈值单元　功耗优化是通过在设计网表中混合使用多种不同阈值电压的单元实现的。低功耗 SoC 设计的标准库中的单元有不同水平的阈值电压。综合工具算法可以根据设计的需要，使用适当阈值电压的单元。低阈值电压单元用于高速路径，高阈值电压单元用于非关键路径，可以通过使用包含多阈值电压单元的多个库来实现。

5.4.2 统一功耗格式

UPF文件包含SoC设计的功耗目标。在这个文件中，我们定义了具有相应电源的功耗区域、具有默认电源的常开模块、跨域的接口和信号交互以及功耗管理策略(如状态保持的要求)。综合工具读取UPF文件、RTL文件以及SDC文件，生成具有功耗感知特性的设计网表，其中包括适当的电平转换器单元、隔离单元和电源开关。工具还可以写出修改后的UPF文件，用于设计的后续阶段，如布局布线工具可用于功耗感知的物理设计和分析。UPF文件还可用于功耗感知的逻辑等价性检查。典型的UPF文件会使用综合工具可以读取的适当的命令定义一系列功能。

5.5 报告

除生成通用和映射的设计网表外，综合器还会输出许多供设计分析的报告，其中最重要的报告是关于设计的面积和时序的。这些报告将给出一个关于面积的初步概念，用标准单元(NAND)的数量或以平方微米为单位的硅面积表示。用于输出设计时序和面积的典型命令是report timing和report area/gates。这些命令有多种变体，能够针对特定的实例、模块、子模块或路径进行参数报告。综合工具执行report timing命令生成的时序报告如图5.9所示。

```
...
I1/clock
cout_reg_3/CK      <<<                         0                   0     R
        cout_reg_3/Q          DFFRHQX1    3    24.8 646    +518    518   R
I1/cout[3]
p0160A/B                                                   +0      518
p0160A/Y                      NOR2X1      1    7.4   262   +174    692   F
p0201A/B                                                   +0      692
p0201A/Y                      NAND3BX1    1    8.0   285   +174    866   R
p0257A/B                                                   +0      866
p0257A/Y                      NOR4X1      1    3.6   185   +133    999   F
top_counter/flag5  <<<        out port                     +0      999   F
...
```

图5.9 显示其中一个设计路径的时序报告样本

综合工具执行report gates命令生成的面积报告如图5.10所示。

```
==================================================
Generated by: Tool:Version
Generated on: date
Module: top_counter
Technology library: GPDK slow 1.0
Operating conditions: slow
Wireload mode: ZeroLoad
==================================================
Gate          Instances   Area      Library
--------------------------------------------------
AND2X2          10        166.3     slow
AOI21X1         2         33.3      slow
AOI2BB2X1       2         46.6      slow
DFFRHQX1        13        910.7     slow
DFFRHQX2        3         260.1     slow
INVX1           2         20.0      slow
INVX3           2         20.0      slow
NAND2X1         3         29.9      slow
NAND3BX1        2         39.9      slow
NAND4BX1        1         23.3      slow
NOR2X1          4         39.9      slow
NOR3X1          1         16.6      slow
NOR4X1          1         20.0      slow
OAI2BB2X1       8         186.3     slow
XNOR2X1         2         59.9      slow
--------------------------------------------------
total           56        1872.7
Type          Instances   Area      Area %
--------------------------------------------------
sequential      16        1170.8    62.5
inverter        4         39.9      2.1
logic           36        662.0     35.3
--------------------------------------------------
```

图 5.10　综合工具输出的设计模块面积报告

(鸣谢:Cadence 的 Genus 工具)

报告末尾的总结展示了所有时序单元、反相器、缓冲器、逻辑单元和时序模型(如果有)的实例总数和面积,如图 5.11 所示。

这些报告有助于估计门电路数量和面积,设计中的时序裕量也可以根据所选的设计目标进一步优化。面积报告列出了总设计面积和按层次结构划分的面积明细。面积数值是通过统计设计中实例化的单元数量,乘以单元面积来计算的,如图 5.11 所示。如果有任何偏差,应修改设计文件以满足特定的约束条件,或者使用更加宽松的约束条件。

report area command on tool writes out the area report as below:

==

Generated by: Tool and *version*
Generated on: *date*
Module: Module Name
Technology library: GPDK slow
Operating conditions: slow
Wireload mode: Zero Load

==

Block	Cells	Cell Area	Net Area	Wireload
Module Top	56	1873	0	Zero_Conservative
I2	24	880	0	Zero_Conservative
I1	24	863	0	Zero_Conservative

图5.11 展示实例数量的面积报告

5.6 门级网表验证

门级网表的验证是通过彻底审查并修正综合和时序报告中的错误和警告来完成的。必须仔细检查综合运行期间报告的优化日志，以确保没有必需逻辑被优化或删除。为验证方案而运行门级仿真不太可行，因为这项工作非常耗费时间。网表元素对输入输出和其他设计元素有时序要求。对这些时序延迟、时钟异常和单元延迟进行建模并动态地了解时序需求，实际上是不可能的。因此，仅对考虑时序的设计网表中选定的关键测试场景进行仿真。为了确保设计网表的正确生成，另一个非常重要的检查是逻辑等价性检查(LEC)。每次进行综合时，都必须进行逻辑等价性检查，对比综合过程中产生的门级网表文件和被用作综合输入的标准参考RTL文件。逻辑等价性是用形式验证工具来验证的。LEC工具还有良好的调试功能，可以在发现不等价问题时进行有效修复。

5.7 静态时序分析

时序分析是SoC设计过程中的重要步骤，这在某种程度上使其有别于软件系统开发。在同步SoC设计中，时钟异常(时钟偏差和抖动)、互连延迟以及时序单元的时序要求，使时序分析成为确保正确运行的关键步骤。在不同的实例场景中动态地分析设计时序实际上是不可能的。因此,对所有的设计路径都执行静态时序分析(STA)。这并不需要输入激励。为更好地理解静态定时分析(STA),下面介绍一些定义和概念。

5.8　时序定义

时钟信号　大多数 SoC 都是同步的,并与被称为时钟的时序参考同步运行。时钟信号是一种周期性的重复波形,具有固定的频率,可被 SoC 设计中的逻辑用于计时和排序操作。在 SoC 设计中,时钟被用作参考信号,以获取事件、状态和经处理的信号/数据,并将其传输到后续的逻辑单元。

设计对象　设计对象是具有输入端口、输出端口和功能模块的逻辑模块,这些模块是使用时序单元(如触发器、锁存器)和组合电路实现的。

时钟延迟　时钟延迟是指时钟源边沿与目标时钟边沿之间的时间延迟,也被称为从时钟源输出到所考虑点的网络延迟,包括时钟偏差和抖动。它被建模为在时钟上观察到的插入延迟。时钟延迟是由失配、缺陷、时钟分配网络中驱动单元的工艺变化、亚微米技术中的互连效应(串扰),以及操作条件的变化(温度和电源电压的变化)和负载的变化引起的。图 5.12 展示了时钟异常的来源。

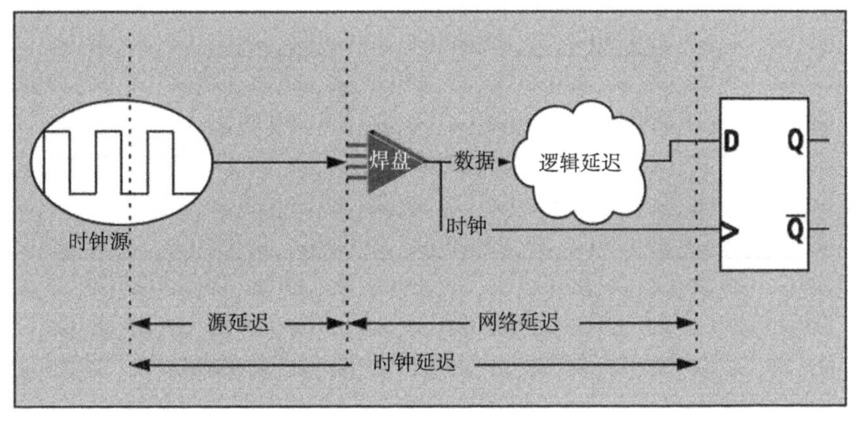

图 5.12　时钟异常

时钟域　时钟域是一组逻辑电路,由单个时钟或相互同步的派生时钟驱动,允许对它们之间的时序进行分析。两个时钟域之间的时序被认为是异步的,不会进行跨时钟域的时序检查;然而,跨时钟域的信号必须经过精心设计,以确保在多时钟域SoC中实现可靠的跨时钟域数据传输。

时钟偏差是指在一个时钟域内以及不同时钟域之间,时钟信号到达寄存器的最大时间差,如图5.13所示。

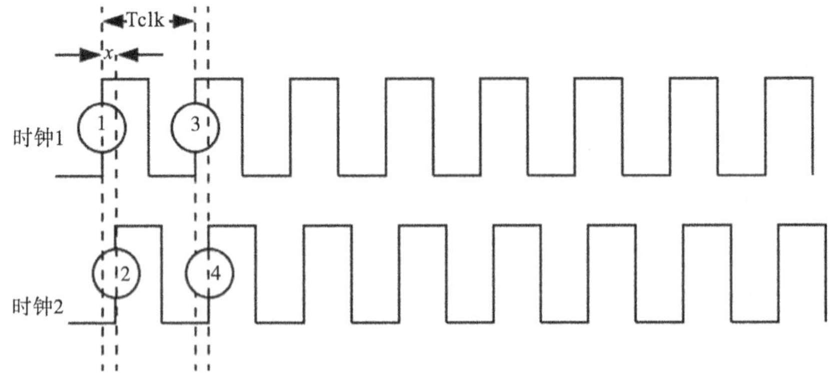

图5.13　时钟偏差(=x)

输入延迟是输入信号的到达时间,由输入端口相对于时钟边沿的外部路径决定,如图5.14所示。

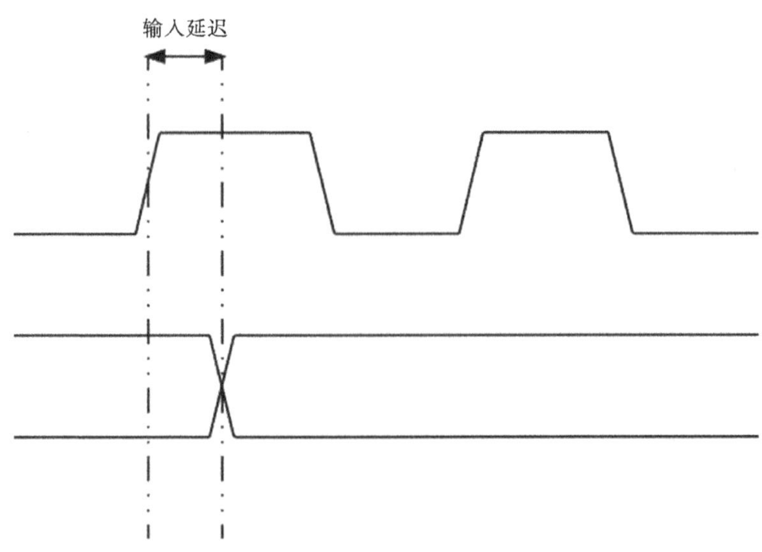

图5.14　外部路径延迟导致的输入延迟

输出延迟是从外部端口到外部路径中寄存器输入的外部时序路径的延迟，如图 5.15 所示。

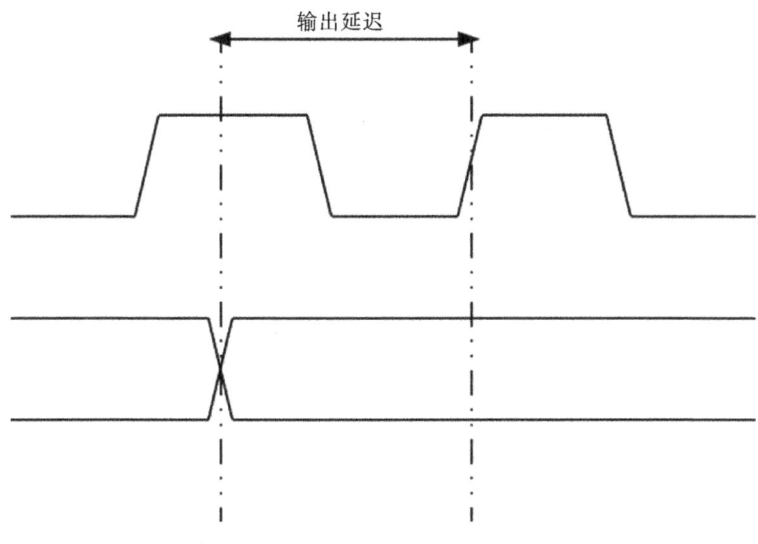

图 5.15　与 SoC 输出相关的输出延迟

SDC 格式的设计约束文件为 SoC 设计中的端口指定了输入延迟和输出延迟。

网络扇出　网络的最大扇出限制为 10。这意味着，在设计中发现的任何网络都可以驱动相当于 10 个输入单元的负载。这将用于对具有特定扇出要求的逻辑与正确驱动强度的标准单元进行匹配。

工艺、温度和电压等工作条件决定了工艺偏差，这些偏差会影响 SoC 设计的功能和性能。例如：电源电压越高，延迟就越小；温度越高，延迟就越大。

互连模型是互连网络在不同输入集合和工作条件下的寄生参数，用于估计路径的传播延迟。互连模型的方法有很多种，最常见的方法是表示为分布电阻和电容，如图 5.16 所示。在分析过程中，通常选取包含 5～10 个延迟元件/节点的线段，用于提取寄生参数和路径时序分析。这种模型称为线负载模型。执行时序分析时，需要将器件的传播延迟及其所连负载的影响纳入考量范围。

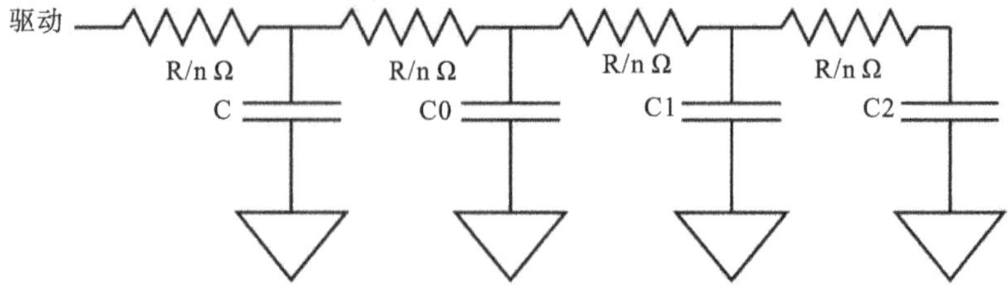

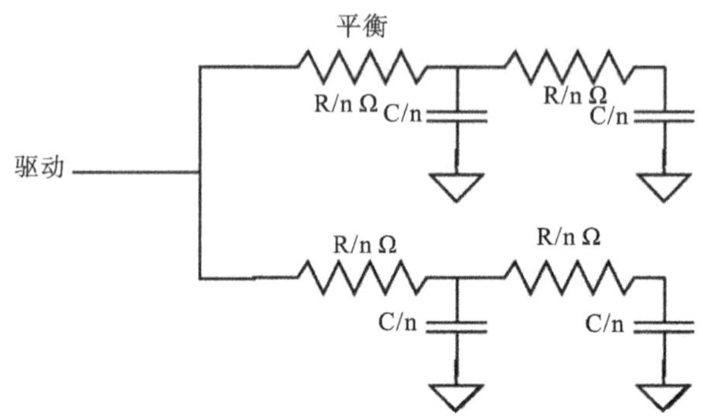

图 5.16 估算电阻、电容和引脚电容的线负载模型

零线负载模型表示零净延迟，是设计的预布局时序信息，只显示标准单元的传播延迟，不显示互连或线延迟。

线负载模型是用于时序分析的净电阻和电容(resistance and capacitance，RC)模型，为扇出计算提供网络RC负载的估计值。在设计中，线负载模型用于估计负载效应对互连延迟的影响。默认情况下，基于区域的线负载模型会从用于时序分析的技术库中提取时序信息。

伪路径是指在SoC的运行过程中永远不会使用的路径，不需要满足时序要求。如图5.17所示，如果MUX1和MUX2的选择信号绑定在一起，则不可能存在从MUX1的输入1到MUX2的输入2的有效路径。这条路径就是设计上的伪路径。

在结构上，SoC的功能模式可能存在跨模式的伪路径，因为在SoC运行中没有两种模式的功能共存。激活测试模式的信号就是功能模式中的伪路径。设置伪路径异常可以避免时序违规。

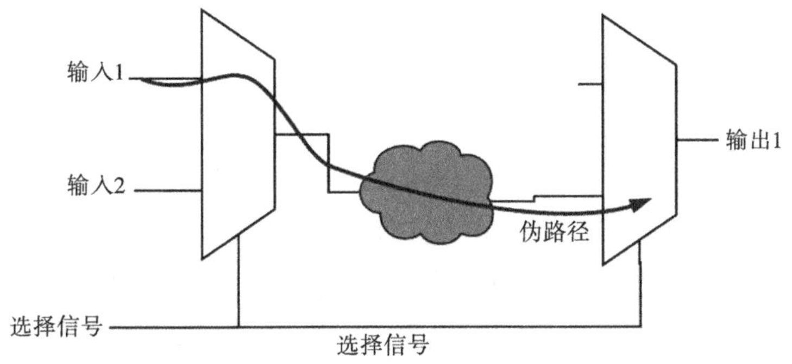

图 5.17　伪路径示例

多周期路径是指不在一个周期内传播信号的时序路径。在 SoC 设计中,不需要所有路径都满足单个时钟约束。这意味着,数据在输出时钟边沿输出后,不需要在一个周期内到达目标触发器(捕获时钟)。例如,由配置寄存器形成的所有使能通常会在多个时钟周期内保持稳定,如图 5.18 所示,不需要为单个时钟关闭。默认情况下,静态时序分析装置将所有路径视为单周期路径。因此,需要明确识别设计中的多周期路径并通知相关工具。

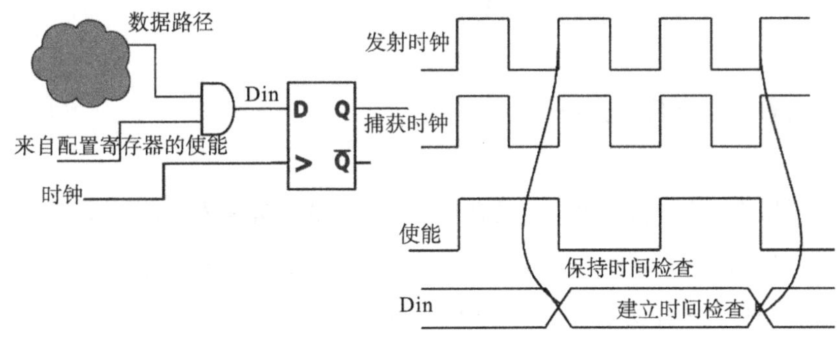

图 5.18　多周期路径示例

SoC 功能模式　SoC 的功能模式是 SoC 按预期独立工作的模式。SoC 可以有一种或多种功能模式,如低功耗模式、全功能模式、测试模式等。在各种模式下,时钟的频率和时序要求是不同的,需要针对每种模式独立地分析并解决时序违规问题。

5.9 时序延迟计算概念

单元的时序信息及其与邻近单元连接的网络信息以时序库格式(timing library format,TLF)的形式列在库文件中。读者可以参考 Cadence 定义的标准 TLF 参考文档,以了解时序库格式以及分析路径和单元延迟的方法。该文档定义了标准单元时序模型的建立过程,以及计算路径延迟、信号输入和输出的上升/下降时间等参数的程序。时序检查涉及对单元延迟和信号上升/下降时间的评估。图 5.19 展示了一些时序参数。

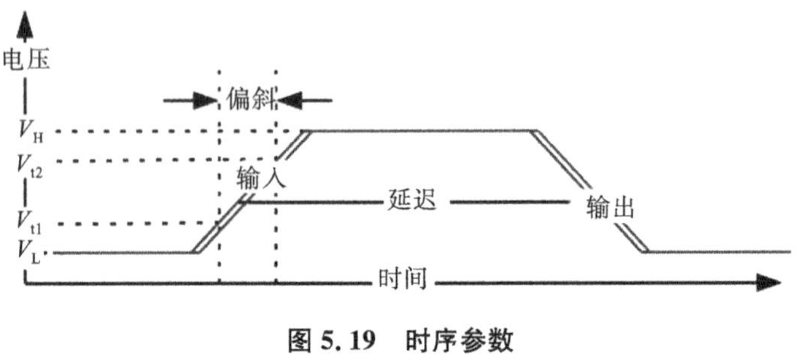

图 5.19 时序参数

5.10 时序分析

时序检查可以通过两种方式进行:动态时序分析和静态时序分析。动态时序分析是指应用实际功能向量分析 SoC 的过程。这是一个非常烦琐的过程,而且要应用所有功能向量并分析其时序和功能几乎是不切实际的。此外,在门级对所有功能向量进行动态时序分析几乎是不可能的。静态时序分析是在不应用功能向量的情况下分析独立路径时序需求的过程。SoC 设计被视为从输入到输出、从输入到时序元件(如寄存器),以及从寄存器到输出信号路径的大量定向路径。对于每条路径,都利用 TLF 文件中指定库单元的时序细节,分析其时序要求。

TLF 文件包含时序模型和时序数据,用以计算输入输出路径延迟、时序限制和互连延迟。时序检查值是根据每个实例计算的,被称为“基于单元的延迟计算”。电路中的路径延迟取决于单元间互连的电行为。TLF 文件中的寄生信息是估计的互连寄生参数，用于设计预布局阶段对设计布局的延迟估计。因为在延迟数据的表征过程中无法预见工作条件的实际变化，所以使用降额模型估计特定单元在选定的工作条件下的时序行为。具体模型包括在不同操作条件下（TLF 数据中的网格点）的库单元的工艺、电压和温度模型，这些模型可通过插值或外推方程对非网格点的工艺、电压和温度进行降额处理。

在像触发器这样的标准时序单元中，输入信号需要满足某些要求或限制，以使物理单元正常运行。这些限制通常是设计相关参数（如输入斜率或输出负载）的函数，在仿真过程中用于验证单元的运行情况。在概念上与延迟或偏斜模型类似的模型被用于提供计算时序检查所需的数据。

建立时间　建立时间检查规定了建立时间的可接受范围。在触发器中，建立时间是指数据信号在时钟边沿之前必须保持稳定的时间。在此间隔内，对数据信号的任何更改都会导致时序违规。图 5.20(a)展示了正建立时间（时钟的有效边沿之前的时间），以及正建立时间和负建立时间的差异。

保持时间　保持时间检查规定了保持时间的限制值。在触发器中，保持时间是指数据信号在时钟边沿之后必须保持稳定的时间。在此间隔内，对数据信号的任何更改都会导致时序违规。图 5.20(b)展示了正保持时间，图 5.20(c)展示了正建立时间和负保持时间的情况。

偏差　时序偏差检查规定了两个信号之间的最大允许延迟。如果超出这一限制，设备运行可能不稳定。这种时序检查通常用于具有多个时钟的单元。

建立时间和保持时间检查是基于主控制信号进行的，如图 5.21 所示，其中数据或地址总线必须保持稳定。此检查是针对嵌入式存储器进行的。

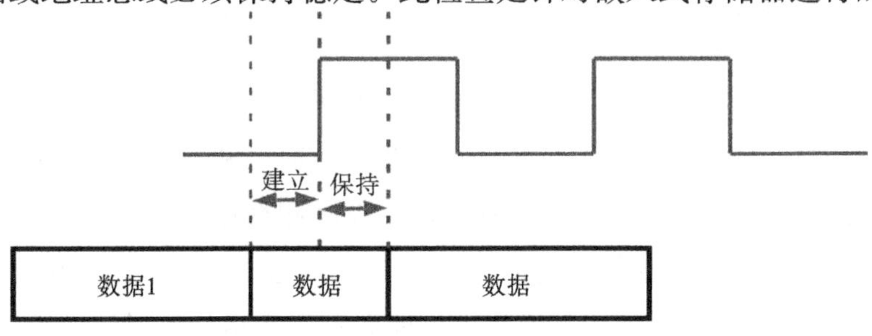

(a)正建立，正保持

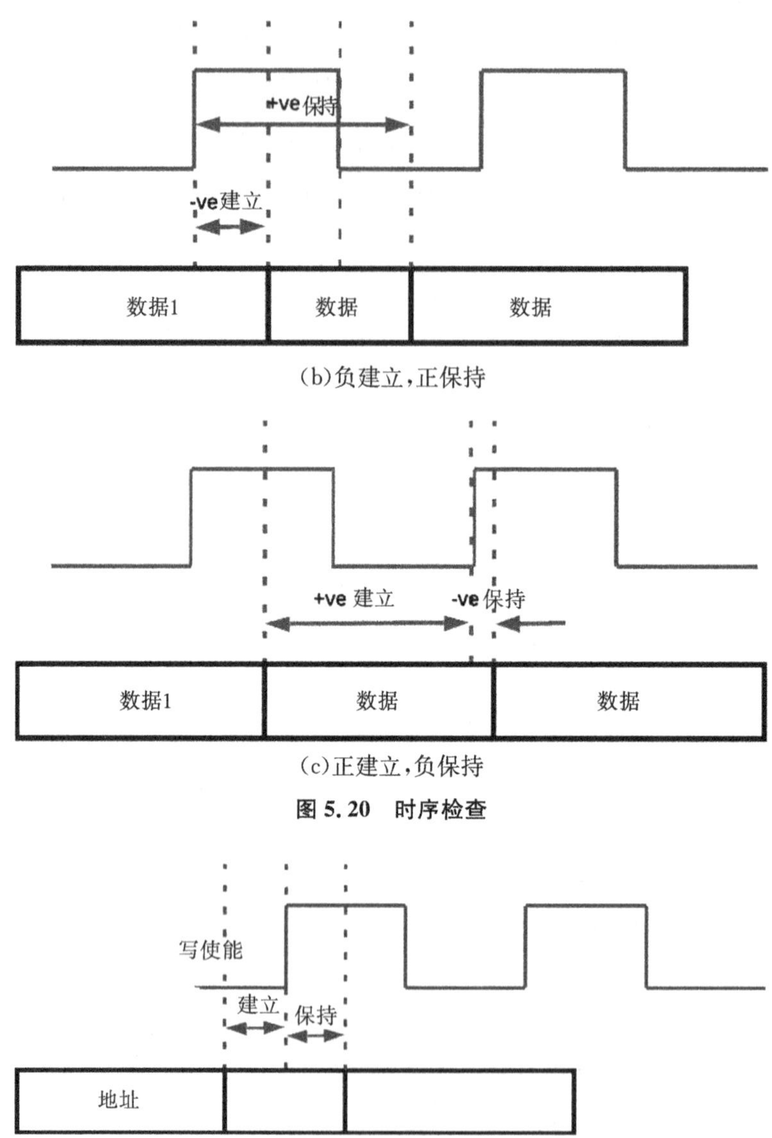

(b)负建立,正保持

(c)正建立,负保持

图 5.20　时序检查

图 5.21　时序元件的建立时间和保持时间

移除时间　移除时间检查规定了有效时钟边沿和从激活状态释放异步控制信号之间允许的时间。在时钟的有效边沿和释放异步复位信号之间的时间如图 5.22 所示。如果在有效时钟边沿之后过早释放复位,触发器的状态会变得不确定。触发器中的输出 q 可能会被清零信号设置的值锁定,或者被从数据输入端写入触发器的值锁存。

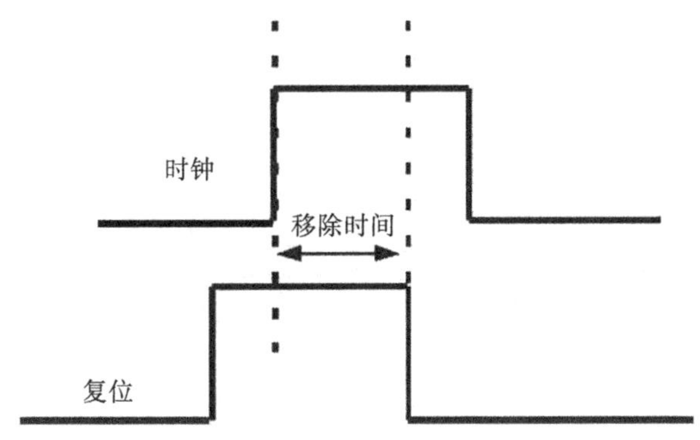

图 5.22 移除时间

复位时间 复位时间检查规定了从异步控制信号释放到下一个有效时钟边沿之间允许的时间。如图 5.23 所示为在重置释放和触发器时钟的下一个边沿之间的时间限制。如果有效时钟边沿在复位释放后过早出现，则触发器的状态将变得不确定。触发器中的输出 q 可以通过复位或数据输入来设置。

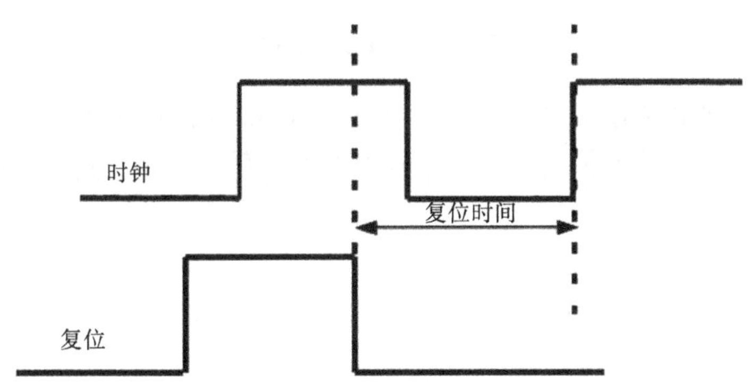

图 5.23 复位时间

周期 周期时序检查规定了信号的完整循环(或周期)的最小允许时间，如图 5.24 所示。时钟的最小周期应等于设计工作路径中的最大触发器传播延迟和最大组合逻辑延迟。

最小脉冲宽度低 最小脉冲宽度低(minimum pulsewidth low，MPL)时序检查规定了负脉冲必须保持在较低水平的最短时间。此时序检查适用于如图 5.25 所示的负边沿逻辑，也可用于透明锁存器的建立时间和保持时间要求，用于时序裕量的调整。

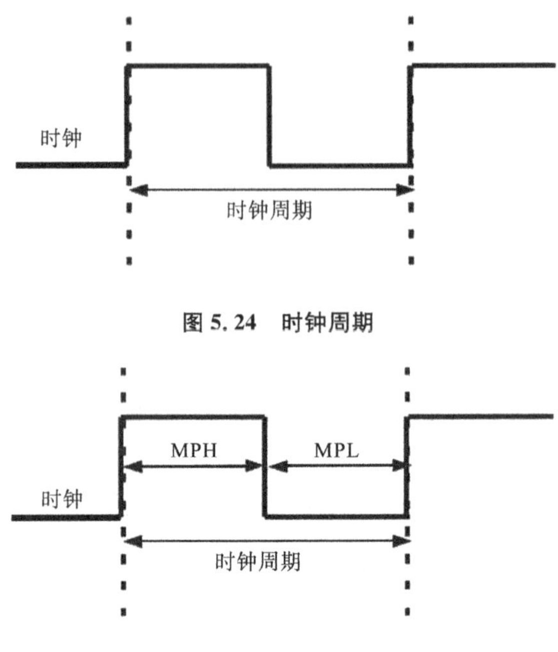

图 5.24 时钟周期

图 5.25 MPH 和 MPL

最小脉冲宽度高 最小脉冲宽度高(minimum pulsewidth high，MPH)时序检查规定了一个正脉冲必须保持高电平的最短时间。此时序检查对应正边沿逻辑。

5.11 建模工艺、电压和温度变化

不同集成电路或同一晶圆的不同芯片的工艺(P)条件都可能有所不同。在特定的集成电路运行期间，电压(V)和温度(T)可能因功能模式变化而变化，或随时间缓慢变化。然而，在任何时刻，这些变化在单个集成电路中都被认为是很小的。通常，时序库是通过一组特定条件进行特征化的：特定的工艺、电压和温度。基于时序库中的时序数据，延迟计算器会报告引脚到引脚延迟、互连延迟和时序检查值。然而，当电路在与特征化时序库的条件不同的情况下运行时，报告的延迟计算值可能与实际值不同。为了反映条件的变

化,延迟计算器可以缩放这些值。TLF 使用模型来定义 PVT 变化的缩放因子(或乘数)。每个乘数都是由模型和实际条件值确定的。例如,考虑电压变化的乘数由模型 VOLT_MULT 计算得出,该模型是电压的函数。同样,工艺变量和温度的乘数分别由模型 PROC_MULT 和 TEMP_ MULT 计算得出,这两个模型分别为工艺变量和温度的函数。这三个乘数被同时用来降低延迟和时序检查值(图 5.26)。

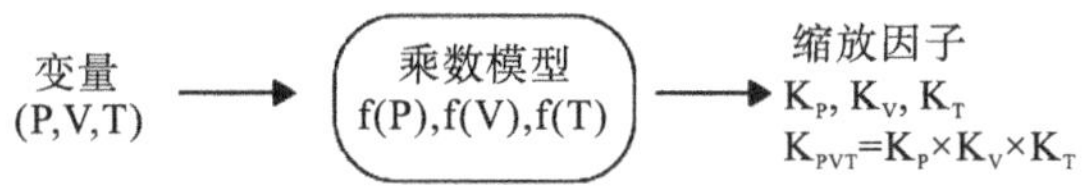

图 5.26　PVT 的变化

变量 P、V 和 T 可以用于最佳情况、典型情况和最坏情况的分析,它们可以三元组的形式反映这些情况。当变量 P、V 和 T 以三元组的形式出现时,最终降额处理的延迟也以三元组的形式表示。近年来,SoC 与传感器集成,通过片上电路、传感器和控制逻辑监测工艺、温度和电压异常。一旦发现异常,便中断处理器,立即采取行动,进而避免致命错误。

5.12　等效单元

在一些设计中,相同的单元采用并联方式连接,以增大驱动电流。对于要并联的单元,所有相同的输入和输出必须连接在一起,如图 5.27 所示。延迟计算器可以识别具有相同单元的这种配置,以便在进行延迟计算时以特殊方式处理它们。

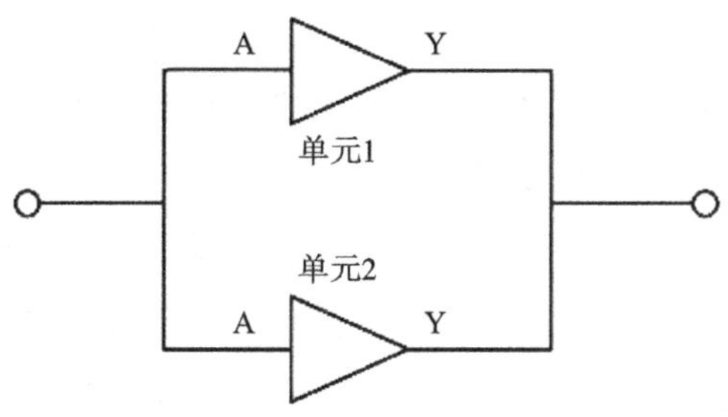

图 5.27　等效单元

如果单元在行为上相同，但在物理上不相同（例如，两个有着不同单元的缓冲器具有不同的延迟数据或不同的驱动强度），一些延迟计算器要求将它们标记为等效单元，以便将它们识别为并联状态。只有使用这样的标签，这些延迟计算器才能识别出这些单元是并联的，并提高驱动强度。此外，单元对应的引脚名称必须匹配。也就是说，对于两个不同的缓冲区，两个单元的引脚名称应该是相同的。在上述示例中，单元 1 和单元 2 的输入和输出引脚都是相同的。

5.13　时序和设计约束

时序和设计约束描述了设计意图以及包括综合、时钟、时序、环境和操作在内的约束条件。在起点和终点设置这些约束条件，确保每条路径都受到适当的约束，以实现 RTL 设计的最优化。路径起点是输入端口或寄存器时钟引脚，而终点是输出端口或寄存器数据引脚。

这些约束可用于：

- 描述时钟信号的不同属性，如占空比、时钟偏差和时钟延迟。
- 指定所有端口相对于时钟转换的输入和输出延迟要求。
- 将环境属性（如负载和驱动强度）应用到顶层端口。
- 设置时序异常，如多周期路径和伪路径。

除时序和设计约束外，还可以指定优化约束。默认情况下，这些工具会尽力构建逻辑，以获得可能最差负时序裕量（worst negative slack，WNS）。为了优化，如果工具找到了满足时序要求的 WNS 路径，那么它会对下一条 WNS 路径进行优化，直至所有路径达到它们的时序目标。但是，当工具发现一条 WNS 路径且不满足时序要求时，优化过程就会停止。在这里，设计者可以将时序路径分为不同的成本组。当存在多个成本组时，工具将优化每个成本组中的 WNS 路径。如果在某个成本组中无法满足 WNS 路径的时序目标，那么 Genus 工具将继续尝试并优化其他成本组中的 WNS 路径。

成本组是一组关键路径，可以应用优化程序识别权重或优先级。分配给成本组的路径称为路径组。

时序分析采用两种方法进行：一种是在综合过程中使用线负载模型；另

一种是以 LEF 文件的形式将布局信息实际输入静态时序分析器，以降低物理设计后时序关闭的风险。静态时序分析的执行流程如图 5.28 所示。

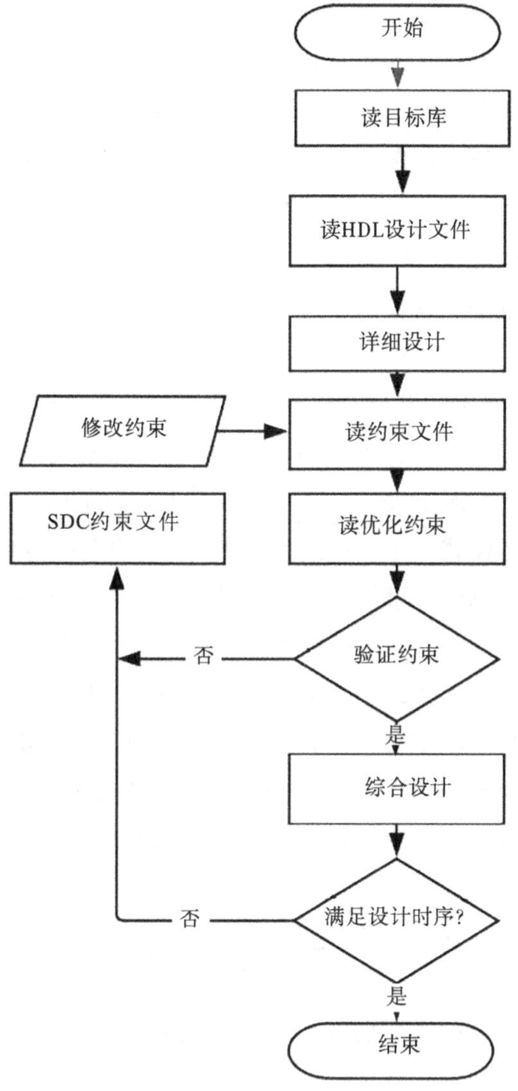

图 5.28　STA 流程图

时序分析的目的是确保设计在综合后达到设计目标。时序分析可以识别出设计中的问题区域，帮助设计者确定解决这些问题的方法。综合设计后会生成时序报告和面积报告，并检查设计网表中设计元素的选择情况。对于静态时序分析，设计被表示为一组时序路径。这些路径包括寄存器的输入、寄存器之间的连接以及寄存器到输出的连接，具有起点和终点。实际数据到达时间会被计算出来，并与分析过程中约束条件规定的预期到达时间进行比较。也就是说，时序分析是对实际路径延迟与设计所需路径延迟进行比较。时序分析计算门延迟和互连延迟，追踪关键路径，然后使用关键路径值来创建时序报告。这有助于识别约束违规情况。约束违规指的是路径中出现负时序裕量。时序分析可确保设计时序路径中所有时序元件的建立时间和保持时间要求得到满足，可通过合适的算法，适当地插入透明锁存器，借用时序裕量和从级联路径窃取时序裕量的概念来消除违规。STA 工具无法修复的剩余路径需要通过手动修复时序违规来处理。

图 5.28 展示了 SoC 单功能模式的时序分析流程。如果 SoC 为多种模式设计，则会对每种模式进行时序分析，并且必须消除时序违规。通过从库中选择替代标准单元进行替换，或在少数情况下通过修改约束，可以消除违规情况。在最坏的情况下，RTL 设计会被修改，以满足所需的时序。SoC 中的功能模式在设计模式中由一组约束控制，这些约束驱动时序分析。一个设计有几种功能模式，如测试模式、扫描模式和正常功能模式。例如，在多电源电压(MSV)设计中，一个功能模式可以有多种状态，如关机状态、休眠状态和激活状态。每种模式的时间约束都是不同的，有时会相互冲突，需要针对每种模式进行适当的约束分析。任何发现的违规行为都应被消除。其中一种模式中的时序修复可能在另一种模式中引入关键路径。如今的优化工具支持多模式时序分析和优化，减少了一个额外的设计周期。

5.14　组织路径到组

将设计中的时序路径分为以下四个成本组：

- 输入到输出路径。
- 输入到寄存器路径。
- 寄存器到寄存器路径。
- 寄存器到输出路径。

在生成可供分析的时序报告时，对设计中的路径进行分组是有帮助的。时序路径的组织有助于减少路径集的数量，以便设计者使用其脚本编写技能进行排序、查找和替换并制定出应对违规行为的策略。默认情况下，时序报告将显示来自每个路径组的关键路径。关键路径是设计中具有最大负时序裕量的时序路径。设计师的目标是让所有的设计路径都有正时序裕量，且有足够的裕量。这个额外的裕量是为了弥补 STA 设计算法和实际设计时序之间的误差。消除时序违规需要用具有更好传播延迟的标准单元进行替换，并在路径中记录中间单元，从而在不影响路径功能的情况下将其分为两条路径。如果路径是伪路径，则会获得警告。典型的时序报告如图 5.29 所示。

```
Module:                     Adder
technology library:         gpdk180nm
operating conditions:       typical_case  (balanced_tree)
wireload mode:              zero
------------------------------------------------------------------------------------------
Pin                                 Type              Fanout  Load   Slew   Delay   Arrival
                                                              (fF)   (ps)   (ps)    (ps)
------------------------------------------------------------------------------------------
(Clock clk)                         launch                                          0    R
a_ff0/clk               <<<                                                         0    R
q_ff0/q            (u)          unmapped_d_flop       3       35.8   0      +120    120 R
add_1_2/A[0]
   g2/in_0                                                                  +0
   g2/z            (u)          unmapped_NAND2        1       13.6   0      +126    246 F
   g4/in_0                                                                  +0
   g4/z            (u)          unmapped_NAND2        3       25.6   0      +156    402 R
   g14/in_0                                                                 +0
   g14/z           (u)          unmapped_NAND2        1       25.6   0      +126    528 R
   g26/in_0                                                                 +0
   g26/z           (u)          unmapped_xnor2        1       23.6   0      +136    664 R
add_1_2/z[4]
z_ff3/d                 <<<     unmapedd_flop_        3                     +0      664 R
z_ff3/clk          (u)          unmapped_d_flop                      0      +120    784 R
------------------------------------------------------------------------------------------
(Clock  clk)                        Capture                                         500 R
------------------------------------------------------------------------------------------
Timing Slack :    -284 ps (Timing Violation)
Start Point:      a_ff0/clk
End Point:        z_ff3/d
u: Unmapped pin(s).
```

图 5.29　综合工具的时序报告

从图 5.29 可以看出，该路径是寄存器到寄存器（register-to-register，R2R）路径，起点为 a_ff0/clk，终点为 z_ff3/d。实例 u 包含未映射的引脚，其负时序裕量为 284 ps。该路径由 D 触发器、与非门、同或门单元组成。违规的路径可以通过两种方式修复：如果标准单元库中有可用的更快的单元，可以将与非门、同或门单元更换为更快的单元；如果不影响功能，则可以通过注册第二个与非门的输出来分割路径。如果路径通过第二个与非门单元的输出来分割，新路径将终止于另一个 D 触发器。这将是新 R2R 路径的终点。新路径的时序为 402 ps。考虑到捕获时序为 500 ps，这将导致正时序裕量。

然而，这种变化对功能的影响需要通过与修改后的网表和黄金参考 RTL 文件进行逻辑等价性检查来确认。

5.15　设计角

设计角表示在不同工艺、电压和温度条件下的设计行为。工艺、电压和温度(PVT)的变化及其对晶体管的影响(图 5.30)被建模为晶体管的 PVT 模型。工艺库是根据晶体管通道长度 L 区分的。例如，45 nm 工艺的晶体管通道长度为 45 nm，65 nm 工艺的晶体管通道长度为 65 nm。在相同的温度和电压下，根据公式 $I=\mu C_{ox}\frac{W}{L}(V_{gs}-V_{t}^{2})$，45 nm工艺的电流将比 65 nm 工艺的大。回顾晶体管理论，工艺尺寸 L 越小，电流就越大。电流增大将加快电容器的充放速度，因此延迟将更小(图 5.30)。

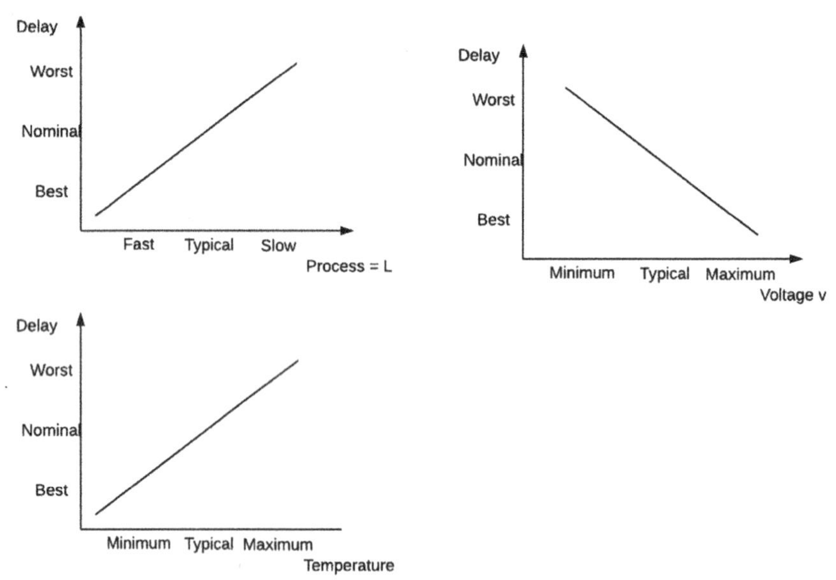

图 5.30　晶体管的 PVT 特性

电源电压从外部或通过片上稳压器供给 SoC。这个电压可能会随时间变化。因此，SoC 被设计为能够在一定电压范围内正常运行，其典型电压为数据表中所声明的电压(允许±10%的波动)。从上述公式可知，电压越大，电流就越大，电路运行的速度也就越快。

SoC 电路的运行情况也取决于环境温度。温度越高，器件中的电子碰撞越剧烈，电流越小，延迟越大。因此，对环境温度也需要进行建模，因为 SoC 须在所有工作环境和所有环境温度下保持正常运行。

PVT 模型捕捉了芯片内的这种变化。与硅晶圆外围的电路相比，硅晶圆中心模具上的逻辑电路在 PVT 值上表现出相当精确的特性。虽然差别不大，但它会影响逻辑功能。这种现象被建模为一种被称为片上变化(on-chip variation，OCV)的过程。PVT 的芯片间变化被建模为 OCV，芯片内变化被建模为 PVT。预计在考虑这些变化的情况下，也能确保设计目标的实现。这是通过使用这些模型分析时序来实现的。在 SoC 设计时序中使用的一些常规术语如下：

- 最差 PVT：工艺最差，电压最小，温度最高，也称为慢-慢角。
- 最佳 PVT：工艺最佳，电压最大，温度最低，也称为快-快角。
- 最差冷态 PVT：工艺最差，电压最小，温度最低，也称为慢-快角。
- 最佳热态 PVT：工艺最佳，电压最大，温度最高，也称为快-慢角。

5.16　在 SoC 设计过程中 STA 面临的挑战

如今的 SoC 会在多种模式下运行，如活动模式、睡眠模式和测试模式等，这些模式中的时序要求是不同的。模式是系统的一组功能行为表现。这些模式在设计中的许多地方共享相同的逻辑。为了保证系统的可靠运行，需要分别满足所有这些模式下的静态时序。静态时序分析在每种模式下都需要一组不同的设计约束。例如，在睡眠模式下的设计可以使用不同的电源电压或系统时钟频率。在一种模式下修复时序问题可能会导致在另一种模式下出现问题，从而与设计需求相矛盾。为了解决这些矛盾，静态分析工具支持多模式时序分析能力。这涉及在约束文件中创建模式，并提供相应的约束文件以生成报告。针对报告中的违规行为，可采用与单模式 SoC 中问题处理相同的方法来解决。多模式 SoC 的典型 STA 分析脚本文件如图 5.31 所示。在该示例中，除正常的活动模式外，SoC 还在两种模式下运行。它们是睡眠模式和测试模式，相应的约束文件被读入脚本中的 STA 分析工具。该工具会从技术库中选择适当的时序数据进行分析，并生成时序报告。

```
set_attribute lib_search_path ...
set_attribute hdl_search_path ...
set_attribute library ...
read_hdl <hdl_file_name>
elaborate
create_mode -name {function Sleep Test}
read_sdc -mode function SOC_main.sdc io_function.sdc
read_sdc -mode Sleep SOC_sleep.sdc io_SOC_sleep.sdc
read_sdc -mode SOC_Test SOC_test.sdc io_test.sdc
syn_map
report timing
write_encounter design
```

图 5.31 多模式时序约束分析脚本文件

SoC 设计时序受到多个参数的影响，如布线延迟、逻辑上的负载和所使用的门电路的扇出。设计阶段不可避免的任何设计变更都可能导致不同的路径变化，这些变化可以在 STA 报告的多次运行中被观察到。因此，在设计完成之前，STA 时序分析是一个连续的过程。除此之外，报告还会指出没有时钟的寄存器、多驱动寄存器、组合环路和冗余逻辑。对于这些问题，必须根据设计细节进行修正。STA 工具能够在 SoC 设计中识别这些问题，从而帮助设计者修正它们。

第6章　SoC可测试性设计

6.1　可测试性需求

如果SoC的设计和制造正确，其功能是可以保证的。设计过程中的验证可以证实设计的正确性。但是，要测试构成器件的数百万个晶体管的制造过程，在芯片上进行验证是不可行的。使问题更加复杂化的是SoC设计日益复杂。制造后的可测试性是其成功的重要因素。可测试性设计(DFT)是一种重要的实践，它提供了一种全面测试SoC质量和覆盖率的手段。将芯片用于产品之前未能检测出制造缺陷可能会导致灾难性的后果。在SoC中，所有晶体管和内部互连通常都无法在制造过程中进行测试以确保制造无误。需要使用特殊的技术来测试设备。DFT是在设计过程中添加额外的逻辑以实现对大部分逻辑设计的测试。为了确保制造的正确性，对于所有的时序单元(如D触发器、存储器和输入输出接口，通常不可直接访问)，需要用特殊逻辑来进行直接或间接的测试。在大多数SoC中，70%～75%的逻辑电路由D触发器等时序设计元件组成。大约60%的SoC硅片面积被片上存储器占据。SoC设计中的输入输出接口为产品提供了与外界连接的接口。因此，如果所有这些设计元件都可以通过某种方式进行测试，那么SoC正常工作的概率就很大。然而，要做到这一点，需要对设计元件的可测试性进行百分之百的覆盖。DFT技术旨在实现这一目标。这些技术需要在SoC设计中添加额外的测试模式和额外的逻辑，这会增大SoC设计面积。但是，考虑到问题的严重性和SoC重新设计的高昂成本，确保SoC设计的可测试性仍然是一项必要举措。图6.1展示了SoC设计流程中的DFT步骤。

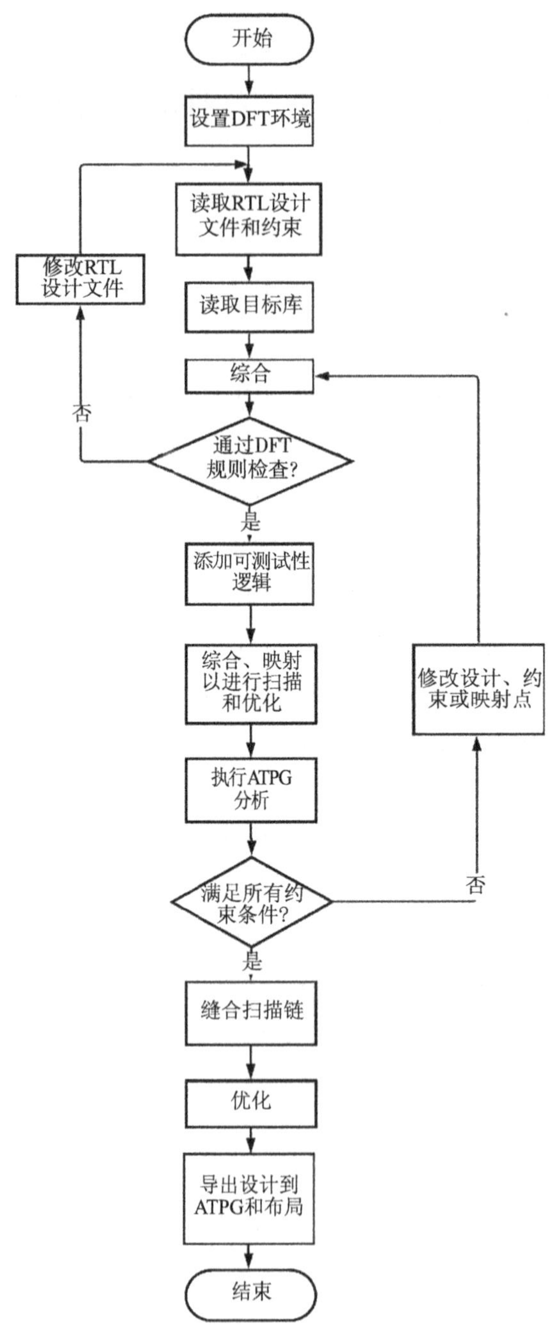

图 6.1　SoC 设计中的 DFT 流程

6.2 SoC 可测试性设计指南

大多数 SoC 设计采用可预测行为的同步时序逻辑。因此，它们本质上是可测试的。围绕同步逻辑很容易实现测试逻辑，保证可制造性。但是，随着功能的复杂化，多种复杂的时钟方案对芯片的可测试性提出了挑战。有必要遵循 DFT 准则，使芯片制造过程中的问题可测试。以下是 SoC 可测试性设计指南：

- 系统架构必须具有最小的时钟数量，最好只有一个时钟或由一个公共时钟源产生设计中其他子模块所需的时钟。
- 所有的输入都必须寄存(处理前存储在寄存器中)，以避免信号处理时出现亚稳态。
- 触发器的设置、复位、时钟输入等控制信号应尽可能避免在其路径中包含任何组合逻辑。
- 如果可能，应避免对触发器复位输入使用异步信号。
- 设计中的时序元件的时钟输入均不需要通过延迟单元或缓冲器进行门控或延迟。
- 输入信号不得通过延迟单元延迟。
- 布线路径的延迟要小于单元的逻辑传播延迟。

尽管大多数逻辑模块是同步的，但仍有少数异步模块对可测试性提出了巨大挑战。将异步逻辑模块分离并将其与同步 SoC 逻辑核隔离以便于 DFT 逻辑的实现是一种很好的做法。在 SoC 设计中广泛使用异步逻辑会导致其无法进行测试。在 SoC 设计中违反上述规则时，必须分析时序、可测试性和可制造性。

6.3 可测试性设计逻辑插入技术

DFT 技术涉及在 SoC 设计中增加额外的逻辑，使其具有可测试性。SoC 设计过程中采用的 DFT 技术主要有：

- 扫描插入。

- 边界扫描。
- 存储器内建自测试。
- 功率感知测试访问机制。
- 逻辑内建自测试。
- 扫描压缩。
- 片上时钟生成。

6.3.1 扫描插入

扫描插入是指将 SoC 设计中的 D 触发器替换为扫描触发器，并将其串联成如图 6.2 所示的链式结构。扫描触发器单元是一种具有测试逻辑的特殊触发器。因为在大多数同步 SoC 中，大约 70％的设计单元是触发器，所以大部分 SoC 设计是可测试的。插入的额外扫描逻辑允许在测试模式下通过扫描触发器的额外测试引脚来测试设计的时序状态。扫描单元的插入和拼接由综合工具完成。自动测试模式生成（automatic test pattern generation，ATPG）可生成特殊的扫描向量，用于故障模拟和设计测试。这些测试模式由测试输入引脚输入设计中，通过在扫描测试输出处捕获设计响应进行检测。在设计过程中，可通过扫描测试对链中的故障进行识别和修复。ATPG 的目标是实现更高的故障覆盖率，并为设计生成更紧凑的测试向量集。扫描插入原理如图 6.2 所示，其中，扫描输入（scan_in）是额外的扫描测试输入信号，用于向扫描链加载测试向量。正常功能模式下是不需要扫描链的。为了启用扫描模式进行 DFT，增加扫描模式（scan_mode）输入信号，并在输出信号扫描输出（scan_out）处监测设计中扫描链的输出响应。因此，SoC 设计中的扫描链针对 DFT 设计有独立的输入和输出访问。处于扫描模式时，测试数据通过扫描链进行移位。扫描测试输入输出接口数量可以与扫描链数量相等。扫描测试向量通过 scan_in 接口移位，通过 scan_out 接口移出。这些额外的输入输出接口可以与功能兼容的输入输出接口复用。扫描链的长度取决于测试仪的内存容量，即容纳测试向量的能力。在实际应用中，一条扫描链上会有 2000～2500 个扫描触发器相连。SoC 的复杂程度决定扫描链的数量，相应地，扫描输入和扫描输出信号的规模将扩大。在 SoC 中，scan_mode 和 scan_en 等控制信号是跨链共享的。

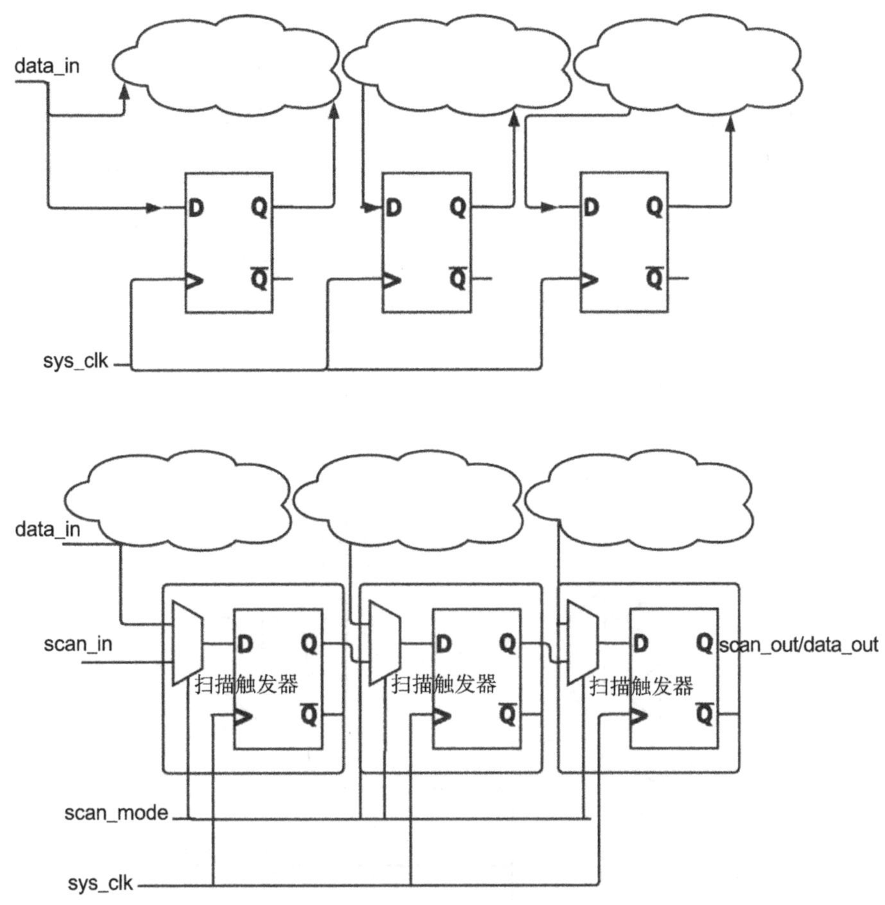

图 6.2　扫描插入原理

为了插入扫描链，需要检查 D 触发器是否可测试，时钟是否可控。此外，还要求确保异步/同步复位信号在扫描测试模式下保持非激活状态。这些检查在 SoC 设计过程中被称为 DFT 规则检查。有一些 Lint 工具可用于检查设计是否符合 DFT 规则。

6.3.2　边界扫描

边界扫描(boundary scan，BS)逻辑被插入用于测试 SoC 设计的输入输出接口，而不考虑其功能。边界扫描单元被插入每个 SoC 芯片与系统功能逻辑之间并在边界连接，类似于扫描链，形成一个称为边界寄存器链的结构。

插入的整个边界扫描逻辑必须符合 IEEE 1149.1 或 IEEE 1149.6(定义了测试 SoC 的输入输出接口的程序)。边界扫描测试插入包括插入 JTAG 宏核、插入边界扫描单元,以及将它们连接为一个边界扫描链。JTAG 宏核可以通过手动方式插入网表,或作为边界扫描插入程序的一部分。JTAG 宏核是一种通用核心,可通过监测芯片的输入输出值测试印制电路板的互连(此过程独立于 SoC 逻辑)。JTAG 宏核能够控制边界扫描寄存器中的模式输入和输出。边界扫描原理如图 6.3 所示。

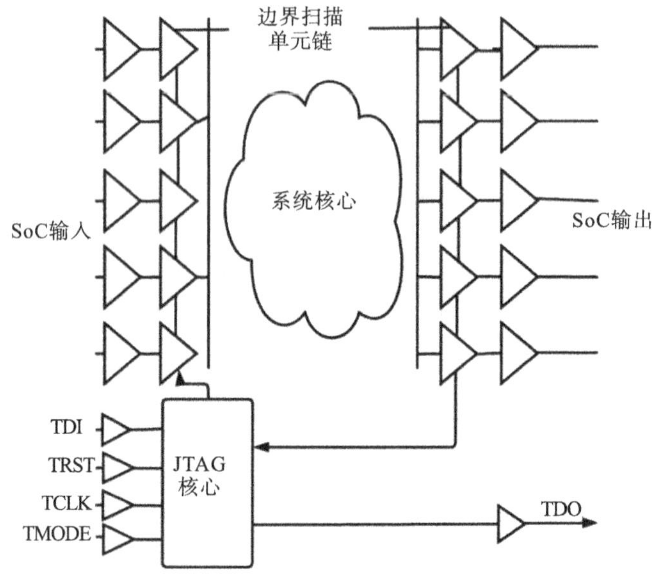

图 6.3　边界扫描原理

如图 6.3 所示,SoC I/O 接口和系统核心逻辑之间添加了 BS 单元。BS 单元被连接形成一个寄存器链,由 JTAG 宏核提供测试向量。当向量完全移位时,通过测试输出接口将其移出,并对其进行监测。这种测试向量也可以被绕过,直接发送到测试输出接口,以便测试板上其他芯片的 I/O 接口。JTAG 核有 5 个标准 I/O 接口:

- 测试数据输入(test data input,TDI):输入端口,测试向量通过该端口输入。
- 测试时钟(test clock,TCK):测试时钟,用于测试 I/O 端口。
- 测试模式选择(test mode select,TMS):设置时,通过边界扫描逻辑实现接口测试。

- 测试复位(test reset,TRST):可选的测试复位输入端口,用于复位测试逻辑和状态机。
- 测试数据输出(test data output,TDO):输出端口,通过该端口可以监测向量。

标准 JTAG 宏核必须符合 IEEE 1149.1 和 IEEE 1149.6,以满足针对 SoC 端口和 PCB 互连中制造故障的测试访问端口(test access port,TAP)和边界扫描架构的要求。边界扫描架构中的 JTAG 核的逻辑如图 6.4 所示。

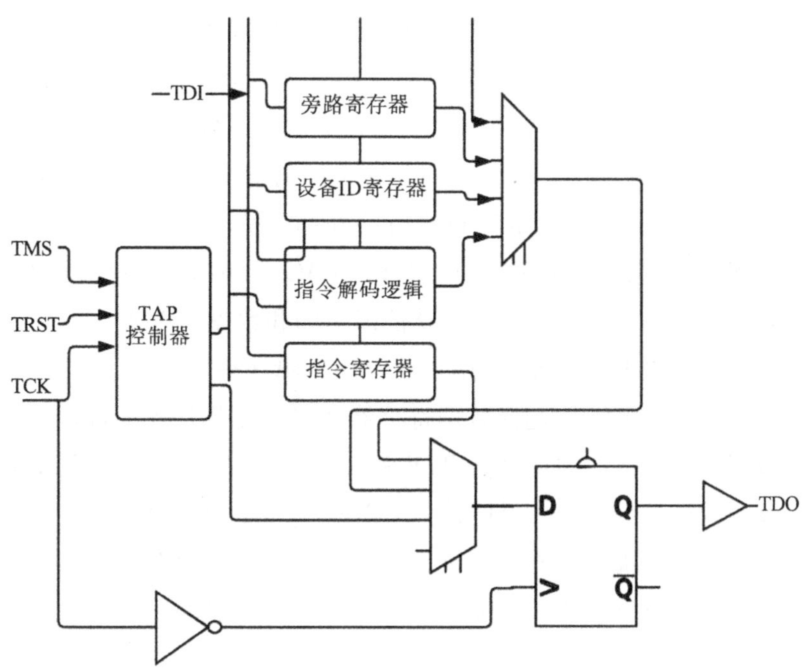

图 6.4 JTAG 核的逻辑

作为边界扫描测试逻辑插入的标准 JTAG 核的逻辑包含:

- 测试访问端口(TAP)控制器:对各种内部逻辑生成控制信号的控制状态机。
- 指令寄存器(instruction register,IR):存放待处理测试指令的操作码。
- 指令译码逻辑:对写入指令寄存器中的指令进行解码。
- 旁路寄存器(bypass register,BR):阻止测试向量被馈送到边界扫描链,将向量传递到 TDO 端口。

- 设备识别码寄存器:持有 SoC 设备的唯一标识号。
- 测试数据输出(TDO):通过 BS 链充分移位后输出测试向量。
- (可选)自定义测试数据寄存器:支持用户自定义测试寄存器,使自定义测试可以在 SoC 特定的 I/O 接口上完成。

为了测试 I/O 接口,指令代码通过 TDI 引脚被送入 JTAG 核的指令寄存器。指令被解码后,带有识别向量的数据寄存器通过边界扫描(BS)单元链进行移位(移位的时钟脉冲数量与 BS 单元的数量相等),并通过 TDO 输出接口移出,以获得与输入相同的向量,保证接口按预期工作。使用 JTAG 核时需要支持 BYPASS、EXTEST、RELOAD 和 SAMPLE 这 4 条指令。强制指令用于确保 SoC 芯片在 PCB 上的接口测试是可行的。BYPASS 测试是为了绕过内部边界扫描寄存器,访问与所考虑的 SoC 芯片相连的下一个芯片;EXTEST 是通过输入所需向量进行的外部测试;RELOAD 和 SAMPLE 测试是用户自定义的。除这些测试外,JTAG 还支持通过 ID_CODE 和 USER_CODE 测试访问 TAP 中的设备识别码和数据寄存器。设计者可以插入任意数量的数据寄存器,利用多路复用逻辑选择其中一个。TAP 控制器的 FSM 生成控制信号,选择数据寄存器并根据加载到指令寄存器中的指令移位数据向量。设计中可通过 TDI 和 TDO 端口完成指令或测试向量的选择以及指令结果的移位。早期符合 IEEE 1149.1 的 JTAG 宏核没有定义对差分接口和电容耦合互连的测试。这一限制在后来的 IEEE 1149.6 中得到了解决。读者可以参考相关标准文件,获取更多的信息。

6.4 边界扫描插入流程

边界扫描插入流程如图 6.5 所示。

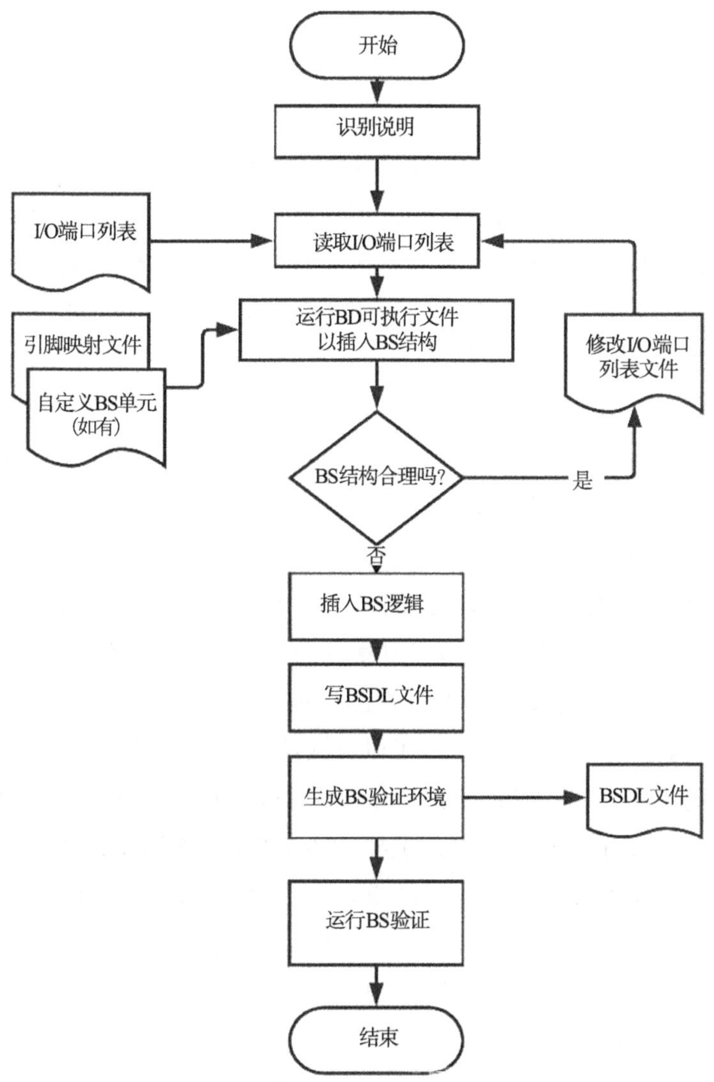

图 6.5　边界扫描插入流程

6.4.1　存储器内建自测试

SoC 中的嵌入式存储器采用称为存储器内建自测试(memory built-in self-test,MBIST)的自测试结构进行测试。一个或多个 MBIST 结构被添加到内存行为模型中,从而可以直接集成到 SoC 设计中。MBIST 电路与系统的高层级 SoC 功能模块连接。在系统功能模式下,功能系统数据可通过接口传递给嵌入式存储器，绕过 BIST 电路。在内建自测试（BIST）模式下，MBIST 电路运行自测试功能，向系统提供基于特征的“合格/不合格”指示和“测试完成”指示，这些指示可以被用户访问。内存的自测试功能可以用 HDL 建模为行为模型，可以通过使用标准 HDL 仿真器进行仿真验证。在许多情况下，BIST 架构也可以自定义，可以将小内存分组为内存簇，执行用户自定义的测试模式，并生成可定制的地址序列，用于内存测试。如今的 SoC 中包含大量嵌入式存储器，对它们的测试需要采取自动化的测试策略。传统的 DFT 和 ATPG 方法不能用于测试嵌入式存储器。存储器的故障模型与标准逻辑设计故障模型不同，存储器会出现地址故障、存储单元故障、保持故障、固定故障和耦合故障等。此外，使用外部自动测试设备（automatic test equipment，ATE）来应用针对这些故障的测试向量也是不切实际和低效的，因为需要使用大量向量来测试每个存储单元结构，而且无法覆盖所有的故障。通过 SoC 的主引脚控制和监测每个存储器需要占用过多硅片资源，会降低 SoC 的性能。如果从外部应用测试向量，那么它们不能被使用相同内存的下一代 SoC 重复使用。将包含测试向量发生器和响应比较器逻辑的 MBIST 架构集成到 SoC 设计中，可以克服这些限制。MBIST 的优点是可以在不需要外部测试仪的情况下进行 SoC 测试，并且可以作为功能测试开展，从而提供一种测试模式。通过片上模式生成电路，测试得以迅速执行，并且具有基于特征的响应分析和生成结果，减少了对外部分析器和外部数据存储的需求。因此，在 SoC 中插入 MBIST 架构的测试开销非常小。BIST 集成与其他功能模块集成类似。MBIST 架构如图 6.6 所示。

SRAM 存储器主要由三个部分组成：地址解码器、存储阵列和存储器访问逻辑。存储器故障可能出现在这些部分中的任何一个或多个 MBIST 目标中。主要内存故障可以分为：

- 固定故障。
- 转换故障。
- 耦合故障。
- 模式敏感故障。

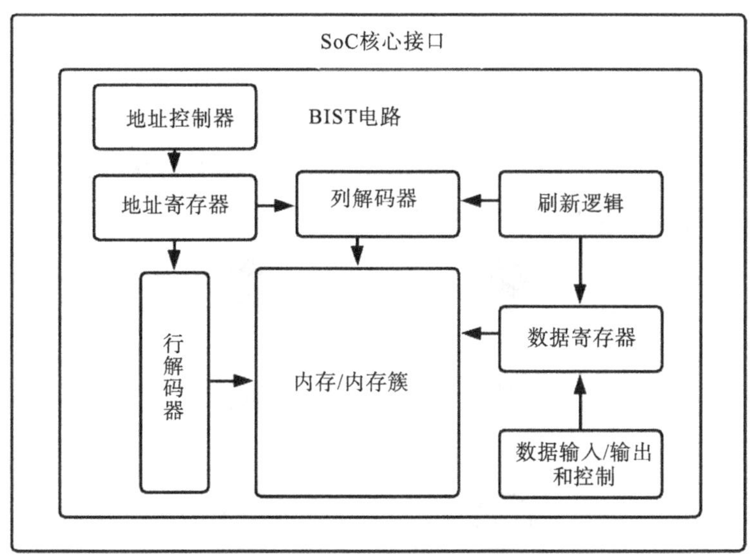

图 6.6　MBIST 架构

6.4.2　固定故障

内存控制逻辑或阵列似乎被固定在一个逻辑电平上，要么是 1，要么是 0。这被称为固定故障。固定故障用于模拟这种行为，即信号或单元看起来似乎被连接到电源（stuck-at-1）或接地（stuck-at-0）。图 6.7 给出了固定故障的状态图。

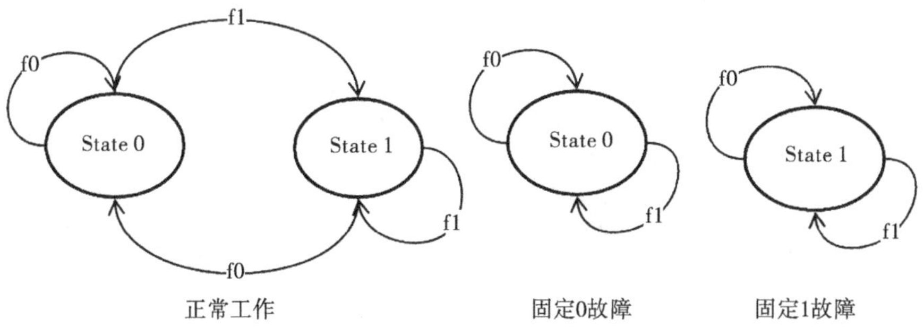

图 6.7　固定故障状态图

为了检测固定故障，需要在故障位置强制施加与固定故障值相反的值。例如，若要检测所有固定 1 故障，需要在所有故障位置施加逻辑 0。为了检测所有固定 0 故障，需要在所有故障位置施加逻辑 1。内部产生的用于自测试的 BIST 向量会产生这样的向量并驱动存储器电路。

6.4.3 转换故障

如果存储器的控制信号或存储单元不能实现从 0 到 1 或从 1 到 0 的转换,则该存储器失效。图 6.8 展示了高转换故障(无法从逻辑 0 转换到逻辑 1)和低转换故障(无法从逻辑 1 转换到逻辑 0)。

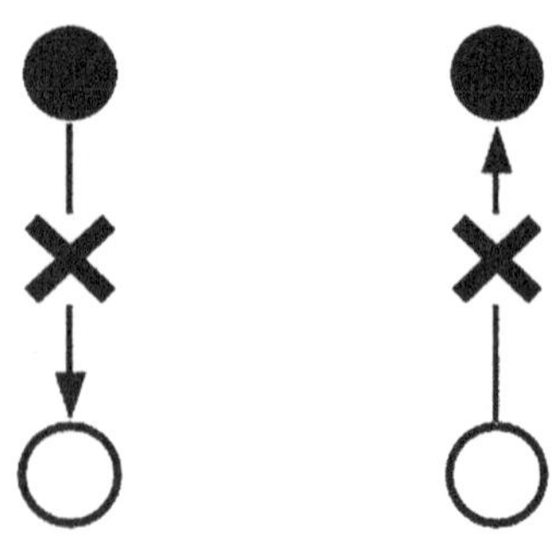

图 6.8 转换故障

如图 6.9 所示为存储单元在写入 1 和读取 1 时正常工作的状态图。当写入 0 、读取 0 时,测试通过,因为这表示从 1 过渡到 0。由于其存在"零到高转换故障",当写入 1 并再次读取时,测试会失败。然而,如果单元原本为 1,则接地测试可能无法检测到该故障。因此,要检测转换故障,需要先写入 1,读取 1,再写入 0,读取 0,然后再次写入 1 并读取。如果读取 1,则测试通过,否则表明存储单元存在转换故障。

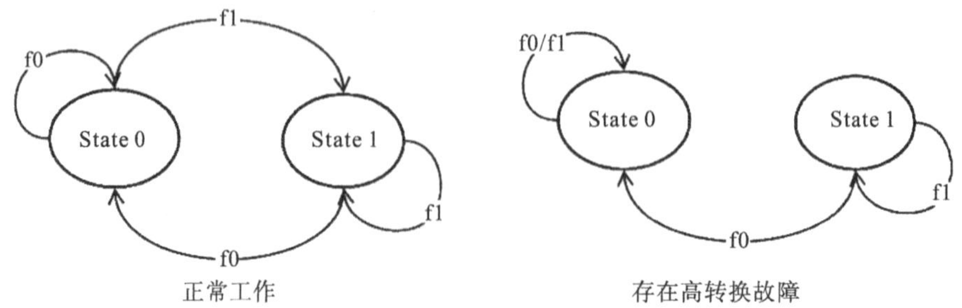

图 6.9 固定 0 故障内存状态机

6.4.4 耦合故障

当一个单元的写操作影响另一个单元的值时,存储器也会发生故障。耦合故障(coupling fault,CF)用于模拟这种行为。耦合故障分为几类:反相耦合故障、幂等耦合故障、桥接耦合故障和状态耦合故障。如图 6.10 所示，当一个单元的转换引起另一个单元值的反转时，就会发生反相耦合故障(inversion coupling fault，CFin)。例如，cell_n 中的 0-1 跃迁会导致 cell_m 中的值反转其状态。

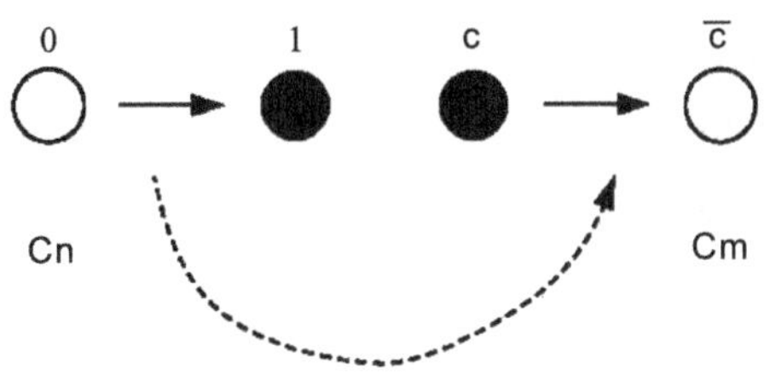

图 6.10　反相耦合故障

如图 6.11 所示，当一个单元的转换迫使另一个单元转变为一个特定的值时，发生幂等耦合故障(idempotent coupling fault，CFid)。例如，如果 cell_m的值为 0，cell_n 中的一个 0 到 1 的转换会导致 cell_m 的值变为 1；然而，如果 cell_m 之前为 1，则该单元仍保持为 1。

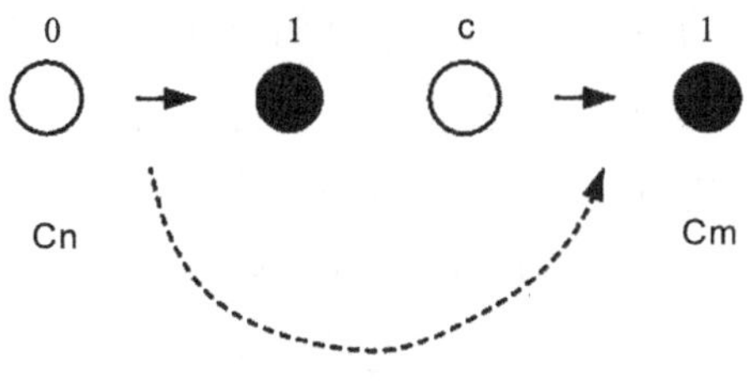

图 6.11　耦合故障

桥接耦合故障(bridge coupling fault，BF)在两个或多个单元或信号之间存在短路或桥接(金属沉积或多晶硅连接导致的低强度连接)时发生。在这种情况下，特定的逻辑值触发错误行为而不是转换。桥接故障分为 AND 桥接故障(AND bridge fault，ABF)和 OR 桥接故障(OR bridge fault，OBF)。ABF 表现出 AND 门行为，即只有当所有连接的单元或信号都为 1 时，桥接才为 1。OBF 表现出 OR 门行为，即当任何被连接的单元或信号为 1 时，桥接为 1。状态耦合故障(state coupling fault，SCF)在一个单元处于某个特定状态导致另一个单元处于另一个特定状态时发生。例如，单元 i 中为 0 会导致单元 j 中为 1。耦合故障涉及单元对相邻单元的影响。因此，为了使耦合故障易被检测，“进行测试”会在一个单元(j)上执行写操作，然后读取另一个单元(i)。按地址升序执行的写/读操作可以检测出地址的耦合故障。这种行进测试会在升序地址中重复进行。

6.4.5 相邻模式敏感故障

另一种可能导致存储器失效的情况是,对周围一组单元的写操作影响一个或多个相邻单元的值,如图 6.12 所示。相邻模式敏感故障用于模拟这种行为。相邻模式敏感故障分为三类:主动型、被动型和静态型。

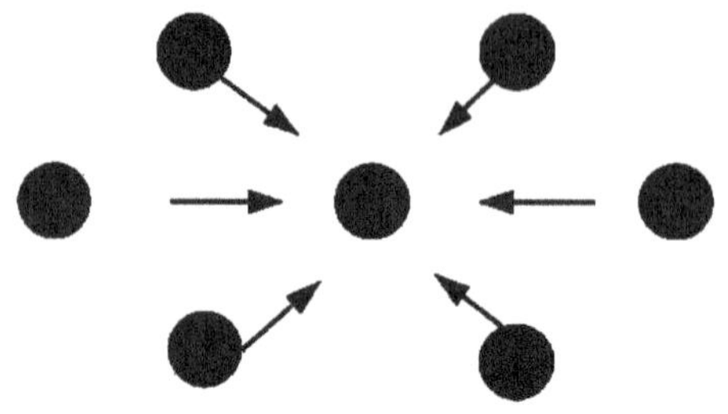

图 6.12 相邻模式敏感故障

在特定邻近单元的模式下,当一个存储单元中的值变化引起另一个存储单元中值的变化时,就会发生主动故障。在特定的存储单元中写入值而导致的相邻存储单元的变化可能会产生不同类型的错误。如果这种效应是将一个存储单元的值固定为一个特定的值,那么就称为被动故障或静态故障。这种影响可能很复杂,以至于这些故障的检测非常困难,需要利用多个特殊的算法集来生成用于检测这些故障的测试向量。这为相关领域的持续研究提供了广阔空间,推动研究人员不断开发多种算法来检测这些故障。

6.4.6 存储器内建自测试算法

有一些内存测试算法可以驱动向量来检测内存中常见的故障。这些算法中有很多都是以产生向量的逻辑实现的,可以测试多个片上存储器。最常用的算法是 March 算法。MBIST 中使用的算法有很多,如高级测试序列(advanced test sequence,ATS)、行走 1 或 0、March A、March B、March C、棋盘模式等。

March C 算法能够检测以下多种故障:

- 固定故障。

- 转换故障。
- 耦合故障:未链接的幂等耦合故障和反相耦合故障,以及在按位寻址过程中出现的其他耦合故障。

6.5 ROM 测试算法

ROM 测试算法提供地址和控制电路故障检测。该算法按递增顺序逐字读取存储器每个地址的值,如图 6.13 所示。为了确定存储器的通过/失败状态,电路将从存储器读取的值输入多输入签名寄存器(multiple input signature register ,MISR),并对签名与 ROM 的已知良好值进行比较。

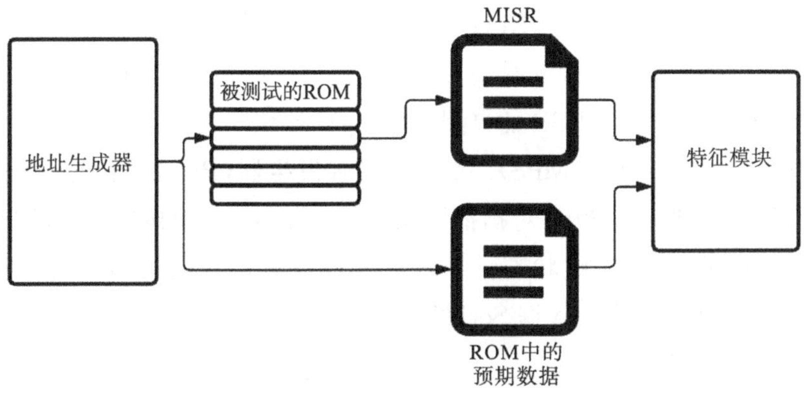

图 6.13 ROM 测试算法

可编程存储器内建自测试(programmable memory BIST,PMBIST)的插入是一个过程,在此过程中会插入 MBIST 逻辑,从而可以通过 IEEE 1149.1 或 1149.6 JTAG 控制或直接引脚访问控制来对存储器单元实例进行控制、测试和诊断。PMBIST 逻辑使存储器单元可以独立于系统模式。PMBIST 逻辑的插入是使用配置文件为每个设计定制的。

6.6 功耗感知测试模块插入

功耗感知测试模块(power aware test module,PATM)插入是将覆盖控制逻辑插入设计的功耗管理器控制模块,以便在测试期间稳定电源管理控制引脚与可切换电源域之间的连接。功耗感知测试模块逻辑被插入设计的功耗管理器控制模块，以支持在 UPF 文件中定义的电源域。这些逻辑用于生成自测试模式，从而减少对外部自动测试设备（ATE）的依赖。

6.6.1 逻辑内建自测试插入

类似于 MBIST，逻辑内建自测试（logic BIST，LBIST）允许在无需 ATE 的情况下对 SoC 逻辑结构进行自测试。此过程涉及 BIST 逻辑的插入，该逻辑自动生成伪随机模式发生器（pseudo-random pattern generator，PRPG），也称为移位寄存器序列发生器（shift register sequence generator，SRSG），以及多输入签名生成器（multi-input signature generator，MISG），以捕获输入核心的模式的响应。确保 PRPG 和 MISR 通过适当使用正确的生成多项式和初始化序列生成唯一模式是至关重要的。LBIST 的基本架构如图 6.14 所示，它也被称为"使用 MISR 的自测试"和并行 SRPG（"self-test using MISR" and parallel SRPG，STUMPS）。伪随机模式发生器（PRPG）生成一个向量，将该向量转移到扫描链中，对扫描链输出的向量与生成的向量进行比较，并通过签名指示通过/失败状态。签名可以通过直接访问接口获得，或通过 JTAG TDO 线路读出。根据 SoC 的需求，可以提供这两种或其中一种选项对 SoC 进行 LBIST 测试。

基于 JTAG 的 LBIST 支持 IEEE 1149.1 定义的两个指令：RUNBIST 和 SETBIST。RUNBIST 指令使用内部生成的向量，将其输入扫描链并将结果从扫描链中转移到 MISR 中，MISR 为从扫描链中得到的多输入序列生成特征码。该特征码要么从 JTAG 的 TDO 线读出，要么通过直接访问外部读码器电路获得。JTAG 模式下的 RUNBIST 与直接访问模式的区别在于外部接口。RUNBIST 指令为 IEEE 1149.1 指令，用于启用 LBIST 过程。在指令寄存器（IR）中加载 RUNBIST 时，TAP 控制器状态机启动 BIST 过程。在此过程中，RUNBIST 充当选择线。RUNBIST 允许数据从 BIST 控制器的 PRPG 进入 SoC 核心，从而允许移位计数器的值控制数据通过 STUMPS 通道的移位，如图 6.15 所示。

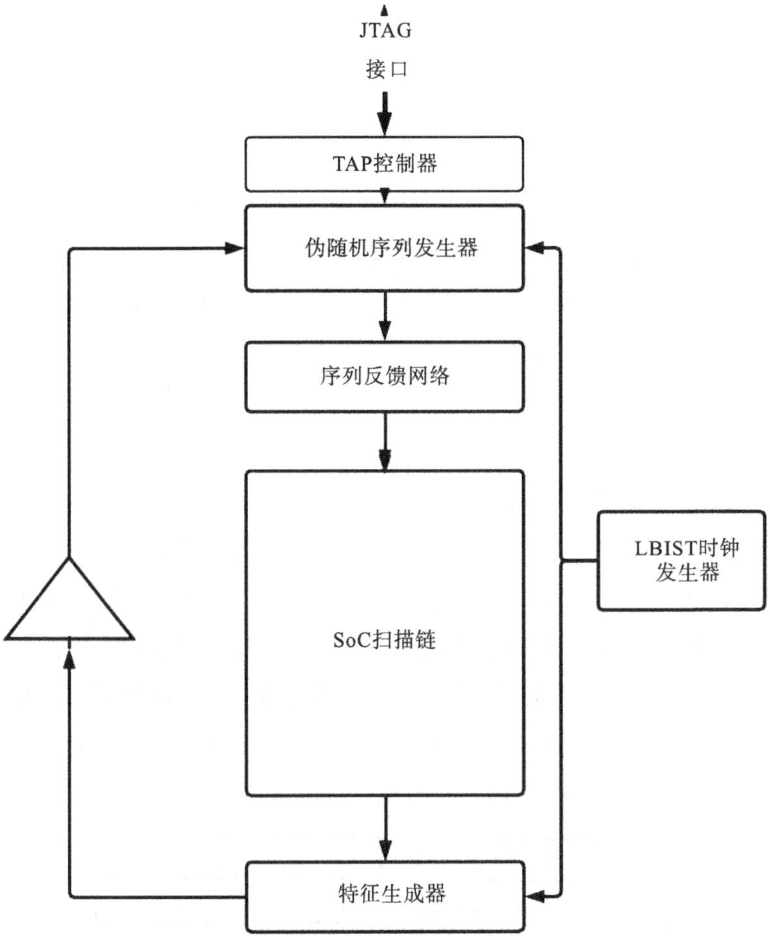

JTAG
接口
TAP控制器
伪随机序列发生器
序列反馈网络
SoC扫描链
LBIST时钟
发生器
特征生成器

图 6.14　LBIST 架构

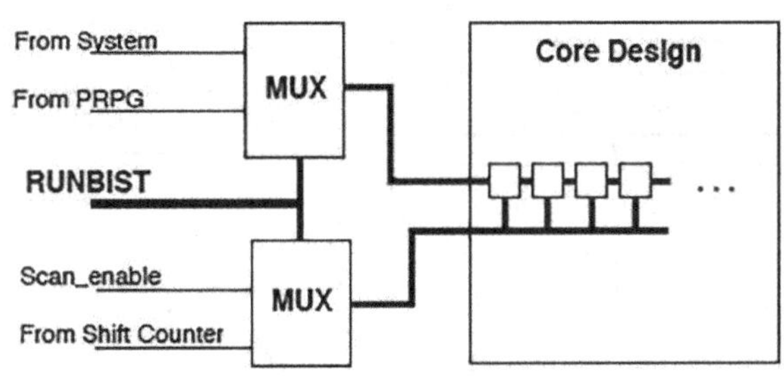

图 6.15　RUNBIST 功能

移位计数器从全零的状态开始。执行 RUNBIST 指令时，移位计数器向上计数，直到达到与最长 STUMPS 通道长度对应的上限值。每递增一次，

STUMPS 通道中的数据都会发生一次移位。达到这个上限值时，STUMPS 通道数据移位停止，BIST 电路禁用扫描使能线。这使得系统数据能够在扫描单元中被捕获。随后，移位计数器再次重置为全零。对于 PRPG 应用的每个模式，都会重复此过程。移位计数器每次重置为 0 时，都会向向量计数器发出信号，使其值减小。执行 RUNBIST 指令时，BIST 控制器以 PRPG 要产生的向量数加载向量计数器。每次移位计数器重置为 0 时，向量计数器递减 1。当向量计数器减至 0 时，表明 PRPG 已经完成向量的生成和应用。为了遵循 RUNBIST 指令规则，向量计数器中的零值会触发 BIST 控制器，使其禁用线性反馈移位寄存器(linear feedback shift register，LFSR)时钟。这一机制可以确保在不同芯片上同时运行测试时，即使各测试需要不同数量的向量进，最终的 MISR 特征仍是稳定的。

直接访问接口包含用于 LBIST 的复位和启用/禁用端口，使用与 JTAG 宏中定义的指令相同的 JTAG 宏实现 TAP 控制器功能。SETBIST 指令允许根据需求输入外部生成的选择向量。LBIST 测试功能需要一个 LBIST 时钟发生器来移出向量。除此之外，需要考虑包含压缩逻辑，以最小化由 LBIST 逻辑带来的面积开销。标准的 DFT 工具支持在 SoC 中添加 LBIST 电路。LBIST 插入流程如图 6.16 所示。

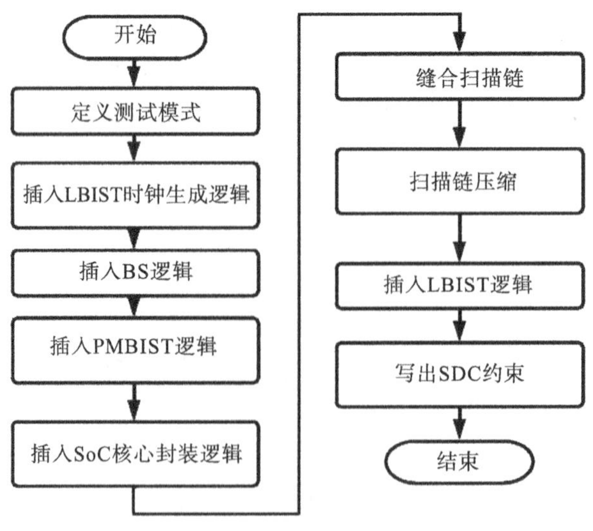

图 6.16　LBIST 插入流程

6.6.2 编写 DFT SDC 文件

可测试性设计(DFT)SDC 涉及 SoC 设计的 DFT 阶段编写的三类约束：DFT 模式禁用时的 SDC (非 DFT 模式),测试向量移位的 SDC(DFT 移位模式),以及捕获来自 DFT 逻辑的响应向量的 SDC(DFT 捕获模式)。在最终用于 DFT 验证或综合之前,有必要验证所有这三种约束条件。

6.6.3 压缩插入

扫描链的长度对 ATE 中可存储的测试向量的深度提出了限制。实际上,每条扫描链大约包含 2000 个触发器。如今的 SoC 使用多个扫描链来覆盖所有的时序元件。ATE 上的测试时间和扫描链的数量与每条链中扫描单元的数量成正比。因此,总是倾向于采用减少测试时间的技术。减少测试时间的常用技术是插入压缩逻辑以构建内部扫描通道,从而减少 ATE 测试时间和用于验证设计的测试向量集。扫描压缩从顶层扫描链构建更短的内部扫描通道,从而减少向量集的 ATE 测试时间和测试数据量。压缩逻辑作为压缩宏插入,带有额外的扫描多路复用逻辑以定义内部扫描通道。

6.7 片上时钟生成插入

与 SoC 的工作频率相比,扫描测试的工作频率通常非常低。SoC 的工作频率可以达到数百兆赫到数吉赫的数量级,这些高频信号由内部的 PLL 产生。低频测试通过后,在 SoC 的工作频率下仍存在逻辑失效的可能性。由于普通端口无法传输高频信号,在实际工作频率下无法将高频信号从外部信号源输入 SoC 进行测试。对此,可以采用“全速”测试,即在 SoC 的实际工作频率下进行测试。这个测试涉及片上时钟生成(on-SoC clock generation, OSCG)逻辑的插入。插入 OSCG 逻辑既可避免从自动测试设备(ATE)中提供高速时钟信号的额外开销和麻烦,也可避免为 SoC 使用特殊的差分端口。如今的 SoC 中通常包含在内部产生高速时钟的 PLL 模块。插入的 OSCG 逻辑是可编程的,允许将一定数量来自 PLL 的高速脉冲应用于使用延迟测试向量进行测试的时钟域。

6.8 SoC 可测试性设计面临的挑战

当今的 SoC 因其特殊的功能和设计风格对可测试性提出了许多挑战。由于异步设计模块并不是完全可测试的，大多数采用标准单元和 FPGA 架构的基本综合算法设计风格要求采用同步设计风格，以保证它们的可测试性。同步设计更具有可预测性。在标准门阵列设计中，同步设计作为编码准则被强制实施，以确保标准门阵列设计具备可测试性。为了确保设计的可测试性，可使用商业工具。这些工具通过一套设计规则对设计进行检查，并指出违规之处，确保设计在功能上是可测试的、可制造的和可预测的。这些工具的基础是对同步设计进行的可扫描性测试。包含环路逻辑的设计通常会带来可测试性挑战。如果一个组合逻辑电路的输出反馈到其中一个输入，则称为组合环路，如图 6.17 所示。设计网表中的这类电路是不良 RTL 编码实践的结果。为了满足功能需求，必须通过对输出进行寄存来打破这样的路径，从而中断组合环路。

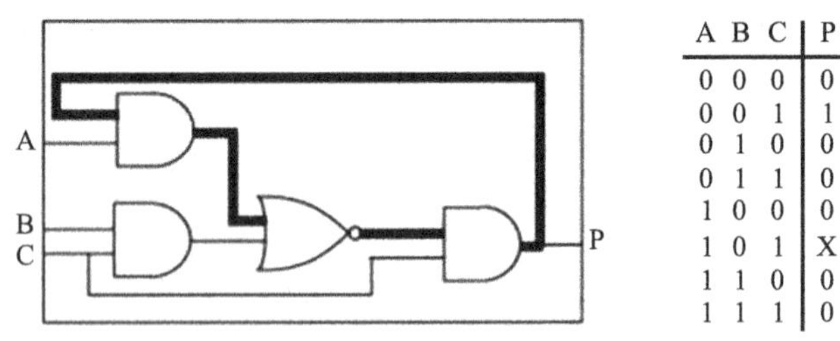

A	B	C	P
0	0	0	0
0	0	1	1
0	1	0	0
0	1	1	0
1	0	0	0
1	0	1	X
1	1	0	0
1	1	1	0

图 6.17 组合环路

如果输出信号和电路任何部分的输入信号连接形成的反馈路径经过一个时序元件（如触发器或锁存器），则该路径称为时序环。具有时序环的设计模块无法使用 DFT 技术对制造缺陷进行测试。测试设计可测试性的工具可以从 RTL 模型中识别出这样的结构并发出错误和警告，以此表明它们是不可测试的。

6.9　存储器群集

SoC 中通常有许多大小不同的存储器，分布在不同的模块中。如果一组存储器类型相同、工作频率相同且物理位置接近，则可以通过对它们进行群集，为它们添加共同的 MBIST 结构，从而在硅面积方面节省 DFT 的开销。

6.10　可测试性设计仿真

一旦插入 DFT 逻辑，就需要对插入的逻辑和测试模式的功能进行验证，如边界扫描、JTAG 扫描测试、存储器和逻辑的 BIST 等。大多数商用 DFT 工具都会编写测试环境、测试向量和运行脚本，用于运行仿真和验证。它们使用故障模型生成测试向量，以传播和导出待测设计（design under test，DUT）的预期响应。如果未检测到预期响应，则标记为故障并记录时间。这些相同的向量也用于导出 ATPG 向量。

6.11　ATPG 模式生成

一旦 DFT 规则检查通过，带有扫描链的设计就会被送入 ATPG 工具以生成测试向量。DFT 的设计规则通常确保输入扫描链的扫描向量能够正确地从扫描输出中移出。若存在多条扫描链，则这些链会同时并行移出，这称为并行扫描测试。为执行扫描和边界扫描的 DFT 仿真而生成的测试向量需要转换为一种特殊格式即波形生成逻辑（waveform generation logic，WGL），以便在自动测试设备（ATE）中再生为测试向量。WGL 是一种用于提取波形并编辑和绘制波形数据库（waveform database，WDB）信息的 ASCII 文件。WGL 格式的测试向量是使用晶圆和芯片级别设备对制造的芯片进行测试所必需的。

6.12 自动测试设备测试

传统的DFT测试使用WGL格式的外部测试向量作为激励,并通过测试设备以受控的方式自动将一组向量施加到SoC上,测试人员应了解其I/O接口及物理位置等细节。测试仪检查设备的响应,将其与存储在测试向量数据中的已知良好响应进行比较。在这个阶段工作的重点始终是通过优化测试向量来减少ATE测试时间,同时只从批次中分类拣选好的芯片。用于最小化测试时间的流行方法有使用片上高频时钟进行高速测试、扫描压缩和自测试方法等。

第 7 章　SoC 设计验证

7.1　验证的重要性

因为开发和制造 SoC 的成本非常高，所以 SoC 设计通常要求首次成功（第一次尝试就达成设计要求）和现场成功（在实体上成功实现预计性能）。只有经过设计和开发所有阶段的验证才能确保满足这些要求。几十年来，人们一直致力于使 SoC 验证更加有效和高效。评估验证有效性的最佳指标是 SoC 设计在现场成功前重新设计的次数。威尔逊研究集团于 2020 年进行的功能验证研究表明，新 SoC 设计的首次成功率仅为 32%，这个比例低得惊人。此外，SoC 设计日趋复杂，需要有效的验证方法来提高首次成功率等数据。这种对 ASIC/SoC 设计有效验证的需求在 2000 年中期出现，人们已开始使用许多创新的方法来验证 SoC 设计，但仍有提升空间。

SoC 验证是用于确认 SoC 设计功能正确性的步骤。紧迫的上市时间要求和首次成功要求（SoC 设计在首次制造时按预期工作，被称为首次要求或首次成功）给设计阶段的系统验证施加了巨大的压力。从技术规范到产品流片成功，典型的 SoC 设计周期一般在 6 个月到 3 年之间，具体时长取决于技术、系统的复杂性和 SoC 设计构建模块的可复用性。制造、封装、ATE 测试和工程样品的现场验证（将芯片交付给客户进行产品测试）通常需要 6 个月。因此，只有工程样品在确定的产品用例场景中得到验证后，这些 SoC 才可供生产。如果上述过程全部成功，此 SoC 设计才可能用于大规模生产。至此，这仅是该设计第一次成功（首次成功）。开发周期中任何一个步骤的失败都会对设计时间造成指数级的影响，有时甚至需要重新进行掩模制作和设计修正。纳米技术相关的高额成本是确保设计首次成功的关键推动因素之一。40 nm CMOS 鳍式场效应晶体管（fin field-effect transistor，FinFET）工艺制造的 36 mm^2 芯片的设计制造成本为 800 000～1 000 000 美元。在 SoC 工程样品开发过程中产生的高额一次性工程(NRE)和制造成本需要分摊到大规模生产过程中。如果这些 NRE 需要多次流片,那么它很可能会极大地提高整体成本,以至于整个项目在商业上变得不可行。因此,在 SoC 开发中,首次成功是绝对必要的。SoC 设计验证的可行性取决于硅前阶段对"最常见的用例场景"的识别。这是一项非常复杂和具有挑战性的工作,因为其中可能有无数的用例场景。例如,人们以轻松地想象智能手机移动 SoC 的无数使用场景。除通话外,智能手机还可以用于发送信息、购物、监测人体健康、办理银行业务和提供娱乐、信息服务等多种应用。有大量应用场景需要测试和验证移动 SoC,需要想象这些应用场景以识别和验证它们。随着设计的推进,从一个开发阶段到下一个开发阶段,每个阶段的调试成本都是上一个阶段的 10 倍。也就是说,设计阶段的验证成本是晶圆阶段验证相同功能的成本的 1/10,晶圆阶段的验证成本是芯片阶段的验证成本的 1/10,芯片阶段的验证成本是在客户现场验证的成本的 1/10。这是因为,相比于设计开发的后期,在设计开发的前期,有更好的调试接口、更高级的调试设备支持调试。因此,在硅前阶段能识别并定位一组接近实际应用的关键用例场景,可以让人们获得对首次成功的信心。设计一个 SoC 需要集成不同类型的设计模块或 IP 核(软核、硬核),这进一步增大了设计验证的难度。如图 7.1 所示,SoC 设计涉及从 RTL 到网表再到布局结构,然后到版图和掩模板数据的一系列设计转换。当设计经过这些转换时,需要验证设计意图在所有层级都得以保留。只有 SoC 设计验证能确保达到这些要求。

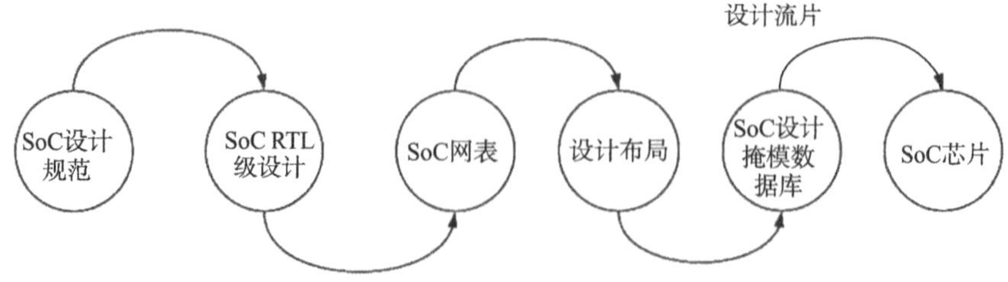

图 7.1 设计层级的转换

总而言之,验证对于 SoC 设计至关重要的原因如下:

- 制造成本过高,要求 SoC 设计首次成功,因为多次重新设计会使其在商业上变得不可行。

· 随着设计在开发周期中的推进，验证成本将会成倍增加。因此，早期验证将会增强 SoC 设计获得首次成功的信心。

· 由于 SoC 设计会使用 EDA 工具对设计进行一系列转换，因此验证转换后是否依旧满足设计要求非常重要。

7.2 验证计划和策略

为了确保超大规模集成电路 SoC 设计可以首次成功(SoC 首次制作就能按预期工作)，在设计阶段采用多种验证方法是非常重要的。验证技术有多种类型，包括基于仿真的验证、形式验证、时序验证、FPGA 验证和硬件仿真验证。仿真验证是过去唯一采用的技术，但随着系统的日趋复杂，有必要采用各种可能的方法对 SoC 设计进行验证。

由于几乎不可能模拟 SoC 设计中的所有设计场景，因此我们很难设定验证完成的标准。以具有 2 种状态的单触发器为例，测试该触发器需要 4 种测试模式。ARM Cortex M4 核采用 65 nm 工艺，包含 65 000 个门，这些门都可以有多个输入输出。为了简化讨论，假设所有的门都只有 2 种状态，想象一下在这种情况下测试 ARM Cortex M4 核所需的测试模式数量。答案是 65 000×4，即 260 000 个测试模式。即便用最快的计算机在不同设计阶段进行多次模拟，实际上也无法完成对所有测试模式的模拟(不考虑如何从主输入输出端口中访问它们、为每个门找到对应的测试模式等问题)，如图 7.2 所示。

即使在系统层面，识别所有场景也是非常具有挑战性的工作。原因有可能是测试用例场景本身无法预测和可视化，或者需要更多模型和模块来实现。可能需要一个完整的软件堆栈，可以通过接口接入整个设计数据库的硬件平台或用于仿真的计算机系统平台。因此，需要定义可实现的场景(作为硅前验证的范围)和一组测试用例。这可以通过多种方式实现：

· 自顶向下的方法。

· 自底向上的方法。

· 平台级验证。

· 系统级或事务级验证。

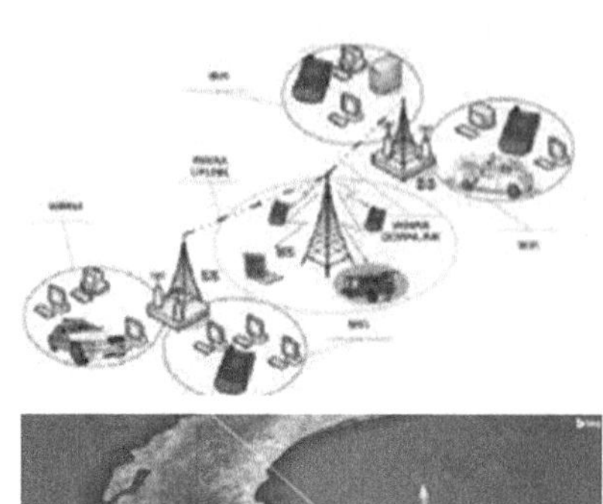
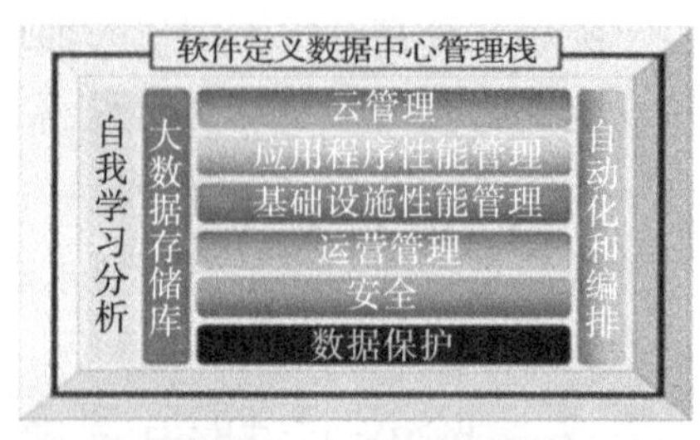

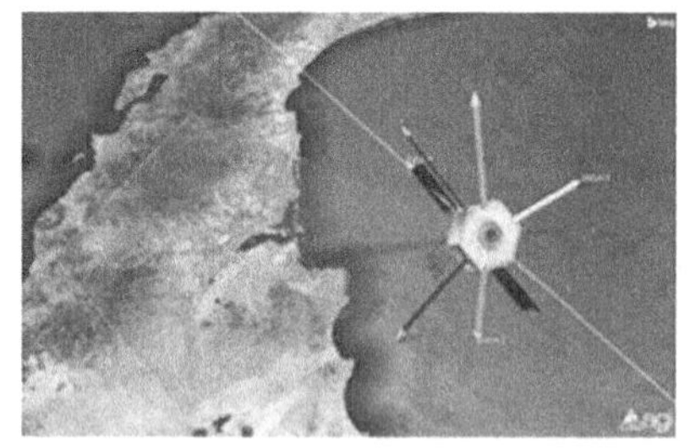

图 7.2 复杂的 SoC 用例场景难以在设计阶段建模

自顶向下的方法：在这种方法中，SoC 从最顶层开始验证，然后继续向下验证下一层，直到验证完最底层的设计元件。按照传统，当 SoC 设计具有单一或两级层次结构时，使用这种验证计划。

自底向上的方法：这是设计验证中最常用的方法。此方法从较小的设计模块开始验证。小模块的验证简单，而且模块级仿真中更容易发现错误并修正。这是因为，在小模块中更容易追踪信号，若发现问题可及时调试。在验证完所有小模块后，将它们集成为芯片的顶层模块，并通过单独的顶层测试设置进行验证。例如，对于由 UART 模块、USB 模块和协议总线接口模块组成的 SoC，首先对这些模块分别进行验证，然后在芯片顶层设计中进行验证。

平台级验证：如果设计是基于标准的(如 USB 设备核)，那么最好在标准平台上验证。这些平台通常会安装标准对等设备(如 USB 主机设备)。同样，可以在安装 SPI 主设备的平台上验证 SPI 从核。平台级验证有助于确认和解决互操作性问题。

系统级或事务级验证：如果 SoC 是基于特定协议的，则需要通过监控对事务的响应来构建具有标准验证知识产权(VIP)核的验证设置。例如，对于 Wi-Fi 设备核心，可以通过在具有 WLAN 接入点的环境中观察二者之间的交互来进行验证。其中 WLAN 接入点核心是经过预验证和验证的标准参考 VIP 核。系统级或事务级验证可证明这些核心在制造后能够实现互操作性。

7.3　验证计划

验证计划是描述 SoC 设计验证计划和流片标准的文件。文件中会详细说明 SoC 设计计划中的功能如何验证，列出在模块级和顶层的验证目标，确定必要的工具，如仿真器、波形查看器和用于验证的脚本文件，且明确指出以成功完成验证的覆盖标准作为设计完成、进行流片的标准。与 SoC 设计相关的验证覆盖包括功能覆盖、代码覆盖和有限状态机(FSM)覆盖。功能覆盖通过编写测试用例并设置仿真所要达到的正确设计响应，量化需要验证的功能数量。有一些工具可以通过遍历测试用例和功能(特性)列表来测出功能覆盖率。由于这些工具中功能的识别和输入是手动完成的，所以有可能会出现部分功能没有被测试，但显示的覆盖率很高的情况。另一个常用参数称为“代码覆盖率”，它决定了在 RTL 级别通过在设计数据库上模拟测试用例所覆盖的 RTL 语句的数量。这一参数有助于识别、清理冗余代码。用于给出代码覆盖率的测试工具也可以给出这些测试案例对有限状态机(FSM)的覆盖情况。通过添加适当的测试用例来覆盖所有有限状态机的状态是非常重要的测试方法。在一些企业中，设计验证覆盖率不仅用来评估设计验证状态，还用来评价验证工程师的工作表现。验证计划文件会从设计覆盖情况的角度列出设计验证完整性的标准。在验证覆盖率方面存在的差距可以通过其他验证技术来填补，如基于 FPGA 的验证、仿真验证和开发板上的 SoC 测试。例如，如果通过仿真只能实现 98%的功能覆盖率，剩下的 2%可以通过将设计移植到 FPGA 上并在 FPGA 板上测试相关功能，或者使用其他适当的测试技术来实现。这些方法可能需要在 FPGA 和开发板上增加额外的电路，以构建适合 SoC 设计功能验证的测试设置。除此之外，还需要在板上交互系统软件运行此测试。在模拟环境、FPGA 环境和开发板上用于 SoC 验证的典型测试设置如图 7.3 所示。

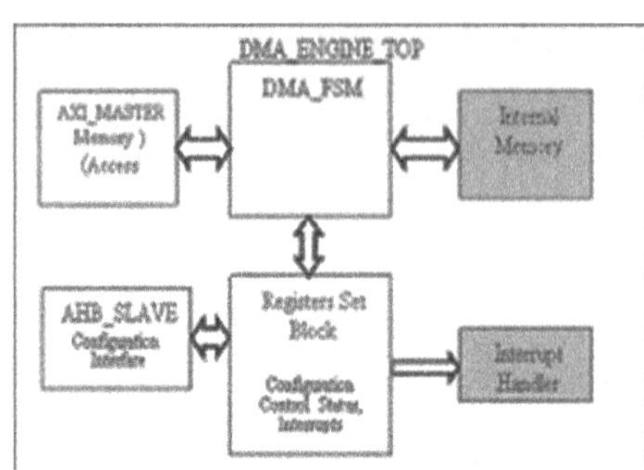

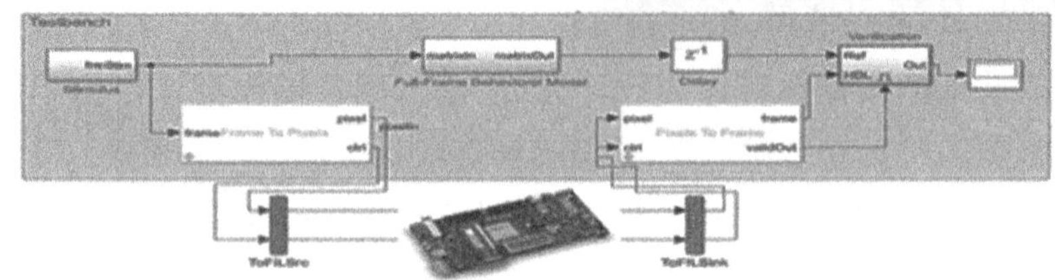

图 7.3 模拟 VLSI SoC 用例场景的测试台

验证计划中包含的主要设计细节如下：

①SoC 设计首次成功的定义。

②SoC 的关键应用场景。SoC 测试所需测试环境的开发要求。

③功能验证环境和所需资源的开发计划。

④在模块级和顶层设计中需要验证的功能特性列表。

⑤针对模块级和顶层设计的主要验证策略。

⑥RTL 级的测试台模块：

(a)总线功能模块(bus functional module，BFM)和总线监测模块。

(b)信号监测模块。

(c)验证参考模型。

⑦FPGA 级的验证细节：

(a)SoC 验证所需 FPGA 开发板的要求。

(b)FPGA 验证平台所需额外模块。

(c)验证所需软件(根据此要求开发软件和调试平台)。

⑧验证所需工具和流程。

⑨对模块级仿真环境的要求。

⑩回归测试环境和回归测试计划。

⑪验证完成的明确标准，如目标覆盖率、回归测试向量数量、门级模拟策略和预期。

设计资源包括拥有所需技能的验证工程师、硬件开发板、FPGA 板、软件需求、EDA 工具环境（工作站和服务器）、仿真器（许可证数量）和用于验证的设计工作基础设施。超大规模集成电路 SoC 的验证策略会随着设计复杂度和用例场景的变化而变化。理想情况下，我们使用以下一种或者几种测试来模拟用例场景：RTL 级测试台测试、FPGA 验证计划和开发板测试。利用这些资源对 SoC 设计进行验证，可以让我们更有信心预测其成功。验证策略涉及在子模块级别进行设计分区验证，以及在 FPGA 板上进行芯片顶层验证。

7.4　功能验证

功能验证的目标是确认 SoC 设计在功能测试场景和应用场景中按预期工作。一个用例场景可以映射一个或多个功能测试场景。例如，为了验证模块中的加法功能，可能需要三个测试用例，第一个测试用例验证输入操作数，第二个测试用例验证与输入相对的输出结果，第三个测试用例检查加法器的进位操作。基本上，SoC 设计包含多个具有不同功能的模块，这些模块相互连接或通过共享总线交互，其中多个模块在总线上进行交互，或者某个模块根据特定的标准协议运行。在这种情况下，SoC 的功能验证涉及模块间接口验证、总线竞争验证以及协议和兼容性验证。

7.5　验证方法

设计验证有三种方法：黑盒验证、白盒验证和灰盒验证。SoC 设计采用其中一种方法或几种方法的组合进行验证。

7.5.1　黑盒验证

黑盒验证是一种不会暴露设计内部细节的验证方法。此方法只访问暴露在外的接口信号，而不访问内部状态或者内部信号，可确保验证执行的独立性。显然，此方法不会暴露设计内部的实现细节或系统状态。此方法最适合发现解释层面的问题，如端序检查、协议错误解释和互操作性测试。

7.5.2 白盒验证

在白盒验证中，测试台模块可以访问设计的内部状态、信号和接口。利用这种方法调试任何设计问题都非常容易，因为测试台可以按预期准确追踪信号驱动程序。这种方法最适合检查底层特定实现场景和设计角，可以针对可能存在问题的场景（如 FIFO 指针翻转、计数器溢出等）来定位设计并进行调试。在这种方法中，断言最适合检查内部设计行为。这种方法与黑盒验证完全互补。

7.5.3 灰盒验证

灰盒验证介于黑盒验证和白盒验证之间。在此方法中，测试环境通过I/O在顶层接口级别进行系统验证，并在需要时（如针对设计角）访问设计内部进行测试和调试。通常使用黑盒验证对第一级测试进行定位并评估功能覆盖率。如果需要提高覆盖率，可通过白盒验证对测试场景进行测试。

7.6 验证设计

随着 SoC 设计方法向系统或架构级别发展，子系统间事务级别的系统功能验证变得越来越重要。然而，SoC 设计主要是预设计或预验证的 IP 核的集成，因此，对内部 IP 而言，这更像是黑盒验证。此外，复杂的 SoC 设计趋向于验证友好型，其中内部状态和关键信号被锁存并通过主要接口提供给软件进行读取，从而预测问题的根本原因。这在黑盒或灰盒验证中非常有用。在不同环境中，功能验证是不同的。在 RTL 级别，会开发测试台和一组测试用例，并使用仿真器进行模拟，以检查 SoC 是否按预期运行。通过查看接口或单元组件/模块级别的输入和输出波形来检查功能正确性。

在基于 FPGA 的硬件验证中，将 RTL 形式的待测设计移植到开发板上的 FPGA 中，随后运行必要的软件，将实际的激励输入 SoC 输入端，并在开发环境中监测输出。

在开发环境中，基于子模块的开发平台被设计和开发，其接口设计接近最终 SoC 的规格。利用这一平台，配合更为复杂的软件，可对系统进行验证。

RTL 级别的测试环境（或测试台）代表了 SoC 最有可能被使用的环境。所有这些环境的开发都是为了尽可能接近真实世界中的输入。典型的 RTL 测试环境（或测试台）如图 7.4 所示。它是一个封闭系统，因为它代表了一个完整的环境，包括通过行为总线功能模块（BFM）进行的输入激励和输出控制。

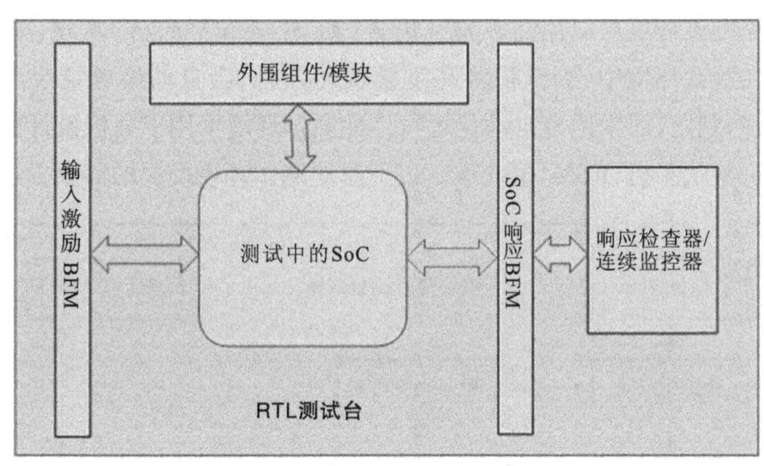

图 7.4　模拟 VLSI SoC 用例场景的 RTL 测试台内部模块

外围模块　这些模块是支持模块，用于确保待验证的 SoC 在应用环境中能完整地实现其功能。它们是用于验证的 IP 或提供外围功能的 IP，典型的例子有外部存储器、数据转换器和实时传感器模型。

输入激励和总线功能模块　输入激励代表实际应用场景中待验证的 SoC 从外部接收的输入信号。这些信号可以是系统设计信号，例如来自参考晶振的时钟信号、复位信号、传感器输入，或来自 SoC 外部模块或 VIP 的数据输入。根据 SoC 的需求，不同来源的激励可以自动生成（PLL 模块接收到参考时钟时，会自动根据配置生成所需频率的系统时钟），也可以半自动生成，需要手动触发或满足特定条件。这些输入激励通过接口输入 SoC 设计，经 BFM 输入设计。

输出总线功能模块和检查器　当给 SoC 特定的输入激励时，输出总线功能模块通过其输出接口捕捉 SoC 的响应。此响应将被比较并写入文件，以与预期输出进行比较,或者被检查器实时检查是否符合期望。此模块可以是具有文件比较功能的检查器或波形数据库生成器。在测试输入条件下,SoC 设计将会受到代表不同特定场景的输入测试条件的约束,设计人员可以通过图形查看器查看并判定其正确性。

连续监控器　连续监控器是环境中的额外检查点,是 SoC 功能正确性的指示器。例如,在生成 1 s 时钟的计时器 SoC 中,连续监控器可以持续监测 1 ms 信号是否按照预期连续计时以生成 1 s 时钟。

高级测试环境可以用高级验证语言(如 System Verilog)实现,如图 7.5 所示。在测试环境中,测试模块高度模块化,它们会自动检查结果,作出通过/失败的判定,非常适合自动化运行。此测试环境可用于分析设计的功能、代码和有限状态机(FSM)覆盖率。以下是对测试环境模块的简要描述:

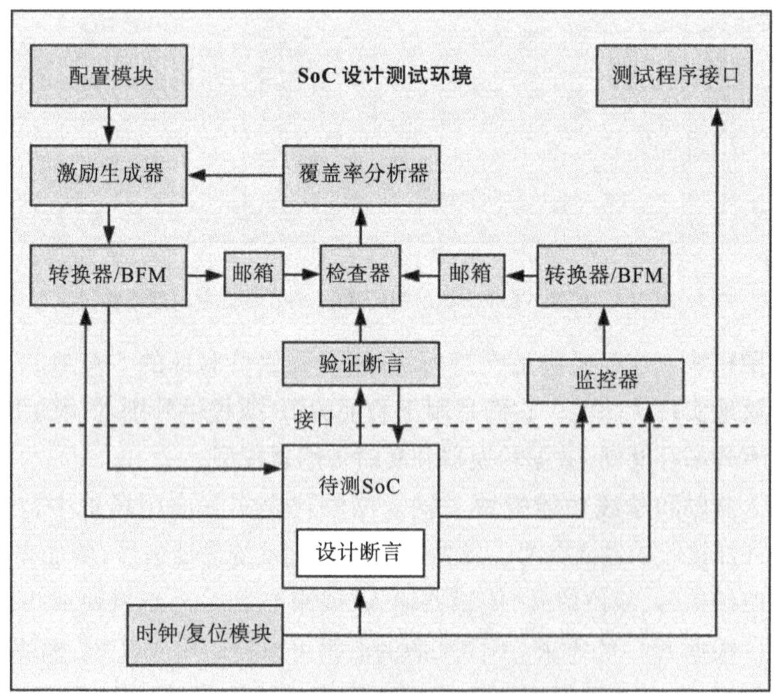

图 7.5　自动化测试环境

待测 SoC　需要进行验证的 SoC 设计。

设计和验证断言　设计和验证测试环境中可以使用断言来提高验证的有效性。断言是用来检查设计中同步信号的时间关系以确保模块正常工作的语句。若设计断言得到支持,则测试台中的检查器模块将对其进行追踪,查看其是否已被触发并评估其结果的正确性。例如,在逻辑设计中,有一个功能是检查接收的数据包是否正确,而数据包的有效性由数据包有效(Packet_valid)信号验证。很明显,每当数据包正确(Packet_correct)或数据包错误(Packet_error)信号生成时,都应该将数据包有效(Packet_valid)信号设置为高电平。在这种情况下,编写一个设计断言来检查数据包错误(Packet_error)和数据包有效(Packet_valid)信号或数据包正确(Packet_correct)和数据包有效(Packet_valid)信号的同时出现是有意义的。如果断言被触发,则可以验证设计意图。图 7.6 所示的示例中编写了一个设计断言,以查看数据包有效(Packet_valid)和数据包正确(Packet_correct)信号或数据包有效(Packet_valid)和数据包错误(Packet_error)信号是否不共存。如果此断言被触发,则设计存在缺陷。

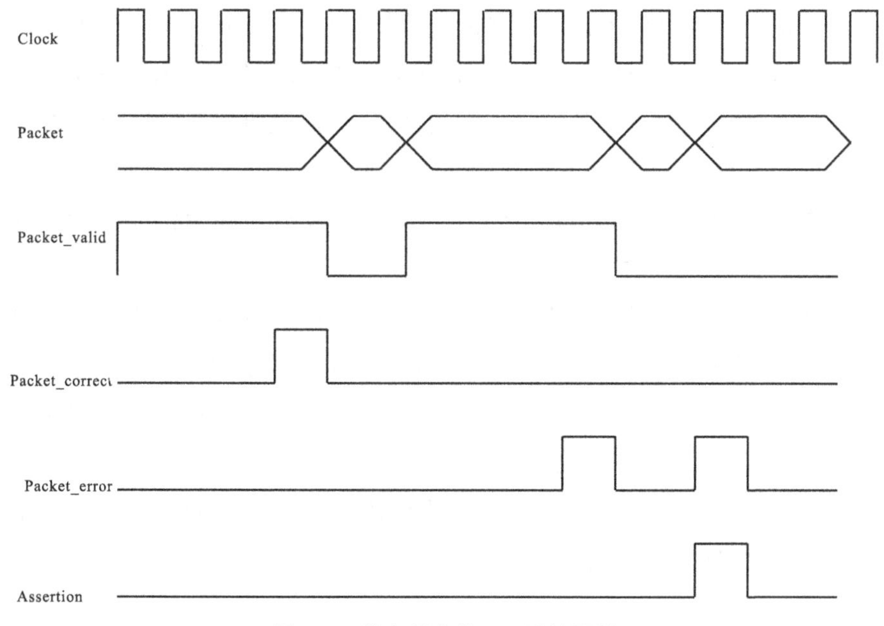

图 7.6　带有断言的 SoC 设计逻辑

可以在 DUT 事务管理器的事务级编写类似的断言,以跟踪验证设计的正确性。

时钟/复位模块　时钟/复位模块会根据 SoC 设计的要求生成所需的时钟和复位信号。

配置模块　此模块负责将DUT和测试台设定为预定的配置状态，以便在这一特定设置下对DUT进行测试。

激励生成器模块　此模块在测试台中生成输入激励。通常，此模块会根据SoC功能需求按特定顺序和序列生成信号，可能涉及复杂的IP验证。

转换器或总线功能模块　此模块遵循接口规范，向待测SoC提供激励。每个总线接口都有相应的总线功能模块。如果SoC设计支持UART、USB和PCIe接口，则每个接口都应有一个总线功能模块，以确保事务操作符合相应的协议。

邮箱　邮箱是SystemVerilog测试台中的通信机制，允许进程之间交换消息。想要与另一个进程通信的进程将消息发布到邮箱中，邮箱会将消息临时存储在系统定义的内存对象中，并传递给所需的进程。邮箱可以创建具有有限或无限大小的队列。当一个绑定邮箱包含所定义的最大消息数时，它就会变满。试图将消息放入已满邮箱的进程将被挂起，直到邮箱队列中有足够的空间。基本上，邮箱是一种同步不同进程的技术。在本例中，进程可以是检查器。一旦邮箱内有了预定义的一组消息，它们就可以启动一个检查器来检查其内容并判定正确性。

检查器　检查所有的进程，如对比DUT响应与预期、断言和监控，判定测试场景是否通过。

测试程序接口　测试程序接口(test program interface，TPI)是用户界面，负责接收用户输入的参数，编译选项以触发测试场景并执行模拟。TPI支持许多带有可选参数的命令，可逐个执行测试场景的模拟并生成综合结果。这一过程被称为回归测试。

如图7.5所示的测试环境可以扩展为用户友好的自动化测试台，甚至可以通过电子邮件将测试报告发送给所有相关方，以方便他们进行相应的干预。

7.7　验证示例

为清楚地理解验证过程，本节给出一个简单的十进制计数器设计的仿真。

十进制计数器的设计功能：十进制计数器启用时，每个时钟的上升沿会计数 0、1、2、3、4、5、6、7、8、9，然后回到 0。设计要求是，当计数器计数到 5 时生成一个输出信号。十进制计数器的引脚布局和测试台设置如图 7.7 所示。

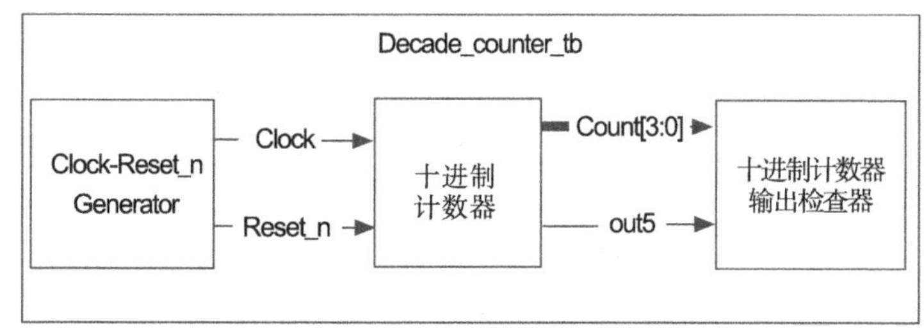

图 7.7　待测的十进制计数器和测试台

十进制计数器的 Verilog 模块如图 7.8 所示。

十进制计数器的测试台模块如图 7.9 所示。

设计文件在当前工作目录中保存为 decade-counter. v，测试台文件保存为 tb_dcounter. v(. v 代表 Verilog 文件)。为模拟设计文件，需要使用模拟器。最常用的模拟器是基于时钟周期的模拟器。基于时钟周期的模拟器在每个时钟周期对信号进行采样并计算设计响应。模拟设计前，模拟器会先分析 RTL 代码并进行详细说明。

当执行仿真时，注意观察终端上显示的日志消息，及时发现错误和警告。如果有任何错误/警告，则需要在设计文件中进行更正。设计示例中的模块不应有任何警告或错误，仿真应该成功终止。观察当前工作目录，会发现仿真运行生成了许多输出文件。这些命令日志文件名为 decade_counter. vcd，是波形转储文件，可以使用波形查看器打开。当在波形查看器中打开此文件时，可以观察输入输出信号和内部网络的逻辑状态变化。有关运行仿真和使用波形查看器的更多信息，可以参考相应的用户手册。通过观察设计信号、时钟、reset_n 和 out_5、count_out，可以验证设计行为。该示例的波形如图 7.10 所示。

```
module decade-counter {
                        clock,
                        reset_n,
                        counter_enable,
                        out_5,
                        countupto9
                        };

//输入输出声明

input        clock, reset_n, counter_enable;
output       out_5;
output [3:0] countupto9;

//内部信号声明

reg [3:0]    counter;

wire         out_5;
wire [3:0]   countupto9;

//逻辑描述

always @(posedge clock or negedge reset_n)
begin
  if (reset_n == 1'b0)
    counter <= 4'd0;
  else if (counter_enable == 1'b1)
     if counter < 10)
        counter <= counter +1;
     else counter <= counter;
  else counter <= 4'd0;
end
//输出生成
assign countupto9 = counter;
assign out_5 = (counter==4'd5);

endmodule
```

图 7.8　十进制计数器的 Verilog 模块

```
module tb-dcounter;


 //内部信号声明

reg      clock;
reg.     reset_n;
reg.     enable;

initial
begin
   #10 clock     <= 1'b0;
   #10 reset_n <= 1'b0;
   #10 reset_n<= 1'b1;
   #10 reset_n<= 1'b0;
        Enable <= 1'b0;
End
Initial #50 enable <= 1'b1;

always @
 #10 clock <= ~clock;

 //模块实例化
decade-counter udecade-counter {
                          .clock.             (clock),
                          .reset_n.           (reset_n),
                          .counter_enable (enable),
                          .out_5.             (out_5),
                          .countupto9.        (count_out)
                          };



 //波形生成命令
 Initial
begin
 $dumpfile(decade_counter.vcd);
 $dumpvars(1, tb_dcounter);
end

endmodule
```

图 7.9 十进制计数器的测试台模块

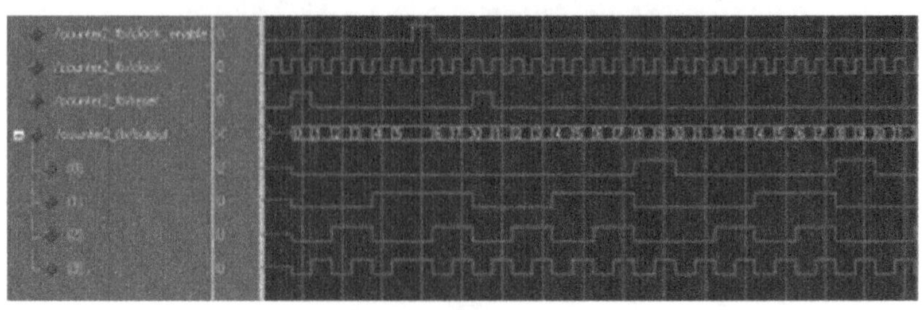

图 7.10　十进制计数器的仿真波形

此验证流程可以扩展到任何复杂的设计。本节中的下一个设计示例就展示了这一点,即在测试台中使用加密器设计作为 VIP 来验证自同步解扰器。考虑设计一个使用多项式 $g(x)=1+x^{13}+x^{33}$ 的自同步扰频器。在通信中,当输入的数据是一长串 0 或 1,将使用自同步扰频器模块进行扰频,以达到零直流偏置。在发送端使用相同的多项式对数据进行扰乱,在接收端使用相同的多项式进行解扰以恢复原始数据。自同步解扰器的功能特性是不需要初始化向量就能实现同步,如图 7.11 所示。扰频器-解扰器的同步被定义为扰频器和解扰器的线性反馈移位寄存器(LFSR)保持相同的模式,因此,当数据被输入解扰器时,它可以生成扰频器数据的输入。

采用侧流扰频器的物理层主机

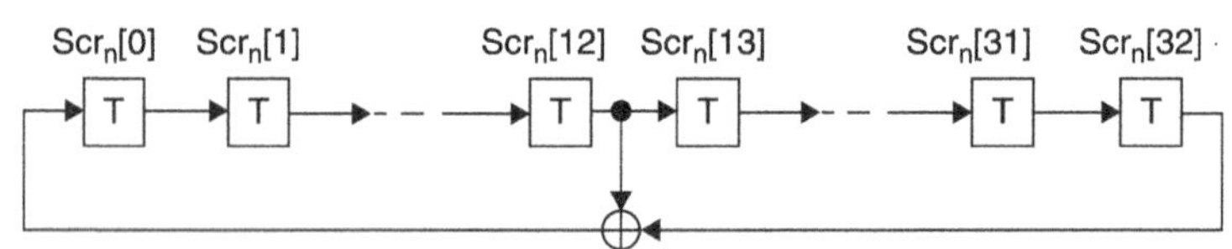

采用侧流扰频器的物理层从机

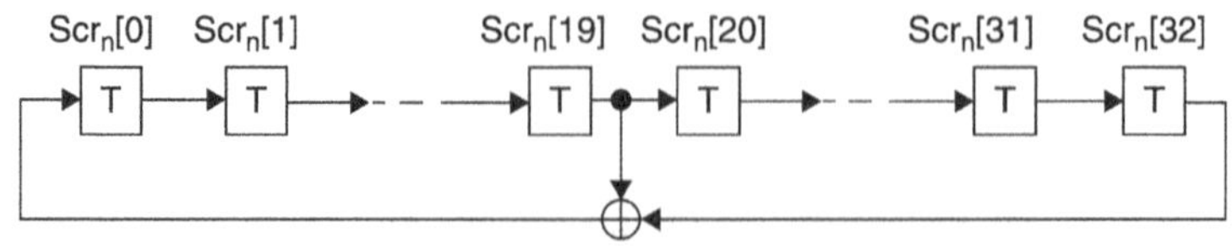

图 7.11　自同步扰频器的实现

扰频器和解扰器的 Verilog 模块如图 7.12 和图 7.13 所示。测试台文件如图 7.14 所示。被测试模块是解扰器。为了测试解扰器是否与扰频器同步,需要将解扰器的 LFSR 重置为任意初始化值。将随机模式馈送到扰频器中,将扰频数据作为输入激励馈送到解扰器中。需要验证的是,解扰器能够在某个时间点解码输入的数据。我们可以注意到，此测试台没有任何端口，因为这是一个针对待测模块的独立环境。

```
//---------------------------------------------------
// 802.11B扰频器
// 模块名称 : scrambler
// 文件名: scrambler.v
// 功能 : 这是802.11b的7位扰频器
// 异步和高电平有效使能、低电平有效复位信号
//---------------------------------------------------
module scrambler (
clock ,  //设计的时钟输入
resetn ,//低电平有效、异步复位输入
enable , //高电平有效使能信号
bit_in, //输入数据位
bit_out//扰频器输出位
); //端口列表结束
//------------ 输入端口 -----------------------------

input clock ;
input resetn ;
input enable ;
input bit_in;
//------------ 输入端口 -----------------------------
output      bit_out;

//------------ 输入端口数据类型  ------------------
// 根据规则， 所有输入端口都应为连线
wire  clock ;
wire  resetn ;
wire  enable ;
//------------ 输出端口数据类型   ------------------
// 输出端口可以是存储元件或连线
reg [6:0]   state_out ;
wire  bit_out;
//-----------代码从这里开始------------------------
assign feedback =  (bit_in ^ state_out[6] ^ state_out[3]);
assign

//根据时钟的正边沿触发下面的模块

always @ (negedge resetn or posedge clock)
begin : SCRAMBLER // 模块名称
if (resetn == 1'b0) begin
state_out <= #1 7'b1010101; //条带化起点
end
```

图7.12 扰频器的Verilog模块

```
// 如果使能为高电平，则更新状态
else if (enable == 1'b1) begin
state_out <= {state_out[5:0], feedback};
end
end // 块: SCRAMBLER
endmodule
```

图 7.12(续)

```
//--------------------------------------------------
// 802.11b解扰器
// 模块名称: descrombler.v
// 文件名: descrambler.v
// 功能 : 这是用于 802.11b 的自同步 7 位解扰器
// 异步低电平有效复位和高电平有效使能信号
//--------------------------------------------------
module descrambler (
            clock ,   // 设计的时钟输入
            resetn ,  // 低电平有效、异步复位输入
            enable ,  //高电平有效使能信号
            bit_in,   // 输入数据位
            bit_out   //解扰器输出位
            ); // 端口列表结束
 //------------- 输入端口 ----------------------------
 input clock ;
 input resetn ;
 input enable ;
 input bit_in;

 //------------- 输出端口 ------------------------------
 output    bit_out;

 //------------- 输入端口数据类型 -------------------
 //根据规则，所有输入端口都应为连线
 wire       clock,resetn,enable ;
 //------------ 输出端口数据类型 -----------------------
 // 输出端口可以是存储元件或连线
 reg [6:0] state_out ;
 reg        bit_out;

 //------------ 代码从这里开始 -------------------------
 assign feedback = (bit_in ^ state_out[6] ^ state_out[3]);
```

图 7.13 解扰器的 Verilog 模块

```
// 根据时钟的正边沿触发下面的模块

always @ (negedge resetn or posedge clock)
 begin : DESCRAMBLER // Block Name
   if (resetn == 1'b0) begin
     //自同步，因此复位值可以是任何值。仅用于模拟

     // 可能会导致综合出现问题
     state_out <= #1 7'bXXXXXXX;
   end
   // 如果使能为高电平，则更新状态
   else if (enable == 1'b1) begin
     state_out <= {state_out[5:0],bit_in};
     bit_out <= feedback;
   end
 end // 块: DESCRAMBLER
endmodule
```

图 7.13(续)

```
`timescale 1ns/10ps

// 模块定义和信号声明
module tb_top;

reg Clk;
reg Resetn;
reg Enb;
reg [7:0] Pattern;
reg [7:0] DataIn;
reg [7:0] DataOut;
integer   errCnt;
integer   CompFlag;

reg       Match;
wire      Din;
wire      Sout;
wire      Dout;

// 时钟生成
 always #5 Clk = ~Clk;

assign Din = DataIn[7];
```

图 7.14 实例化的扰频器-解扰器的测试台文件

```
//激励的应用
initial
begin
  Clk = 0;
  Resetn = 0;
  Enb =   0;
  CompFlag  =0;
  errCnt = 0;
  Match = 0;
  $display("--------- Test  Started ---------");
  #100ns  Resetn = 1;

  $display("--------- Sending Data Patternn : 0x55 ---------");
  repeat (10)  @ (posedge Clk);
  Enb = 1;
  Pattern = 8'h55;
  DataIn    = Pattern;
  repeat (100) begin
    @ (posedge Clk) #1 DataIn  = {DataIn[6:0],DataIn[7]};
  end
  repeat (10)  @ (posedge Clk)Enb = 0;

  $display("--------- Sending Data Patternn : 0x11 ---------");
  repeat (10)  @ (posedge Clk);
  Enb = 1;

  Pattern    = 8'h11;
  DataIn    = Pattern;

repeat (100) begin
    @ (posedge Clk) #1 DataIn  = {DataIn[6:0],DataIn[7]};
  end
  repeat (10)  @ (posedge Clk)Enb = 0;
  CompFlag  = 0;

  $display("--------- Sending Data Patternn : 0x22 ---------");
  repeat (10)  @ (posedge Clk);
  Enb = 1;
  Pattern    = 8'h22;
  DataIn    = Pattern;
  repeat (100) begin
    @ (posedge Clk) #1 DataIn  = {DataIn[6:0],DataIn[7]};
  end
  repeat (10)  @ (posedge Clk)Enb = 0;
  CompFlag  = 0;
```

图 7.14(续)

```
$display("--------- Sending Data Patternn : 0x33 ---------");
repeat (10)  @ (posedge Clk);
Enb = 1;                                    // 激励的应用
Pattern    = 8'h33;
DataIn    = Pattern;
repeat (100) begin
  @ (posedge Clk) #1 DataIn  = {DataIn[6:0],DataIn[7]};
end
repeat (10)  @ (posedge Clk)Enb = 0;
CompFlag  = 0;

$display("--------- Sending Data Patternn : 0x44 ---------");
repeat (10)  @ (posedge Clk);
Enb = 1;
Pattern    = 8'h44;

DataIn    = Pattern;
repeat (100) begin
  @ (posedge Clk) #1 DataIn  = {DataIn[6:0],DataIn[7]};
end
repeat (10)  @ (posedge Clk)Enb = 0;
CompFlag  = 0;


   $display("--------- Test Ended ---------");
    #10  $finish;
end

always@(posedge Clk)
begin
  if(Enb) begin
    DataOut = {DataOut[6:0],Dout};

    #1 if(DataOut == Pattern) Match = 1;
      else Match = 0;
  end                                   // 激励的应用
  else DataOut = 8'hXX;
end
```

图 7.14(续)

```
// SoC模块实例化
scrambler u_scarmb(
            .clock   (Clk),   //设计的时钟输入
            .resetn  (Resetn), //低电平有效，同步复位输入
            .enable  (Enb),   //高电平有效使能信号
            .bit_in  (Din) ,  // 输入数据位
            .bit_out (Sout)   // 扰频器输出位
            ); // 端口列表结束

descrambler u_descramb(
            .clock   (Clk),   //设计的时钟输入
            .resetn  (Resetn), // 低电平有效，同步复位输入
            .enable  (Enb),   // 高电平有效使能信号


            .bit_in  (Sout),  //输入数据位
            .bit_out (Dout)   // 解扰器输出位
            ); // 端口列表结束

 initial
 begin
   $dumpfile("tb_top.vcd");
   $dumpvars(0,tb_top);
  end

endmodule
```

图 7.14(续)

测试台应当包含以下几个部分：

- 第一部分是激励信号的生成，包括时钟、复位、使能和数据的生成。
- 第二部分是扰频器模块，用作标准验证 IP。
- 第三部分是模块实例化。
- 第四部分是输出读取器和波形转储，用于调试和用户验证。

测试台的组成如图 7.15 所示。典型的 SoC 测试台有多个片上时钟生成模块，且根据需要配置多个 VIP 和控制状态机。这些状态机将使各个模块能够用于多种测试场景。输出读取器和波形转储部分可能较复杂，可以根据 SoC 验证要求自动验证功能的准确性。

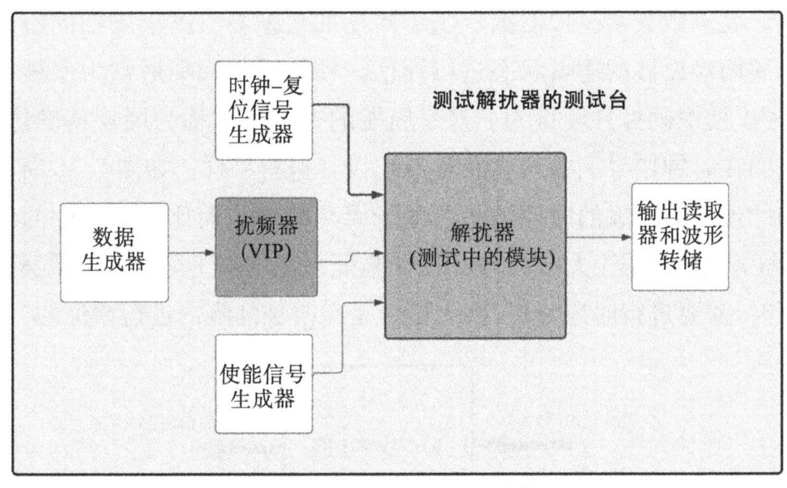

图 7.15　解扰器测试台框图

本书第 11 章中可以找到更多仿真示例。读者可以模拟设计，验证结果，并与样本波形进行比较以检查其准确性。

7.8　验证工具

SoC 设计的功能验证可以用到多种验证工具。例如：

- 模拟器。
- 覆盖分析器。
- 静态代码分析工具(Lint)。

在上述工具中，模拟器是 RTL 功能验证不可或缺的工具。通过在测试台中使用测试向量，模拟器可以在典型应用场景中模拟设计的行为，以便评估其能否正常运行。它是一种软件，可以在用户提供的输入激励(测试向量)存在的情况下，在所需时长内研究 SoC 设计状态及其输出。模拟器有不同类型，包括基于循环的模拟器、基于事件的模拟器和电路模拟器。待模拟的 SoC 设计称为待测设计(DUT)。模拟器使用测试台中的特定命令来监控和输出设计模块内部逻辑电平、信号状态和输入输出状态。该波形输出文件随后可用波形查看器工具打开，该工具可与图形调试环境进行交互。根据 SoC 设计的类型，使用不同的模拟器进行验证。基于周期和事件的模拟器是数字模拟器。大多数数字模拟器都是基于周期的模拟器。基于周期的模拟器会在每个周期对设计的逻辑状态进行评估。模拟器的周期通常为皮秒或纳秒量级,可以模拟硬件并发行为。基于周期的模拟器被称为周期精确仿真器,因为它们在时钟信号的输入边沿对 SoC 设计进行采样。如图 7.16 所示为基于周期的模拟器生成的时序波形。基于周期的模拟器比基于事件的模拟器快 10～100 倍,常用于大多数 SoC 设计验证。使用基于周期的模拟器进行设计验证时,需要进行时序分析,因为设计是在时钟间隔内进行验证的。

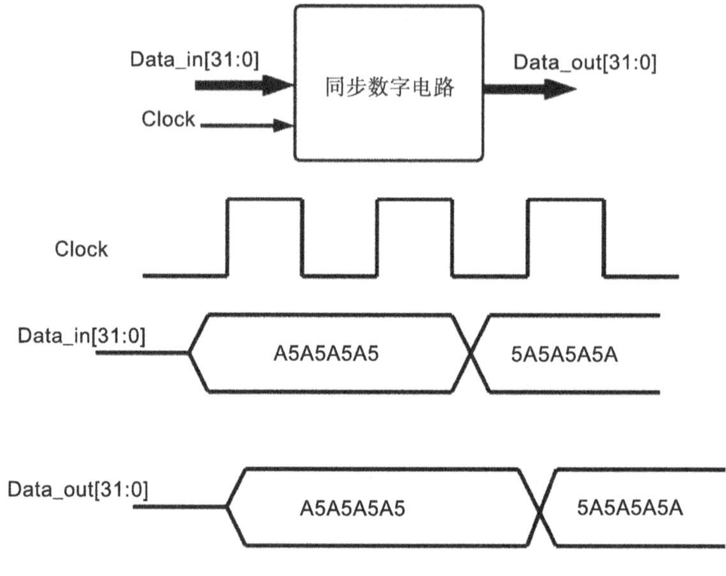

图 7.16 基于周期的模拟器设计

基于事件的模拟器会在电路中任何节点发生逻辑变化时对设计进行评估。这些模拟器也称为时序精确模拟器,适用于小型电路级验证。它们提供良好的调试环境,且不需要时序分析,因为设计中所有节点上的所有事件都能得到功能验证。基于事件的模拟器需要在大型计算机上运行模拟。这是因为,当今的 SoC 设计中网表节点数量爆炸性增长,在模拟过程中会产生大量的逻辑转换。监测这些网络上的大量逻辑转换并对所有组合进行评估几乎不可能。在这样的设计中调试故障非常困难。如图 7.17 所示为基于事件的模拟器生成的时序波形。

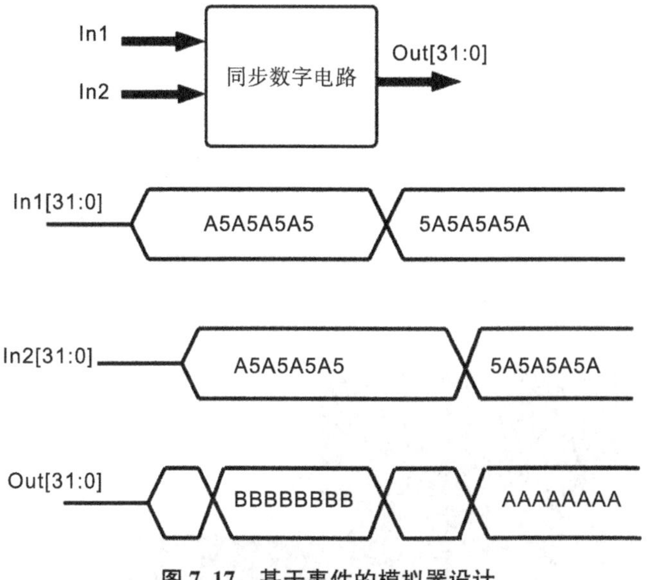

图 7.17 基于事件的模拟器设计

基于事件的模拟器引擎的典型工作流程如图 7.18 所示。

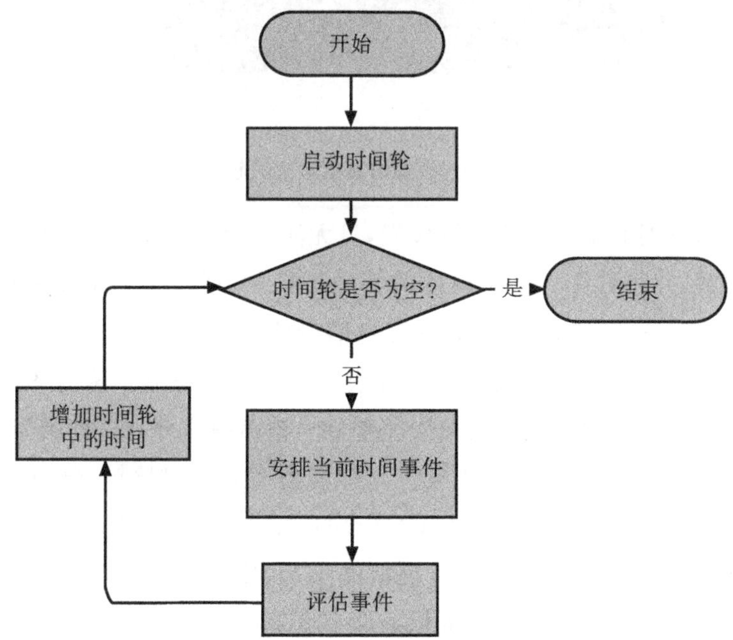

图 7.18 基于事件的模拟器的工作流程图

现今的 SoC 设计包含模拟模块，这些组件同样需要经过验证。模拟模块通过使用模拟仿真器单独进行验证。模拟仿真器使用数学模型来表示设计的模拟功能。它们通过感知和产生适当的响应来模拟仿真功能。目前可用的模拟和混合信号仿真器较少。如图 7.19 所示为模拟仿真器响应的截图。

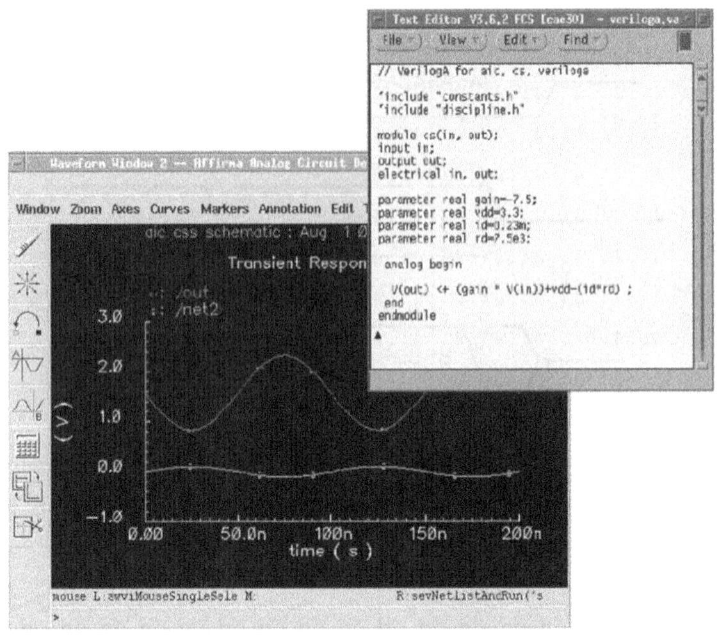

图 7.19　模拟仿真器响应的截图

模拟仿真器通常运行速度较缓慢，且无法自动化。设计人员须对设计有充分的理解，并将其作为分析设计的辅助工具。因此，通常先分别对模拟模块进行详细验证，再进行模拟-数字混合信号仿真，以验证实际集成情况。在验证过程中使用的另一个重要工具或模块是覆盖分析器。覆盖率矩阵可以帮助了解设计数据库的验证质量或完整性。覆盖率可分为三种类型：功能覆盖率、代码覆盖率和状态机覆盖率。功能覆盖率是通过比较、分析在 SoC 设计数据库上运行的测试用例和 SoC 设计的功能特性清单获得的。代码覆盖率是在 SoC 设计上运行模拟器时提取的指标，用于跟踪设计中处于激活状态的代码行。状态机覆盖率可提供有限状态机在模拟运行的测试用例中的状态转换信息。所有这些矩阵都有助于最大化覆盖率指标，从而达到设计验证的目标。

Lint 工具用于 RTL 级别 SoC 设计检查，除基本的 HDL 语法和语义外，还可针对设定的规则进行其他检查。Lint 工具是静态 RTL 代码检查工具，通过编译设计并预处理，进行模拟、综合和 DFT 模拟。运行 Lint 的不同设计目标包括基本的 RTL 设计编译、可综合性和可测试性的检查。该工具为每个目标定义了标准规则。每个规则集都可以根据 SoC 的特定设计目标进行定制或优化。当对设计文件执行 Lint 检查时，会生成日志文件，其中包含对所定义规则对设计的详细分析，以及根据违规程度提出的警告和错误提醒。nLint 和 HAL 是设计中心使用的少数已知验证工具中的 2 种。

7.9 验证语言

用于模拟测试台或测试案例的语言与设计语言相比更加灵活自由。这种灵活性的主要原因是需要在测试案例中引入更多的随机性，同时不要求具备可综合性。Verilog 是最早出现的硬件描述语言之一，也是一种验证语言。由于设计描述方法的变化提高到了架构级的更高抽象级别，因此一些验证语言(如 SystemVerilog、Vera 和 System C)正在成为更高抽象层的主要硬件验证语言(hardware verification language，HVL)。这些语言支持类、面向对象、类扩展和时间属性，有助于轻松定义系统级或事务级测试功能。在上述语言中，SystemVerilog 作为一种功能强大的断言语言越来越受欢迎，这也是验证的一个主要特性。它还提供了一些构造，以确保综合和仿真之间的结果一致性。还有一些仿真工具支持这些语言构造，且可以根据测试覆盖率解释结果并进行分析。它们支持直接编程接口(direct programming interface，DPI)，与 C++和 Java 等高级软件语言兼容，这使得图形用户界面(GUI)的构建成为可能，从而使验证环境在更高层级(直至系统层级)的抽象中更通用、更有效。详细信息可以查阅相关语言书籍。现在的仿真器已经足够智能化，可以忽略设计者常犯的错误，而且可以通过向用户发出警告来进行自我纠正。

7.10 自动化脚本

SoC 用例场景的创建是通过一组具有随机激励的复杂测试用例实现的，

因为实时场景是随机的。当激励随机时，对于这种激励的响应变得难以预测。因此，在这种情况下，测试通常是通过预测最终结果或状态、分析系统的统计和稳定性进行的，也会在系统的中间状态进行。这需要输入的随机性与系统状态之间保持一定程度的一致性，而这些系统状态本身是在不断变化的。为了映射这种对应关系，测试用例需要实现自动化。自动化意味着测试预期（如数据完整性、状态以及与后续随机场景的控制权交接）是自动控制和评估的。这通常是通过脚本语言实现的。最常用的脚本语言包括 Perl、Tcl、PHP 等。脚本语言是为特定运行环境编写的编程语言，用于自动执行那些原本需要用户逐个执行的任务。这些构造也可以被 EDA 工具兼容，因此可以被集成到测试设置中。自动化还可用于大量数据的完整性检查、统计分析和批处理运行测试用例以获取所需的功能覆盖率。测试脚本是直接解释执行的，无须编译。

7.11 验证设计

设计验证通过揭示系统设计和架构中的潜在错误来保证设计的质量。只有尽可能详尽地模拟系统的所有功能并仔细调查任何可能的错误行为，才能实现这一点。这一过程值得投入最多的时间和注意力并且要求设计师掌握完备的设计用例知识。如果设计很复杂，这一过程通常会更具挑战性。这就要求设计是可验证的。设计师应完全理解功能的设计实现。如果设计师确定了设计的关键设计角和关键状态，验证工作就可以有针对性地监控和检查这些特定的情况。有时在设计中，某些场景可能需要长时间的模拟运行才能触及设计角，而验证工程师可能不知道这一点。例如，在 1 s 时钟上运行的 32 位计数器的溢出生成需要很长时间来模拟，但在实际硬件中可能会很快发生。在这种情况下，如果设计者提供了预加载计数器的功能，那么 32 位计数器溢出是完全可行的。这样的设计调整使设计能够在更多场景中进行验证。设计师必须识别出可用于验证的关键设计角。此外，系统的非功能特性，如扩容性、扩展性和灵活性，需要额外的设计支持，以便有针对性地进行验证。例如，扩展内存地址、软件在非默认模式下写入寄存器或内存以实现访问，以及提供额外的配置来解决潜在的误解问题。

7.12　验证断言

在设计中实现断言需要有意识地以不同的方式看待设计过程。断言是一种额外的设计和验证语句,用于监控设计的准确性。断言将大大减少调试时间和工作量。断言本质上在仿真期间起早期警告作用,可以指出可能会直接导致测试失败或通过正常测试无法检测到的故障。在模块接口上设置断言,可以快速识别由行为模型或设计的不当使用(无效的寄存器设置、无效的操作模式等)引起的无效行为。这些断言失败表明问题可能出在测试台上,有助于验证工程师解决测试台中的问题。断言有助于解决设计中的异常行为问题。设计断言,通过分析它们指出的不正确功能,可以定位故障的根本原因。例如,约束随机仿真可以发现设计角的设计问题,诸如 FIFO 操作的溢出和下溢问题,而这些问题通常不是定向测试的目标。对 FIFO 接口信号的简单断言,例如检测同时进行的读写操作、读操作超过写操作的次数等,将有助于在测试期间找到实际故障的根本原因,而无需进行冗长的调试会话。断言更大的优势是:通过保留设计意图,断言使设计和验证测试台具有可重用性,超越设计和验证所有者的限制。

7.13　验证重用和验证知识产权

与可重复使用的设计模块一样,验证模块也可以在 SoC 设计的多个版本中重复使用。由于 SoC 中包含多个接口协议模块,例如一些 SoC 具有多个 USB 核、多个 SPI 核和多个 UART 核,相应的测试模块可以在测试台中重复使用。总线接口模块和测试台中的接口核甚至可以用于验证具有相同功能的多个 SoC。这样可以缩短上市时间,弥补设计生产力差距。由于 SoC 功能变得越来越复杂,要求集成核心符合许多标准且保证互操作性,因此,过去几十年来通常将开发的模块作为参考模型,以确保符合标准规范。这些模块称为验证知识产权(VIP)。这些 VIP 已经过预先验证或认证,确保符合标准或协议规范。可以从 IP 开发商那里获得授权或按版税购买这些 VIP。将这些 VIP 作为标准 IP 集成到测试环境中,SoC 会根据 VIP 进行测试,证明其合规性和互操作性。重复使用VIP是SoC验证的常见做法。

7.14　通用验证方法学

通用验证方法学(UVM)是一种行业标准验证方法,用于定义、重复利用和改善验证环境,降低验证成本。它提供了一些应用程序接口(API),用于在验证环境中使用基类库(base class library,BCL)组件,使它们具有可重用性并且不依赖特定的工具。基于UVM的验证环境足够灵活,适用于各种类型的测试创建、覆盖分析和重复使用。UVM标准化增强了互操作性,降低了为采用新型SoC设计或验证工具重新购买和重写知识产权(IP)的开销,使重复利用验证组件更加容易。总体而言,UVM标准化将降低整个行业的验证成本,提高设计质量。更重要的是,UVM可以使用SystemVerilog实现,这是复杂SoC设计验证中最常用的语言。

7.15　错误和调试

错误(bug)是系统中的缺陷。SoC设计的质量直接取决于其中隐藏的错误或漏洞。如前所述,在更高层级的设计或开发阶段(例如RTL设计阶段、物理设计阶段、布局阶段、芯片设计阶段、板级设计阶段、系统开发阶段、现场系统开发阶段)进行测试的成本,至少是较低层级设计或开发阶段测试成本的十倍。在设计/开发的早期阶段发现错误或漏洞是明智的。错误是特定场景下的不良状态或条件,可能是暂时的,也可能是永久的,可能有多种原因。主要的原因是设计人员无法准确把握需求(参见有关需求解释问题的秋千示例,如图7.20所示)。许多隐含的、未明确说明的要求也可能导致错误。验证人员对系统需求的理解存在偏差,或者为整个用例场景创建测试用例的能力不足时,也可能产生设计错误。这种情况也可能由设计阶段进行设计转换的人为错误和工具错误导致。在设计和开发阶段或现场使用阶段,必须正式记录和管理错误,以确保问题得到解决且不再出现。

“解决问题本身是一门被低估的艺术”

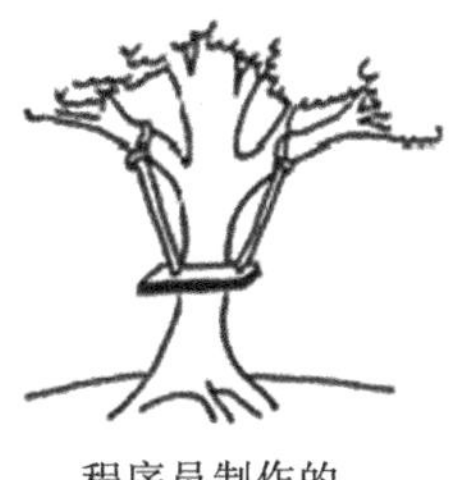

项目发起人提出的

项目要求中指定的

高级分析师设计的

程序员制作的　　在用户现场安装的　　用户真正想要的

图 7.20　需求解释与沟通障碍(秋千示例)

7.16　错误跟踪工作流程

正式的错误跟踪在设计/开发周期中非常重要,用于确保正确理解错误,必要时可以使用设计修复来关闭。由于系统具有复杂性且由多个设计和开发团队参与,因此需要使用错误跟踪工具。工具允许对错误解决进行正式跟踪。错误跟踪工具能够记录问题,将其指派给相应的设计负责人,跟踪修复状态,并通过重新验证确认问题已解决。常见的错误跟踪工具有 Stryka、Jira、Mantis 和 Bugzilla。这些工具可以定义定制的工作流程,为设计团队提供在工具上记录、查看、分配、解决和关闭问题的不同访问权限。一些设计公司还用它们来评估设计人员和验证人员的工作质量。错误跟踪工作流程如图7.21所示。

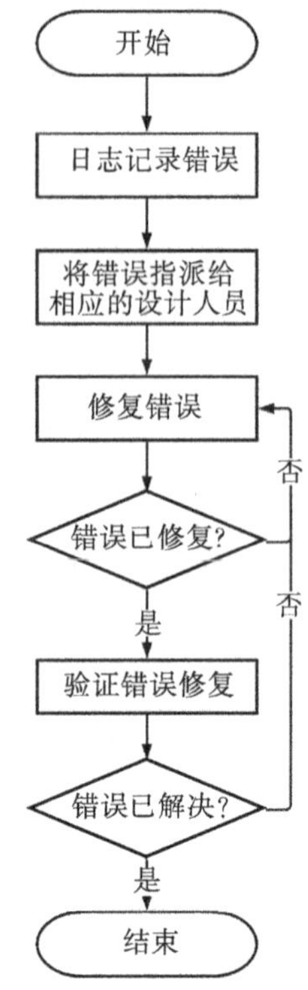

图 7.21 错误跟踪工作流程

7.17 形式验证

从概念上看,形式验证过程是检查 SoC 设计对所有可能的输入值的响应,以实现 100%的覆盖。受人员限制和计算资源限制,耗费大量时间来彻底验证当今复杂的 SoC 设计几乎是不可能的。因此,形式验证通常不会在 SoC 设计方法中使用。但形式验证概念用于检查设计在设计周期中经历的转换,以补充对 SoC 的仿真验证。这被称为等价性检查。当设计从 RTL 转换为网表时,执行等价性检查,比较网表和 RTL 的虚拟合成网表,以验证其等价性。RTL 设计被称为黄金参考设计(与网表相比)。在设计过程中,如综合、布局和布线阶段(物理设计流程),网表被写成文件,并与 RTL 设计进行比较,以验证设计意图是否在转换过程中得以保持。常见的等价性检查器有

conformal LEC、formality、时序逻辑等价性检查(sequential logic equivalence check,SLEC)和 ESP。

7.18　现场可编程门阵列验证

确保 SoC 设计首次成功对于树立设计在制造后能够正常工作的信心至关重要。如果能够在更接近硬件的设计阶段进行测试,这就有可能实现。FPGA 平台为验证提供了这样的环境。虽然这些平台正在演变,以适应大多数复杂的系统,但由于端口列表有限、FPGA 上的内存容量有限或存在明显的速度限制,所以不是每个 SoC 都可以直接移植到这些设备上。因此,FPGA 验证在功能验证方法学中一般被用于功能关键模块或性能关键模块。目前,主要 FPGA 厂商如 Xilinx 和 Altera 的开发板都可用于验证。在设计/开发阶段进行 FPGA 验证的另一个重要优势是:如果大部分关键硬件可以被移植到 FPGA 上,与板载组件配合使用,开发系统就可以用于软件的早期开发,所开发的软件可以在最终的 SoC 上运行。如图 7.22 所示为基于 FPGA 的开发板。

图 7.22　FPGA 开发平台

7.19 开发板验证

为进一步提高对 SoC 设计的信心，设计者可以使用 SoC 中 IP 核的所有独立芯片版本和定制模块的 FPGA 来创建自己的开发平台，并在设计阶段验证接近最终形态的 SoC。这个开发平台也可用于软件早期开发阶段，使软件最终可以集成到 SoC 中。

第 8 章　SoC 物理设计

8.1　VLSI SoC 设计的再收敛模型

超大规模集成电路(VLSI)SoC 设计流程包括将设计转换为不同形式直至流片的各个阶段。这一流程起始于将设计要求或规范文档化，随后转换为作为行为模型的寄存器传输级(RTL)，然后转换为结构形式(门级)的设计网表，最终转换为物理结构的设计版图。SoC 设计流程可以看作具有多重转换的再收敛模型。SoC 在设计过程中的转换如图 8.1 所示。

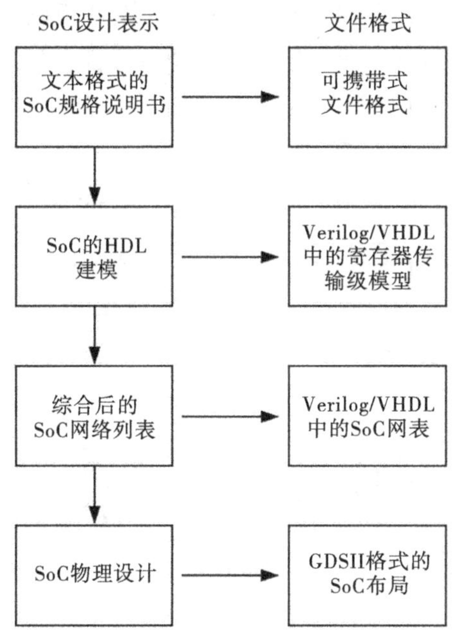

图 8.1　SoC 设计表示

最终的设计数据库将以 GDSII 文件格式的版图设计文件被流片(设计文件将被转移到制造车间进行进一步处理)。设计布局数据库用于生成掩模输入数据。一种先进的软件将复杂的设计布局数据转换为机器可读的命令，供电子束或其他激光设备使用。这些设备可用于生成制造掩模所需的图案。掩模数据库包括与设计结构相对应的掩模图案、用于图案检查的结构，以及在 SoC 制造过程中可直接写入晶圆的计量和数据图案。它包括电子束和掩模校正数据，以校正生成的设计掩模图案和实际转移到掩模上的图案之间的偏差。掩模数据准备是器件制造的第一步。掩模数据用于掩模制作或光罩制作。掩模和光罩的区别在于，掩模用于将图案转移到整个晶圆上，而光罩则将图案转移到晶圆的局部，需要通过重复曝光覆盖整个晶圆。掩模和光罩用于对晶圆进行选择性加工的不同制造工艺阶段。CMOS 器件制造工艺包括化学气相沉积（chemical vapor deposition，CVD）、离子注入、刻蚀和物理气相沉积（physical vapor deposition，PVD）。本章最后一节将对掩模制作进行简要说明。SoC 设计需求被记录在一份规范文件中，称为芯片架构文档，采用硬件描述语言（HDL）如 Verilog/VHDL 或SystemVerilog进行建模。在逻辑综合过程中，这些模型被综合为门级网表，随后进行物理综合，接着通过互连所有设计元件进行布线，并以 GDSII 格式保存为设计版图。设计过程中的转换可以用再收敛模型来解释。设计转换的每个阶段都会提取网表并与原始输入网表模型进行比较，以进行等价性检查，即检查是否保留设计意图。如图 8.2 所示为 SoC 设计的再收敛模型。

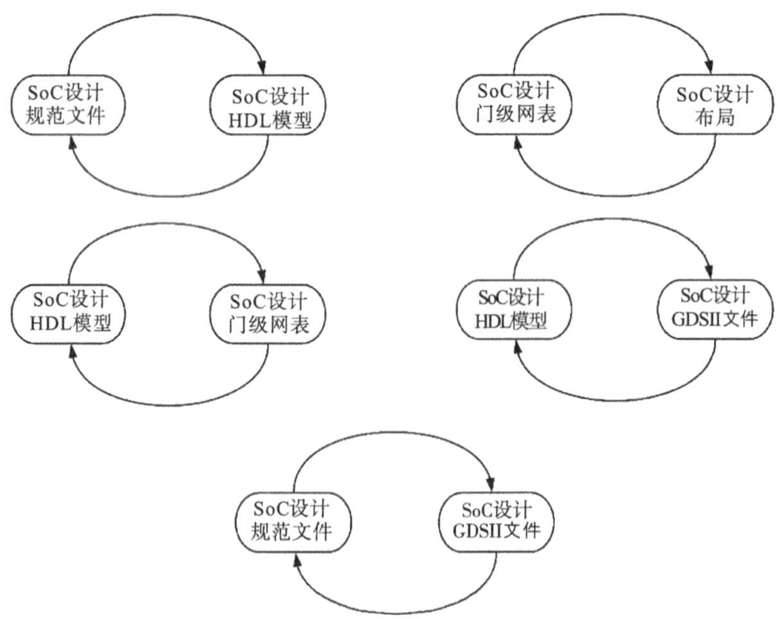

图 8.2　SoC 设计的再收敛模型

8.2 文件格式

在设计转换的各个阶段,设计数据库以不同的文件格式存储。表 8.1 列出了各种文件格式及其相关性。

表 8.1 SoC 设计中用到的不同文件格式

序号	设计阶段	格式	描述
1	需求捕获、市场需求文件、架构文件或 HLD 文件	DOCS、DOC、XLS	从市场需求、标准和特性列表三个方面对芯片架构进行文档化
2	使用 HDL 设计建模	V、VHD	使用 HDL 为 SoC 功能行为建模
3	综合	Verilog/VHDL 文件中的门级文件,包含逻辑门和互连; VG、LIB	SoC 设计通过使用综合工具进行综合,转换为门级网表。综合工具还可以 LIB 格式写出 Liberty 时序文件。Liberty 时序文件是在各种条件下与单元相关联的功耗参数的 ASCII 表示,包含用于计算输入输出路径延迟、时序要求(用于时序检查)和互连延迟的时序模型和数据
4	静态时序分析和信号完整性检查	SPEF	标准寄生交换格式(SPEF)文件是 IEEE 标准格式,以 ASCII 格式表示互连上的寄生数据。这些数据用于静态时序分析工具路径延迟计算和互连数据的信号完整性检查
5	物理设计综合	框架文件、纯物理库、新数据模型库	物理设计工具接受以原生格式表示的新数据模型的设计文件,用于布局和布线。框架文件从版图设计中提取,仅作为物理库,不含时序或逻辑信息,仅含结构、面积和大小信息
6	静态时序分析/动态时序分析	SDF	用于表示时序延迟
7	布局规划和布置、全局布线、时钟树综合	DEF、LEF	设计交换格式文件由布局和布线工具生成,为 DEF 文件,包含芯片尺寸、逻辑连通性以及芯片内物理位置的信息,记录标准单元、模块、布局和布线阻塞、布局约束和电源边界的布局规划信息。LEF 文件提供的技术信息有金属层、通孔层信息和通孔几何规则。LEF 文件包含设计的所有物理信息。DEF 文件与 LEF 文件结合使用,以描述 VLSI 设计的物理布局

续表

序号	设计阶段	格式	描述
8	电源布线	版图文件、LEF、DEF、LIB	
9	详细布线	版图文件、LEF、DEF、LIB	
10	流片	GDSII	用于布局图样数据交换的行业标准数据库文件格式，是一种二进制文件格式，以分层形式表示平面几何形状、文本标签和布局的其他信息。GDSII文件包含与SoC设计相关的所有信息。一旦设计满足时序、信号完整性、功耗分析以及设计规则检查和版图与原理图一致性检查的所有约束，这意味着设计已经准备好流片了。这个GDSII文件将被制造厂用于制作掩模/光罩

8.3　SoC物理设计

SoC物理设计是将SoC设计网表转换为设计版图并以GDSII格式生成设计数据库的过程。物理设计也称为布局和布线的设计。物理设计是一个依赖于EDA工具的计算密集型过程，通常在高性能、高速工作站上进行。在设计规划中需要使用物理设计自动化工具，它们可以在物理层面上的设计探索、布局和优化、时钟树合成、布线、制造合规性和制造签核的查验中发挥作用。这些工具需要在夜间连续运行中，对数百万的晶体管以及电源和时钟馈线进行最优布局和互连。用于布局和布线流程的EDA工具非常复杂。

8.4　棒状图

棒状图是超大规模集成电路设计中物理设计的主要表现形式。数字电路由一组带有颜色的线条及其相对位置表示。棒状图也可以是黑白两色，设计元素不同层中的结构图案用不同的阴影图案表示。

棒状图是通过在简化图中使用彩色层来捕获电路拓扑和工艺信息的一

种方法，是数字电路设计元素符号化布局表示的基础。棒状图的符号和规则如图 8.3 所示。彩色线条表示不同的层，黑白棒状图中用不同的线条图案表示。图中定义了互连方法。

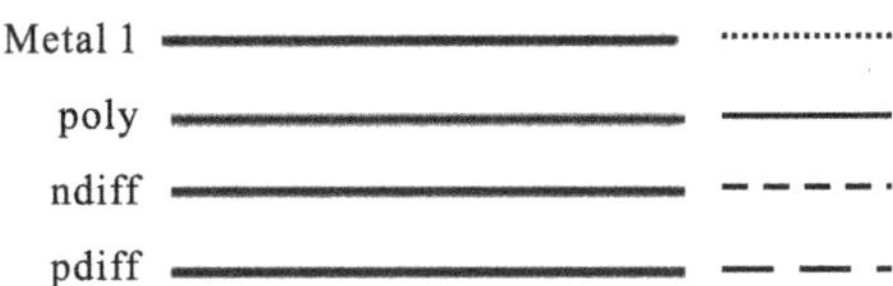

规则1：当两根或多根颜色相同的线条相互接触或交叉时，就形成了一个接触点。

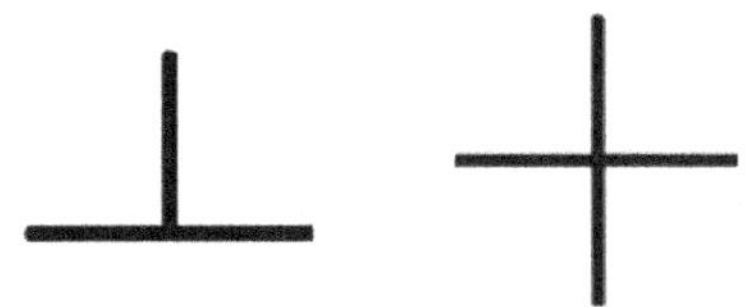

规则2：当两根或多根不同类型的线条交叉或接触时，不形成电接触点。
如果要表示接触点，必须用一个填充的小圆来明确表示。

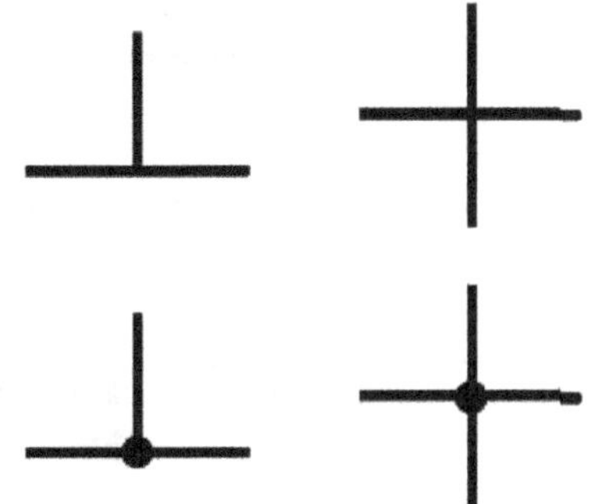

规则3：在CMOS中，为避免p型扩散区与n型扩散区接触，会画一条分界线。
所有的pMOS都必须位于线的一侧，所有的nMOS都必须位于线的另一侧。

图 8.3　棒状图规则

如图 8.4 所示为几个棒状图示例。

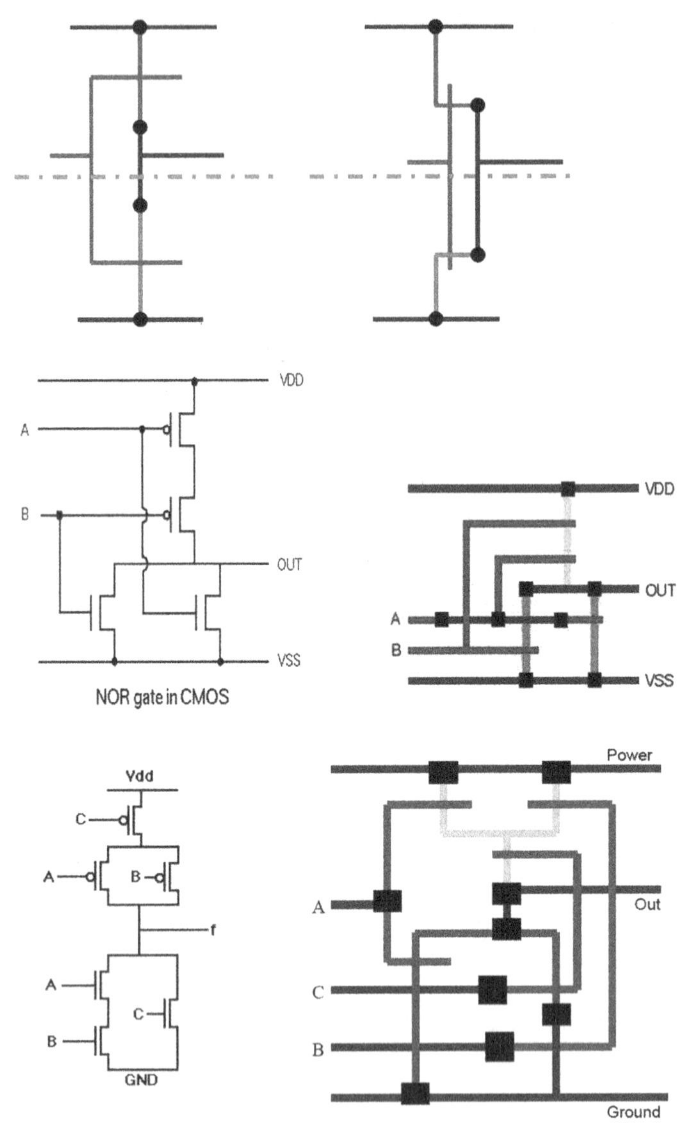

图 8.4 棒状图

如前所述，棒状图包含电路器件结构及其相对位置和设计元素的互连信息，但不包含精确的坐标。SoC 物理设计版图数据库包含器件结构、芯片布局内的放置坐标、跨层的通孔和器件互连的完整信息。设计版图过程中生成的掩模数据用于制造 VLSI 器件制备所需的掩模或光罩。制造过程中，掩模或光罩用于在不同的工艺中暴露芯片版图的不同部分。掩模用于将设计数据转移到光罩上。光罩用于将设计结构转移到硅片上，支持在硅片上进行分步重复操作以实现批量生产。在 IC 制造过程中的许多工艺，如物理气相沉积、化学气相沉积、扩散、刻蚀、离子注入和金属化，都会使用掩模或光罩。

SoC 物理设计过程中，SoC 设计网表被转换为 SoC 版图，如图 8.5 所示。

完整的 SoC 设计转换过程如图 8.6 所示。

详细的物理设计流程如图 8.7 所示。

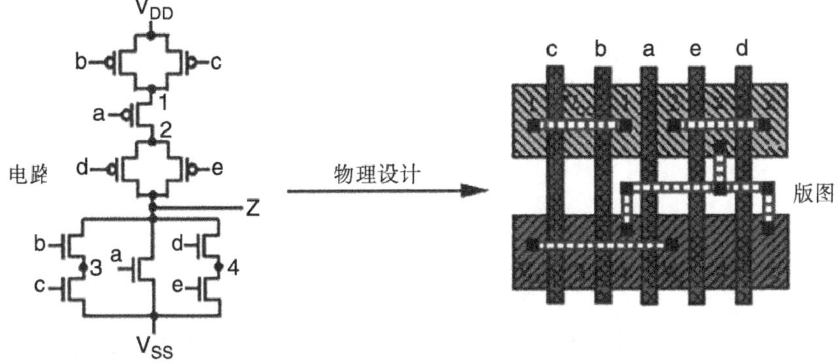

图 8.5 电路表示和版图表示

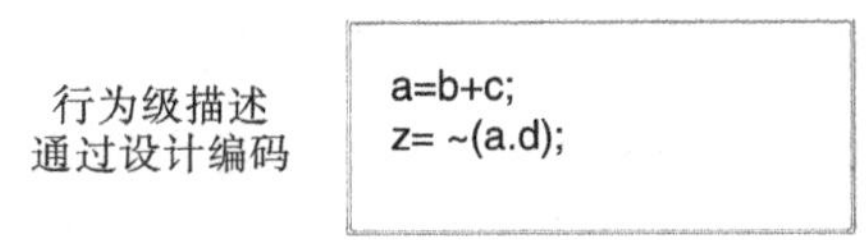

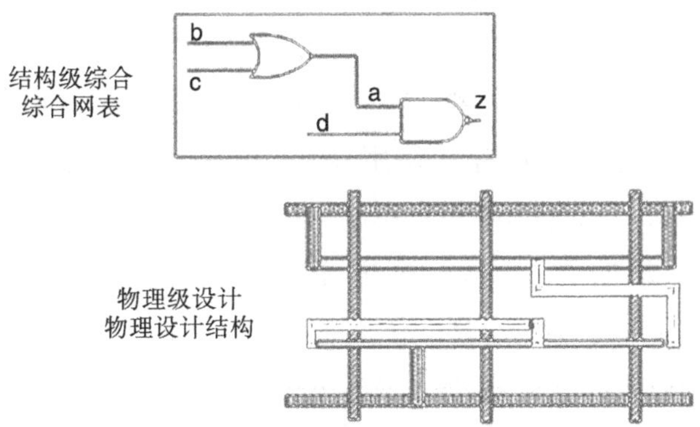

图 8.6 SoC 设计转换

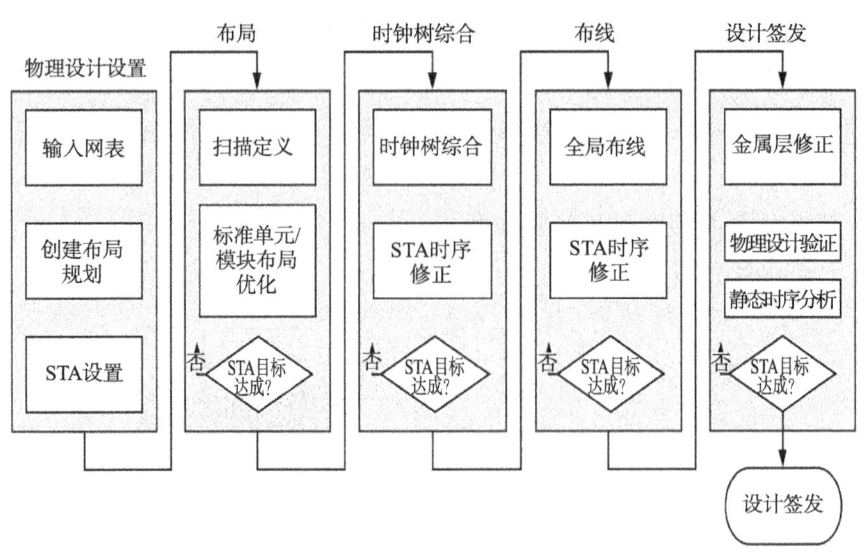

图 8.7 物理设计流程

在 SoC 物理设计过程中,需要考虑制造过程的材料影响、工艺影响和电气影响,以确保制造出功能可靠的器件。例如,金属的电迁移效应、耦合电容、电感效应、串扰效应和 IR 效应等问题须在这个阶段被解决。同时,设计验证和分析工作也会充分考虑这些效应。例如,考虑到互连的影响,必须进行时序分析和违规修复,同时提供电气 IR 和天线效应的修正措施,以识别工艺效应的问题。物理设计验证(physical design verification,PDV)是物理设计中的一项重要活动,将在下一章中详细讨论。多年来,这个流程经过定义、优化和不断检验,已成为物理设计过程中的标准流程。物理设计工具或 P&R 工具由布局模块、布线模块、CTS 模块、优化和提取器模块组成,这些模块使用最先进的算法,结合使用分析模块提供符合期望结果的版图。

物理 SoC 设计版图中最常用的术语定义如下:

①轨道:轨道是一个虚拟通道,P&R 工具通过该通道在 SoC 设计中进行信号布线。每个金属层都在优选和非优选方向上定义了轨道,由布线模块使用。布线器进行信号布线时,假设信号轨道位于金属件的中心。

②行:这是为设计中的标准单元布局定义的区域。行高基于设计中使用的标准单元的高度。根据所使用的标准单元的类型,设计中可能存在不同高度的行。

③指南：模块指南是设计中对逻辑模块结构进行定位的辅助工具。该指南是一种软约束。部分逻辑模块逻辑可以放置在指南区域外，而其他逻辑模块逻辑可以放置在指南区域内。

④区域：区域是设计中的硬约束，模块的设计在区域的物理边界内是独立的。外部模块的某些逻辑可以被放置在区域边界内。

⑤隔离区：这是一个硬约束，指定只有设计模块可以布局在隔离区的物理边界内。任何外部模块逻辑均不得放置在隔离区边界内。

⑥光环：光环或障碍物是为宏边界处的标准单元定义的布局阻塞。

⑦布线阻塞：布线阻塞是指在定义区域内对金属布线的阻塞。它们是设计版图边界中的硬阻塞，任何设计元素都不能在此区域内放置或布线。

⑧局部阻塞：这是一种针对标准单元放置的多孔阻塞指南，对于检查布局密度非常有帮助，可以避免在设计后期出现拥塞问题。例如，如果设计师在一个区域内布局了40％的局部阻塞，则该版图平面区域的放置密度被限制为最高60％。

⑨缓冲阻塞/软阻塞：这是一种布局阻塞，在优化或合法化时只能布局缓冲单元。在布局过程中，不允许在指定区域布局其他标准单元，但可以在该区域内对某些单元进行合法化和优化。

生成设计版图的物理设计过程非常复杂，可以从五个方面进行研究：物理设计设置、布局、CTS、布线和设计签核。在设计设置阶段，导入SoC设计网表，并在分区后进行布局规划。

- 物理设计期间的设计设置涉及以下内容：
  - 通过布线对设计进行适当分区，以便于其放置和互连。
  - 布局规划。
  - 根据设计要求设置静态时序分析的设计环境，根据静态时序分析工具提供可执行脚本。
- 布局阶段涉及以下内容：
  - 定义扫描单元。
  - 标准单元、模块/块、宏和输入输出(IO)单元的布局。
  - 电源及接地分配网络的规划和布线。
  - 重新排列扫描单元。

  - 修正静态时序分析报告的违规设计。
- 物理设计的时钟树综合(CTS)阶段涉及以下内容:
  - 综合合适的时钟树。
  - 修正由时钟树插入导致的设计时序违例。
- 物理设计的布线阶段涉及以下内容:
  - 全局布线设计元素的互连。这一步称为全局布线,可为互连创建布线通道。
  - 修正天线效应引起的设计违例;插入备用单元、填充单元和角落单元。
  - 在设计中布设实际的互连。这一步称为详细布线。
  - 互连布线后优化设计布局。这一步称为布局后优化。
  - 针对后期发现的设计问题执行电子变更单(electronic change order,ECO)流程。这些问题可能是功能性问题或时序问题。这一步可以使用插入的备用单元或进行替代互连的布线。
  - 修复由布线、电子变更单(ECO)修复导致的时序违例。
- 设计签核阶段涉及以下内容:
  - 修复金属互连中的布线问题。
  - 验证SoC设计是否符合原始意图,这一过程可能因P & R设计过程而受到影响。这一步称为物理设计验证,包括以下内容:
    - 最终解决STA问题。
    - 检查设计是否符合电气规则并解决所有违规问题。这一阶段称为电气规则检查(electrical rule check,ERC)阶段。
    - 检查工艺设计规则并修正设计中的所有违规行为。这一阶段称为设计规则检查(design rule check,DRC)阶段。
    - 检查天线和互连电阻规则,并修正所有违规行为(如果有)。

8.5 物理设计设置和布局规划

物理设计(physical design,PD)首先检查PD的所有输入,包括设计网表、设计时序、功耗和物理约束以及技术库。当为物理设计发布设计输入时,根据指定的所有约束条件对设计数据库进行分析。SoC设计具有不同的组成部分，如以宏或独立实体的形式存在的模拟核心和数字核心存储器。如有需要，可以根据布局要求再次进行分区。物理设计的设计分区主要考虑的是，使用相同电源（相同的电源域）的设计模块，以及与接口模块和具有共同设计规则的模块的接近程度。宏单元的放置需要特别注意防护带（阻塞）以及与交互模块的可达性。所有模拟模块都被布局在一起，以便为它们提供公共电源和地线，并且在隔离和负载方面遵循相关设计指南。片上存储器宏集中布局，以方便多个模块访问。外部存储器控制器（如 DDR 控制器）被布局在靠近输入输出接口的版图边界附近，以便于连接输入输出。

设计中的每个分区都是一个网表，设计师可以使用 P&R 工具来布局。硬宏在设计中保持原样。在布局规划期间划分设计网表主要考虑以下因素：

- 在不影响整体设计功能的情况下，将设计网表分解为子模块的更小的网表。
- 每个设计模块以最小的互连长度连接到其他模块，确保交互模块被放置在邻近位置。
- 当时序路径穿越多个模块，保持电路路径的最小延时，以满足设计元素的时序要求。例如，交互模块接口的输入输出延迟必须尽可能小。
- 尽量减少连接各模块的信号数量，以确保不超过设定的最大信号数量。
- 对设计进行分区时，应使子模块面积接近。子模块的预估面积必须在工艺技术规定的范围内。虽然采用大量小尺寸子模块可简化物理设计，但会增加制造成本。

SoC 设计需要在物理设计复杂性和制造成本之间找到平衡点。对网表中时序关键部分手动分区，其他部分则利用工具自动处理。该设计工具使用迭代概率算法将网表划分为更小的模块。根据 PPA 的成本目标对设计分区进行评估，并不断改进，直到分区达到物理设计工具和设计师可处理的程度。在该工具中运行的分区算法必须足够快，用时只占整个物理设计时间的一小部分。在设计分区中使用的术语包括端口间距和端口计数。端口间距是设计模块的两个连续端口之间的最小间距，取决于目标技术的设计规则。端口计数是分区模块的周长与其端口间距的比值。连接一个分区与其他分区的信号网络的数量不应超过该分区的端口计数。在分区期间，关键组件将被布局在相同的分区层次结构中。如果无法实现，必须给工具一个合适的物理约束以使其紧密布局。用于分区的约束包括面积约束和端口约束。分区算法的成本函数由跨分区边界的接口信号数量以及信号穿越分区边界的次数组成。如图 8.8 所示为设计分区示例。

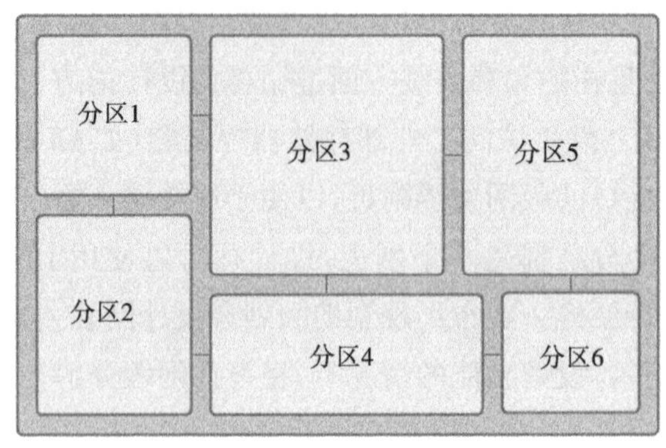

图 8.8 设计分区示例

SoC 物理设计可分为接口限制型和核心限制型。如果接口数量太多，则是接口限制型。如果接口太少，并且接口之间有空间，则是核心限制型。物理设计工具中的芯片规划模块将 SoC 网表分解为若干分区。这些分区由物理设计工具的布局模块在适当的约束下进行管理，有助于实现设计网表各个分区之间接口信号的最小化。通常，自动规划器需要获取 SoC 设计中的面积利用率、子模块的平均纵横比和实例数量等信息。

面积利用率是可用于规划设计结构的面积与芯片尺寸估计值的比值（以百分比表示），纵横比是芯片高度与芯片宽度的比值，而实例数量指的是 SoC 网表中的分区数量。分区工具还将重新构造设计网表，以便在不破坏功能的情况下对网表进行结构化分区。设计分区完成后，P&R 工具的规划器模块可以输出网表。该网表需要与输入的综合网表进行等价性检查，以确保功能不受影响。图 8.9 展示了 SoC 的布局示例，该系统包括模拟模块、DDR 控制器、通用片上存储器以及带有处理器外围子系统核心的数字核心等组件。

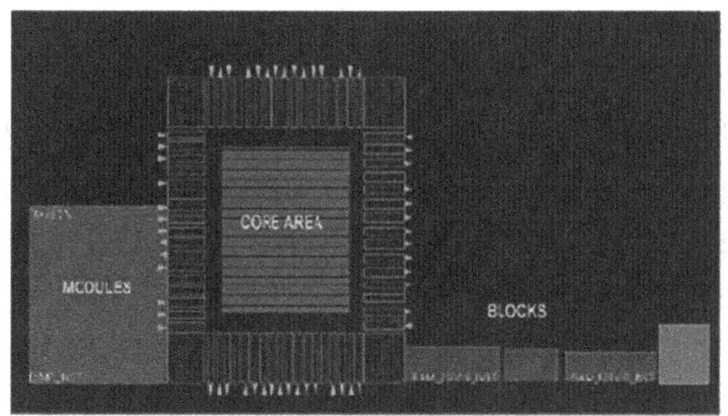

图 8.9　布局规划的界面

8.6　布局规划

SoC 的布局规划是物理设计的一个重要阶段，软宏（网表阶段）和硬宏的功能设计模块的位置、大小和形状都是在该阶段确定的。如果设计是模拟、定制或混合模式的，布局规划还可能涵盖行创建、I/O 接口或引脚布局、凸点分配（倒装芯片）、总线规划、电源规划等工作。

布局规划包括根据准备好的初步平面图来放置模块、模组和子模块。如今的 EDA 工具提供 VLSI 布局规划器，通过对以前的设计流程进行时序分析，基于人工智能算法指导布局规划。下面的流程描述了最常见的布局规划顺序：

- 对 SoC 芯片尺寸进行估计，以确定 SoC 的近似布局布线边界。可以通过两种方式实现：一种方式是列出设计中所有的单元和模块，使用综合工具提供的估计面积，结合库中给出的单位面积，得出版图上总单元面积的估计值，再加上近似的布线估计（通常是逻辑单元面积的 30%～35%），可以得到总的芯片尺寸。获得芯片尺寸的另一种方式是将设计导入布局布线（P&R）工具，通过反复试验确定合适的边界，或使用 EDA 物理设计工具中的规划器模块来获得最佳平面布局。
- 对设计网表中的标准单元、分区块、宏和输入输出单元进行布局。
- 用布局布线（P&R）工具完成最初的布局规划。这为如何在布局布线（P&R）边界内合理放置模块、确定其方向以及在芯片区域内进行分组提供了良好的指示。重复这一步骤，以确保布局规划中设计元素的位置正确，避免重叠和拥塞。

- 设计元素被初步放置后，可以进行试放置或虚拟布线，以查看它们之间是否存在任何重叠或设计拥塞。可以选择在块级、模块级或芯片级调整核心区域的大小，以适配这些元素。这是物理设计师用来完成最终布局规划的指导方针。
- 用工具的布局器模块布局所有其他逻辑元件，如设计封装器、电源和接地单元。
- 有时，设计层次结构和宏的关键设计模块的布局规划是单独生成的。通过迭代优化，逐步确定预估的芯片尺寸、设计模块的位置和方向、对齐方式和布局密度以及最佳尺寸。
- 随着物理设计的推进，从这一阶段开始的每一阶段都要进行静态时序分析(STA)。从这一阶段开始，对提取的网表进行静态时序分析(STA)，并在每一步中考虑提取的物理和时序约束。设计中的任何违规都需要修正。
- 在此阶段执行将电源分配到所有单元的计划。

8.7 SoC 电源规划

SoC 设计的布局规划还包括电源规划。要为所有设计元件(标准单元、宏和输入输出板)供电，必须规划电源网格。电源网格沿版图上预先确定的保留路径(称为通道)分布，确保设计元素能够从最近的网格节点获取电源。电源网格应保证各个设计元素供电均匀。电源网格由环、条和轨道组成。环在芯片周围传送电源(VDD 和 GND)信号。条形结构将 VDD 和 GND 信号从环形结构连接到轨道，轨道则将 VDD 和 GND 信号连接到标准单元，如图 8.10 所示。

如果 SoC 设计需要多路电源，则需要规划多个电源网格。电源规格的确定须非常谨慎，因为它是 SoC 的“生命线”，每一步中都会对其进行验证，以确保每个设计元素在设计元素相互连接之前都得到良好的供电。

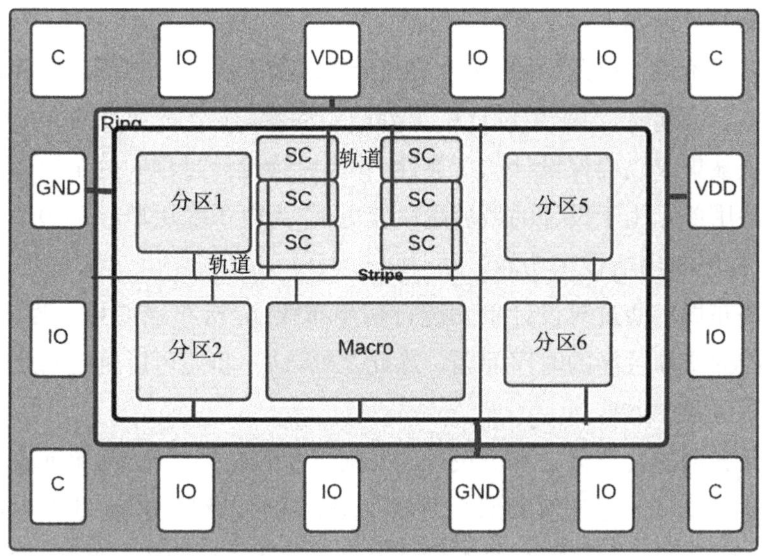

图 8.10　电源网格平面图

8.8　SoC 设计的两步综合

布局规划完成后输出设计网表和约束条件。设计网表用于逻辑等价性检查，以综合网表作为参考网表，确保布局规划过程没有影响设计功能。任何不等价的情况都必须被纠正，以便保留设计的预期功能。

在两步综合过程中，带有平面布局信息的设计约束用于重新综合设计，有助于实现 SoC 设计的 PPA 目标。新综合的网表用于重复布局规划。

8.9　布局

如果布局规划在设计元素之间最佳互连的可行性方面达到最佳，那么这个布局就可以最终确定下来。在此阶段，标准单元被布局在平面布局过程中创建的行中，输入输出单元被放置在设计版图的输入输出站点或输入输出区域内。为了确定较大模块或宏的正确方向，会使用飞线。飞线可展示宏单元或设计组件与 SoC 设计中其余逻辑的连接，使通过迭代方式将互连放置在与其相连的模块附近以查找并优化互连变得更加容易。

布局的步骤如下：

预布局阶段　在此阶段，缓冲器和天线二极管会被添加到宏级和块级输入输出端口。同时，为避免设计中出现闩锁问题，还会添加抽头单元。备用单元也会被集成以确保设计的可靠性，并为后续设计过程中的金属修正做好准备。备用单元用于设计的最后阶段变更，作为电子变更单(ECO)流程的一部分，以修复时序或校正功能。

粗略布局　通过对设计单元进行初步布线，分析布线的可行性，以识别设计中的拥塞和可能的时序问题。除此之外，这一步还可以确定每个设计单元的合适位置和方向。

单元布局的合法化　考虑设计的几何形状和布局规则，对单元进行正确定位。这一步可能会违反设计时序路径，需要加以纠正。此过程为迭代过程，会对布局进行增量优化，直到设计完全放置在布局的核心区域，而不违反时序或设计规则。

高扇出线网综合　对 SoC 设计中时钟和复位信号之外的高扇出线网(high fanout net，HFN)进行综合。在基于处理器的子系统设计中，控制信号如芯片使能、读使能和写使能就是 HFN 的示例。HFN 信号可以驱动大量负载单元。在工艺技术方面，输出网络可以驱动的负载单元数量有限。如果某个信号超过此限制，就称其为 HFN。此步骤中的工具在布线时自动在这些信号的路径中添加缓冲器。设计人员可以在约束中将 HFN 声明为“不接触”信号，这样工具就不会对这些信号进行自动缓冲。但是，有必要手动为 HFN 添加缓冲器，以避免功能故障。SoC 设计中的时钟信号也是 HFN。但是，它是在时钟树综合中单独综合的，因为它是影响设计时序的关键信号。为了实现这一点，时钟信号必须声明为“空闲”，以防被视为 HFN。如果时钟信号被声明为“空闲”，它将不会被视为 HFN，其互连路径上也不会添加缓冲器。

位置优化　所有布局的单元都将根据它们的位置进行逐步调整，以避免进一步的违规。这一步会对每个设计组件进行拥塞分析。在布局优化过程中，已定义的阻塞区域用于阻塞分析。布局阻塞分为硬阻塞和软阻塞。硬阻塞是设计核心区中禁止布局标准单元的区域。软阻塞只能放置一定数量的标准单元或特定类型的标准单元，具体取决于工艺技术。布局标准单元的区域周围也可以被阻塞，以防进一步布局标准单元，造成布局拥塞。

扫描链重新排序　综合的设计网表通常会连接扫描触发器。在布局过程中，扫描链连接顺序会受到显著干扰，有时连接路径会变得很长。因此，在布局后需要对扫描链重新排序。布局后的扫描链重新排序可优化 SoC 设计中的扫描链长度，以保证可布局性。扫描链重新排序还有助于通过缩短互连长度来减少拥塞，从而减少其路径上的重复器级数。

布局和优化　物理设计（PD）工具具有自动布局和调整功能模块大小等功能，可用于保持相对布局不变。物理设计（PD）工具用于在不干扰互连的情况下对设计模块进行安装试验，布局和调整设计模块的方向，甚至调整设计模块的尺寸，以达到最佳芯片尺寸。这一步会对拥塞进行初步的设计分析。P&R 工具支持两种类型的设计布局：拥塞驱动的布局和时序驱动的布局。在拥塞驱动的布局中，逻辑布局过程中允许一定程度的布线拥挤，以换取略微增加的互连长度和整体硅面积。在时序驱动的布局中，工具试图为设计实现最佳时序。此过程中可能会出现需要解决的拥塞问题。在布局阶段进行的主要活动如下：

- 特殊单元的布局：这些单元被称为备用单元（这是在后制程验证中为修复发现的小问题而添加的一组额外的逻辑单元，包括各种类型的单元）、端盖单元、去盖单元和靠近输入输出的 JTAG 单元。
- 扫描链重新排序。
- 拥塞驱动或时序驱动的布局和优化。
- 高扇出线网（HFN）综合：HFN 是像复位和芯片使能这样的信号，需要驱动大负载或具有高扇出。这些信号要用额外的缓冲器或高驱动强度的单元来处理，以便正确地驱动负载。
- 配电网络（power distribution network，PDN）的生成：通过确保所有设计元件都获得正常供电，可以生成 PDN。PDN 通常由电源环、角单元、电源轨和条带组成，连接到设计元件的电源引脚。

8.10　物理设计约束

SoC 设计布局的尺寸最初是通过将设计网表导入布局布线(P&R)工具来计算的。初步估计逻辑核尺寸时,标准单元和硬宏被视为等效。然而,可以通过单独权衡标准单元密度和硬宏密度来确定对象的堆积密度。

$$\text{标准单元密度核心尺寸}=\frac{\text{标准单元面积}}{\text{单元利用率}}+\text{宏面积}+\text{光环面积}$$

对于隔离区,可使用有效利用率(effective utilization,EU)来衡量。有效利用率的值考虑了隔离区的实际单元和硬宏、布局或布线阻塞、分区切割和其他布局约束。在进行布局前确定合理的有效利用率是一个很好的做法。当设计达到最佳尺寸时,设计布局就完成了。作为一种良好的实践,应手动放置硬宏,对其进行定位和定向,以获得最佳的核心尺寸。设计布局后的效果如图 8.11 所示。如图所示,模块按图示方向和位置布局在核心区域。执行静态时序分析(STA),如果没有发现违规情况,则认为设计已准备好进入下一阶段,即时钟树综合。

图 8.11　布局完成的 SoC 设计

8.11　时钟树综合

时钟树综合(CTS)是 SoC 物理设计中的一个重要步骤。芯片功耗的30%～40%由时钟电路的动态功耗引起。良好的时钟架构结合时钟门控和时钟树的实现,可以降低功耗,提升设计性能。产生的时钟信号并不都是理想的,信号时间总会存在不确定性和变化。时钟的不确定性可能由许多原因引起,如时钟生成逻辑、路径中的设备异常、电源变化、互连效应、操作条件的变化、负载变化以及相邻信号引起的耦合效应。尽管存在这些不确定性,但就时钟而言,其他信号(如数据)会满足序列设计元件的建立时间和保持时间要求,以确保正常运行。因此,良好的平衡 CTS 的目标是,在满足时钟树的规则和设计规则检查(DRC)的前提下,通过最小化时钟不确定性,达到设计性能要求。大多数物理设计工具都擅长综合满足指定约束的时钟树,但检查和修复剩余时序违例和设计规则违规时,仍需要人工干预。这是一个迭代的过程。考虑到时钟信号在设计中的重要性,检查设计是否存在时序违规和设计规则违规是至关重要的。此外,还需要对派生时钟进行额外检查,以确定关键时钟转变,大扇出区域、拥塞或密集区域中寄生电容的影响。要检查设计,确保高扇出线网的驱动强度合理,且满足时钟平衡要求。根据为工艺技术设置的默认规则,选择 CTS 体系结构。时钟树的时钟缓冲器和反相器的选择要适当考虑时钟转换、电容负载和扇出值。在进行 CTS 时,了解时钟结构和设计的平衡要求非常重要,可以通过了解时序元件的物理布局实现。这有助于为设计构建最佳时钟树。此外,还有必要了解对屏蔽设计区域的要求、对快速时钟转换的需求、需要最大电容单元的区域以及那些驱动最大负载的区域,从而综合具有适当缓冲器/延迟单元的平衡 CTS。时钟功耗也是选择合适的 CTS 的一个考虑因素,因为时钟网络是设计中功耗最大的部分。CTS 使用在输入和输出时钟信号上具有相等上升和下降时间的时钟缓冲器和反相器单元。如果时钟网络需要模块或区块的边界单元,则添加具有正确缓冲器和时钟引脚的适当边界单元。这些设计细节被恰当地输入 CTS 工具,作为约束条件。边界单元是在边界时钟引脚之后立即插入的固定缓冲器,用于保持设计中引脚的边界条件。边界单元无法移动或调整大小。此外，如图8.12所示，在时钟引脚及其边界单元之间不得插入其他单元。

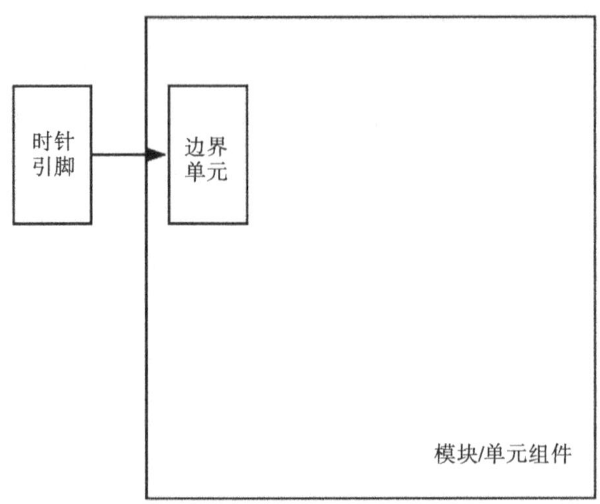

图8.12　边界单元插入以保持边界条件

在SoC设计上运行的时钟树综合(CTS)需要时钟树设计规则约束，其中包含对最大转换时间、时钟偏差、最大电容和最大扇出的限制。如果SoC设计有多个独立的时钟，则需要分别为每个时钟独立构建独立的时钟树。在这种情况下，CTS工具提供选项，以选择性地在特定时钟引脚上阻止时钟树的构建。通过在约束中添加“不触碰子树”等选项，如图8.13所示，可以保持子树的一部分不受影响。

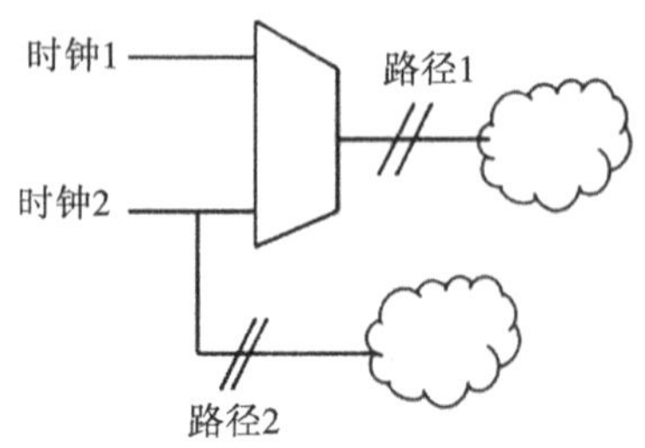

图8.13　不触碰子树

对时钟树综合(CTS)阶段综合的时钟树进行优化，得到平衡树。可以利用布局布线(P&R)工具中的CTS模块，调整单元的大小(改变最佳驱动强度的缓冲单元)，重新定位缓冲单元、门和屏蔽，实现时钟树的优化。设计中的典型时钟树综合(CTS)如图8.14所示。

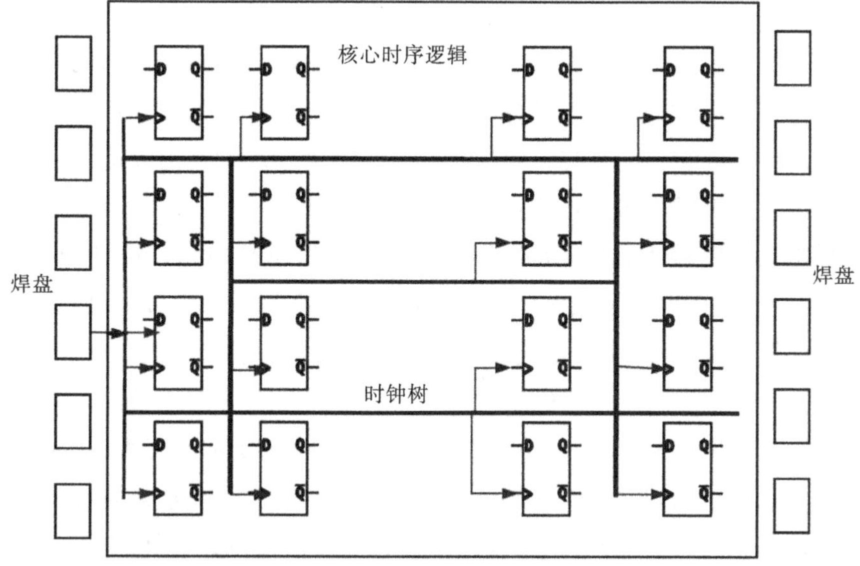

图 8.14 时钟树综合

8.12 布线

时钟树综合(CTS)之后的下一步是通过称为布线的过程连接设计元素，即实现 SoC 设计布局中设计元素的金属互连。在布线步骤中，设计元素的输入输出会按照设计网表连接，并重写为更新后的网表。布局布线(P&R)工具运用高级算法，根据设计网表中的连接关系，用金属线将它们连接起来。布线算法通常基于类似“随机游走”的策略，线路以随机方式从一个网格移动到另一个网格，但方向是特定的。

在 SoC 设计中，布线是在不同的级别上完成的。所有需要手动布线的复杂设计模块都以布线作为设计过程的起点。例如，模拟模块中的布线是模拟物理设计的一部分，需要独立手动进行。手动布线是指计算互连的尺寸(长度和宽度)并使用布局编辑器手动绘制。虽然这一过程看似简单，但随着互连数量的增加，复杂性也会提升，从而导致布线拥塞。因此，金属布线通常在多个层级中进行，线路通过孔穿过这些层。互连的特性由线路的电阻和电容决定，这会导致信号延迟，从而影响 SoC 的时序性能。并行运行的金属互连在 SoC 芯片上长时间运行时会产生串扰(电磁耦合)。为解决这一问题，可以采用屏蔽技术，或保持互连线之间的最小距离。进行物理设计验证是为了分析布线对设计的影响。物理设计验证将在下一章讨论。除信号布线外，电源接地(VDD 和 GND)的布线是通过贯穿整个芯片的通道完成的，可以确保所有设计元件都由最近的电源接地来供电。电源 VDD 和 GND 是从外部电源供电的主要输入，在内部被分配给芯片中的所有单元。设计规模较大时，它们会分布在电源环或电源网格上，如图 8.15 所示。电源和接地环围绕 SoC 设计核心，从该环中引出连接。电源环的金属互连宽度取决于互连的载流能力，由工艺技术和 SoC 核心内部电路决定。当电源馈线被引入单元时，其宽度会缩小以承载足够的电流。此现象称为线宽变细。变细的程度由多种因素共同决定，这些因素被整合进布局规则，用于指导电源的自动布线。在核心内部，交替的电源接地线以网络形式铺设，为逻辑单元供电。

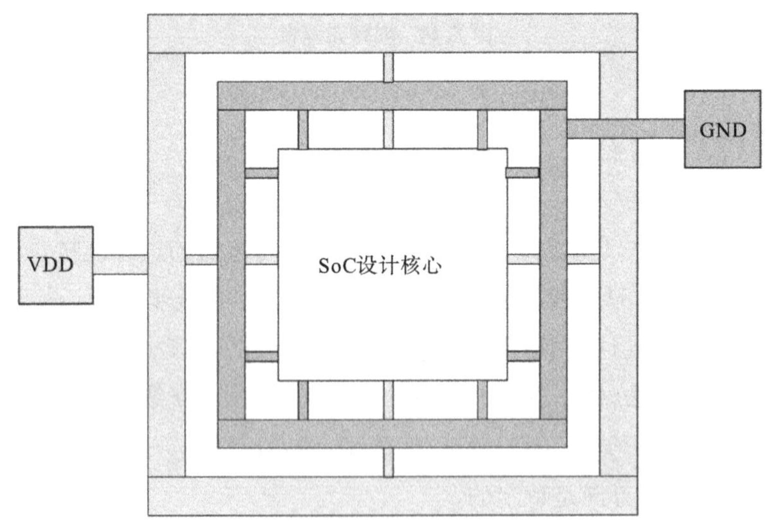

图 8.15 电源地环

一旦关键模块的设计布线完成，它们就会作为库文件被导入，以便在 SoC 级别进行布线。数字模块和顶层集成 SoC 的设计布线由布局布线(P&R)工具自动完成。这些工具具有自动布线复杂 SoC 设计的能力。自动布线器未布线的输入输出信号列表会被写入日志文件，并在布局编辑器中突出显示，供设计人员手动布线。在 SoC 设计中，布线过程分全局布线和详细布线两步进行。在全局布线中,容易布线的设计元素会被连接起来;在详细布线中,工具使用替代路径和工具时间对所有剩余信号(迭代应用增量布线步骤)进行自动布线。当所有信号、电源和时钟布线成功时,SoC 设计布局就完成了。通过设计验证后,就可以进行最终的可制造性测试和流片测试。完成 SoC 物理设计后,即完成布局规划、布局、时钟树综合、全局布线和详细布线后,SoC 设计网表和更新的约束文件会被写入,以便与原始参考设计网表文件进行逻辑等价性检查。在物理设计的每个阶段,逻辑等价性检查(LEC)和静态时序分析(STA)都必须通过,这样才能继续推进 SoC 设计。

8.13　电子变更单实施

即使在设计的最后阶段,为修复 SoC 设计中的功能和时序问题而进行设计更改也是不可避免的,因为设计验证会一直持续到设计流片。当设计处于物理设计的高级阶段时,在寄存器传输级中纳入这些更改是不现实的。关键的设计变更通常在物理设计期间以电子变更单(ECO)的形式实现。ECO 文件是用于修复时序问题或逻辑错误的小型手动网表级修正或综合网表。这些文件通常是手动编写的网表或设计网表中的逻辑修正,其中涉及特定的标准单元和它们之间的联系。ECO 在 SoC 设计中是可接受的,因为它们通常只解决发现的问题,而不会改变 SoC 设计的性能。ECO 文件被导入物理设计工具,并在 SoC 设计上进行增量布局和布线。SoC 设计中的 ECO 实施流程如图 8.16 所示。

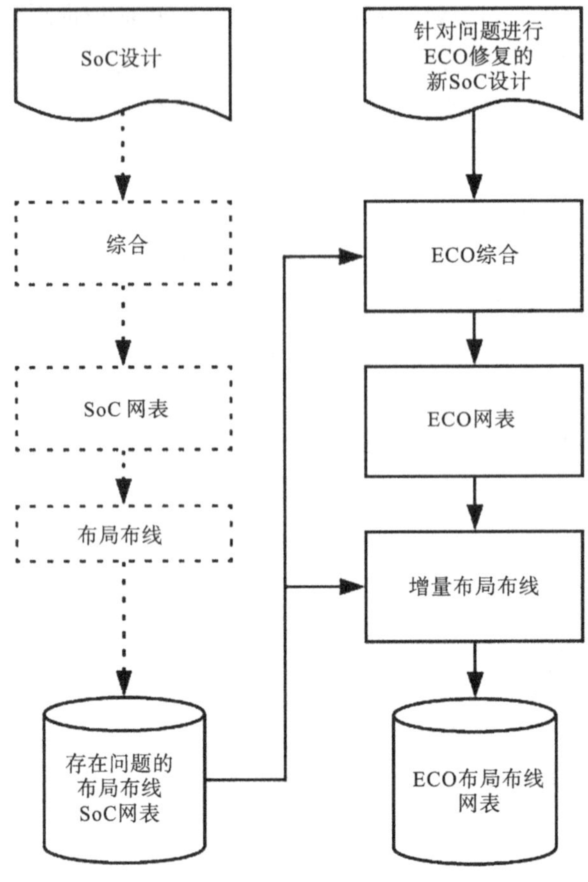

图 8.16 ECO 实施流程

8.14 SoC 的高级物理设计

由于当今的 SoC 要求极低功耗和高性能，因此有必要通过人工干预来密切控制物理设计的自动化过程。这意味着，可以通过调整工具的运行情况获得 SoC 的最佳性能。下面介绍 SoC 设计中采用的一些高级物理设计技术。

8.14.1 低功耗设计

低功耗 SoC 设计是大势所趋。对物理设计过程进行改进或调整，可以实现极低功耗的 SoC 设计。低功耗物理设计(PD)采用电路设计技术、技术库中的特殊单元和布局布线(P&R)工具配置的组合。电源域或电压岛是布局对象,有与之关联的 LIB 和 LEF 文件。将电源域作为布局对象,能够更容易地实现诸如电压电平转换器或功率门等特殊设计元件,以便利用物理约束实现低功耗设计。布局可以实施为多电源单电压或多电源多电压域,以提供不同级别的隔离。通过关闭电源域或以较低的电压(电压缩放)运行电源域,可以降低功耗。电源域关闭是一种在特定的操作模式下关闭整个电源域的技术。这样既节省漏电功率,又节省动态功率。这是因为功能模块中的晶体管与电源线和地线隔离,并且在不运转时被关闭。关闭电源域时,必须使用隔离单元,以便将接口信号驱动到预定的已知状态。在许多情况下,处于关闭模式的设计在整个设计中以单一电压运行(多电源单电压设计),但被关闭的设计部分必须处于不同的电源域。这是必要的,因为该部分必须与系统的其余部分隔离,以便能够独立于核心逻辑的其余部分被关闭。在电源域缩放(也称为电压缩放)中,一个或多个域的工作电压低于其他核心逻辑。电源域缩放可节省动态功耗,并且根据缩放域的库阈值特性,可能还会节省漏电功耗。这些功率门控和电压缩放技术可以单独使用,也可以在设计中联合使用,以实现低功耗。这些技术需要特殊的电源开关单元、片上电源调节器单元和电平转换单元。

8.14.2 先进技术设计

随着替代 CMOS 技术的先进技术的出现,物理设计工具针对这些技术中涉及的制造过程提供了广泛的灵活性。本节介绍对标准 FinFET 技术的支持。与平面金属-氧化物-半导体场效应晶体管(metal-oxide-semiconductor field effect transistor,MOSFET)相比,FinFET 器件是三维结构,如图 8.17 所示。

与 MOSFET 相比,FinFET 器件的栅极包裹在扩散鳍片周围,可以更好地控制通道电流。这也意味着在与平面 MOSFET 技术相同的功耗水平下,FinFET 器件在速度方面更有优势。因此,设计人员可以在相同的功耗水平下实现更快的速度,或者在更低功耗下实现相同的速度。这就要求所有可放置的结构与 FinFET 栅极对准,以便制造这些器件。物理设计工具支持

FinFET 网格，提供鳍片与鳍片之间的间距支持，还会检查与这些网格的对接情况和对象的布局情况。这些工具还可以加载 FinFET 技术网格，以满足目标技术的需求。

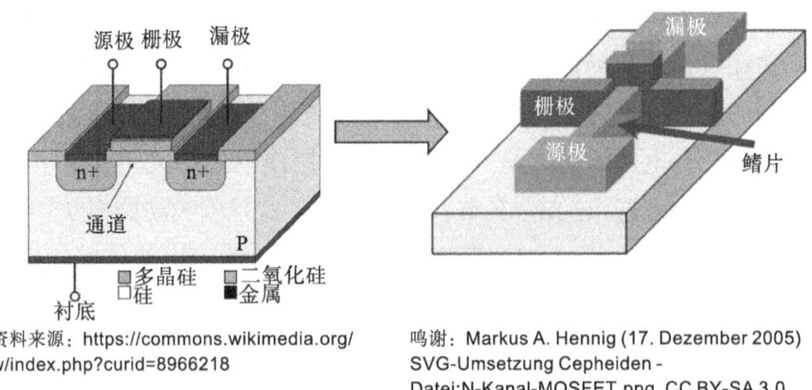

图 8.17　平面 MOSFET 和 FinFET 结构

8.14.3　高性能设计

为实现 SoC 设计中关键数据路线的功耗、面积和时序方面的高性能，对某些设计模块的物理设计需要进行人工干预。这一步可以在布局阶段使用单独的物理设计约束来完成。在这种情况下，自动运行流程被中断，允许人工干预，以便根据更严格的数据路径约束来实现指定性能的设计。设计人员会对布局拥塞问题、对齐问题、方向和定位进行决策。工具借助可执行脚本和适当的命名约定读取并识别数据通路设计元件。首选数据路径布局(preferred data path placement，PDP)中的单元被放置在芯片版图上的单独区域，该区域不考虑自动布局。在物理设计期间，PDP 单元被单独用作可放置对象，允许进行手动调整。PDP 布局的主要优点是它确保了 PDP 的统一布线。PDP 流程如图 8.18 所示。布线完成后，物理设计验证程序在设计交付阶段之前与传统方法保持一致。

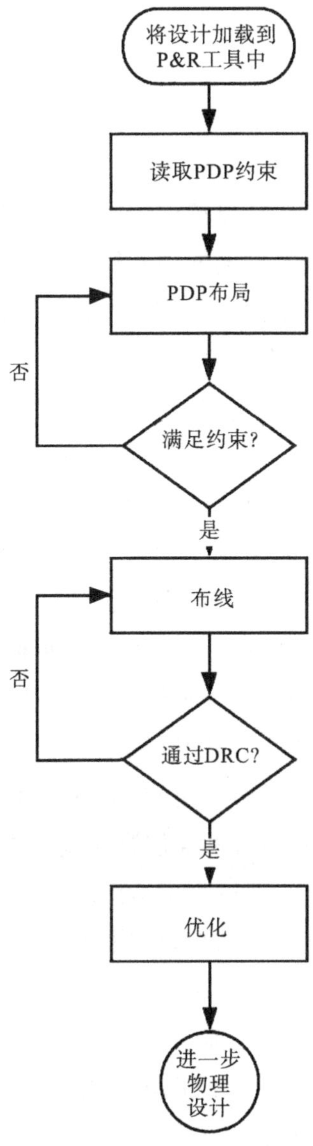

图 8.18　SDP 物理设计流程

8.15　光刻技术与掩模图案

SoC 设计的主要理念取决于在半导体晶圆上创建图案化材料以控制电流流动的可能性，这一过程可利用光刻技术实现。利用光刻技术，EDA 工具生成的与所需功能相对应的布局图案能够被转移到金属结构上，制成掩模或光罩。超大规模集成电路术语中的最小特征尺寸最终取决于在光刻工艺中能够实现的图案分辨率。GDSII 格式的设计输出会转换为 CIF 格式，用于创建掩模或光罩。掩模或光罩上图案的尺寸比芯片上实际所需图案的尺寸大许多倍，这样在加工时可以获得更精细的尺寸。光刻工艺的核心理念是创建透明和不透明区域，以便选择性地处理硅片上的平面区域。掩模上的铬基金属图案会反射光源，形成不透明区域，而其他区域对光源透明，因此这项工艺得名“光刻”。SoC 设计版图中的每一层都将转移到一个单独制作的掩模上。因此，对于单个芯片，根据制造工艺，可能有 8～12 个与各层对应的掩模。光刻的成本极高，通常为 50 万～100 万美元，因为光刻需要在芯片上制造微型结构。芯片制造过程包括在半导体晶圆上涂覆光刻胶材料，并通过掩模将其暴露在紫外线下，使光刻胶发生化学变化，从而溶解在显影剂溶液中。这一过程类似于摄影的过程。通过光刻，图案化的区域被选择性地刻蚀，其余区域被硬化，在芯片上形成硬化图案。光刻胶有两种类型：正性光刻胶和负性光刻胶。使用正性光刻胶时，被紫外线照射的区域在显影剂溶液中溶解，未被照射的区域仍然保持坚硬。使用负性光刻胶时，被照射的区域变硬，未被照射的区域在显影剂溶液中溶解。光刻后，芯片上形成硬化图案层，随后被选择性加工。此过程会根据设计所需层数重复多次。因此，在物理设计过程中，版图中的图案必须遵循制造过程中给出的几何规则。违反这些规则将导致芯片失效。布局工具提供了将这些图案再次转换为原理图的功能。这是版图与原理图一致性检查(layout verse schematic，LVS)所必需的，可以确保所需电路的准确表示。该工具还能从版图中提取电路原理图，其中包含每个电子元件和布线的细节以及每条线路的寄生电阻和电容。提取的寄生 RC 文件(导线电阻 R 和导线电容 C 文件)可用于 SoC 电学行为的验证。EDA 工具中显示的布局结构、掩模图案光刻过程和晶圆上图案化金属区域(作为 IC 制造中选择性处理的示例)如图 8.19 和图 8.20 所示。

若需深入了解具体制造工艺，建议查阅相关书籍。

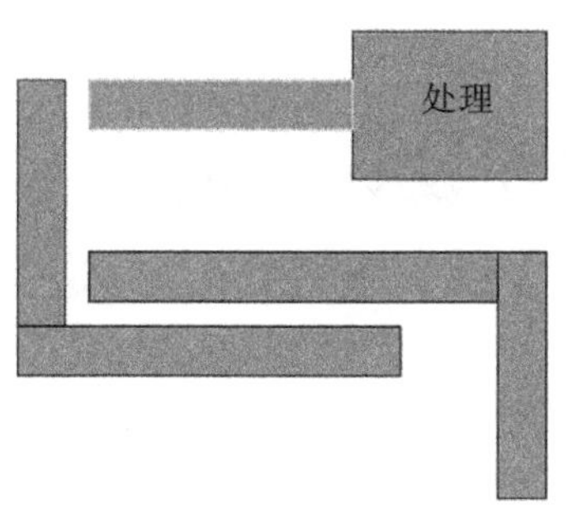

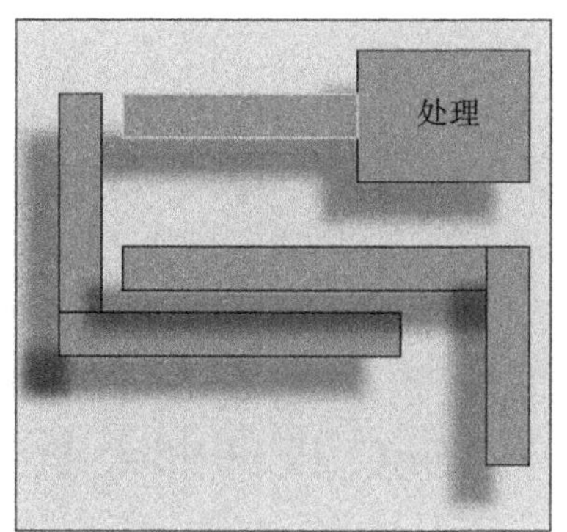

P&R工具环境的设计图案　　掩模或光罩上的设计图案

图 8.19　设计图案转移到掩模上的过程

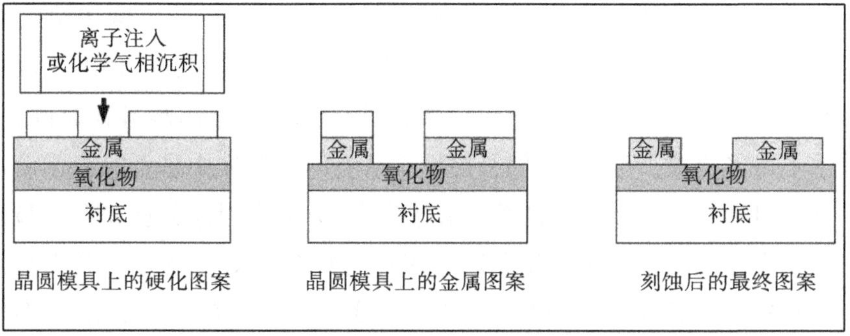

图 8.20　CMOS 制造工艺中的选择性处理

第 9 章　SoC 物理设计验证

9.1　SoC 设计形式验证

在超大规模集成电路 SoC 设计流程的逻辑和物理综合阶段，需要将 SoC 设计从一种文件格式转换为另一种文件格式。这一点在上一章中讨论的再收敛模型中得到了很好的体现。对于复杂度较低的设计，以网表格式调试 SoC 设计是可行的。但对于复杂度较高的设计，要追溯问题的根本原因是非常困难的。另外，对所有场景进行门级设计仿真是非常困难且耗时的，实际上几乎不可能完成。然而，我们必须检查所有设计转换中是否保留了设计意图。这一目标可通过其他设计验证方法实现，如静态时序分析和形式验证方法。我们在前面的章节中讨论了静态时序分析(STA)。本章将形式验证方法纳入物理设计验证的范畴进行讨论。形式验证方法有两种类型：模型检查和等价性检查。

9.2　模型检查

系统建模是一个确定系统属性并将其表示为一组数学方程或仿真参考模型的过程。在 RTL 级仿真中，通过比较系统参考模型和 RTL 设计，对 SoC 设计进行验证。但是，当设计是门级网表格式时，通过仿真来验证它就会变得非常困难。另一种方法是从模型和设计中导出一个共同的数据库，然后对其进行等价性比较。如图 9.1 所示，一台自动售货机贩卖咖啡和茶两种商品，具有不同的机器状态。如果按下"咖啡"按钮并投入 15 卢比，自动售货机将提供咖啡；如果按下"茶"按钮并投入 10 卢比，自动售货机会提供茶。可采用形式化方法，借助逻辑方程，对自动售货机的功能和机器的不同状态进行建模。

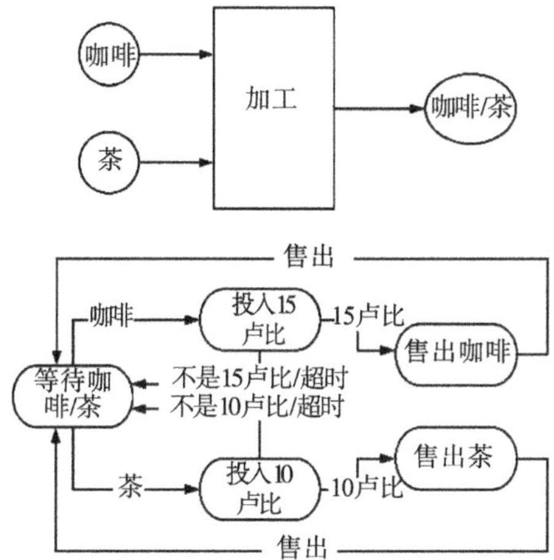

图 9.1　咖啡/茶自动售货机的状态图

SoC 设计和模型都用克里普克结构(Kripke 结构)表示,属性则用与时间相关的时序结构(状态机)表示,均作为输入提供给模型检查器,以进行等价性比较。Kripke 结构是一种表示系统行为的图形化方法,以其发明者索尔·克里普克(Saul Kripke)命名。在该图形中,节点代表系统的可达状态,边代表系统状态的转换条件。该模型被视为系统设计验证的参考标准。任何不等价的情况都被视为设计问题,必须加以解决。这个概念如图 9.2 所示。

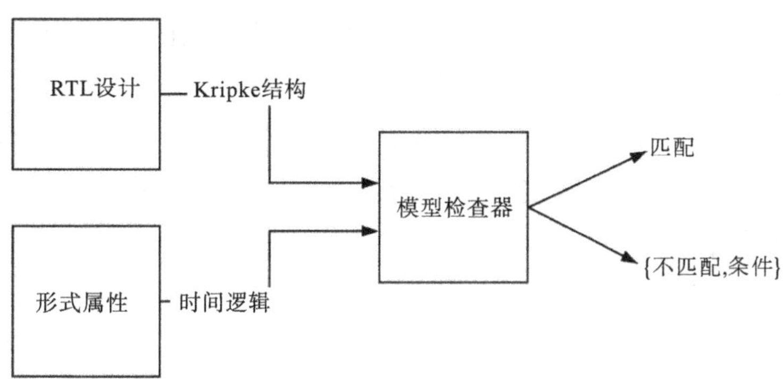

图 9.2　模型检查

9.3 逻辑等价性检查

逻辑等价性检查(LEC)以逻辑综合后的设计作为参照，与从 EDA 的 P&R 工具中提取的转换设计进行逻辑等价性比较，如图 9.3 所示。

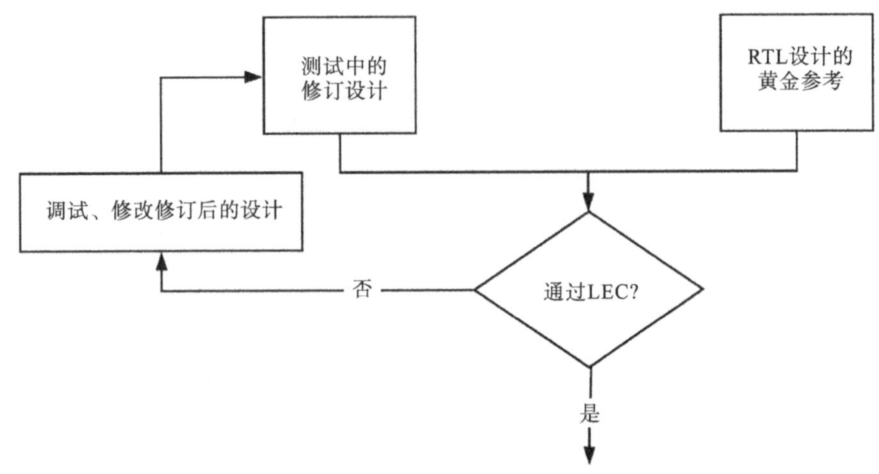

图 9.3 逻辑等价性检查的概念

LEC 涉及将参考设计和待检查设计转换为网表格式，可以使用虚拟综合等技术，或通过将物理结构映射到设备逻辑单元及其互连来实现，进而检查两个网表之间的等价性。该过程对物理设计中提取的网表文件和综合过程中产生的原始设计网表进行比较，以确定对应和等价关系。如图 9.4 所示为 LEC 的分步过程。LEC 需要在 SoC 设计的不同阶段进行：寄存器传输级(RTL)与门级网表的 LEC 在逻辑综合后进行；网表与参考网表的 LEC 在布局和布线后进行。

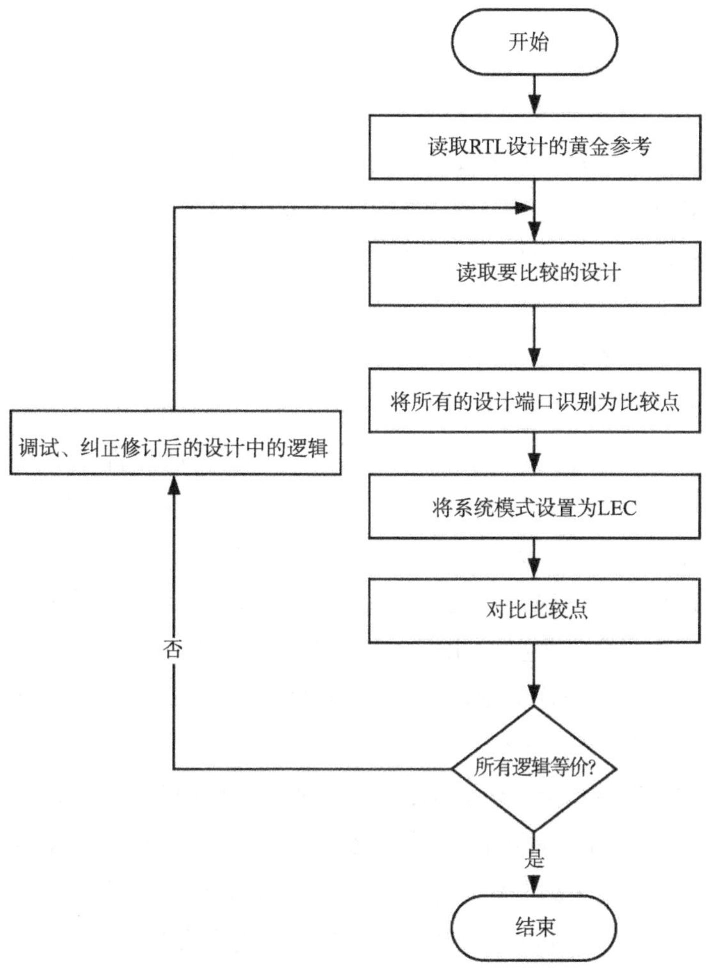

图 9.4　逻辑等价性检查流程

LEC 工具有非常友好的图形用户界面(GUI),用于设计调试,以便确定不等价的原因。该工具对非等价点与原理图和源代码进行交叉引用,使得设计者能够追踪逻辑路径并解决设计问题。此外,LEC 工具还可以通过一系列命令进行引导,手动映射比较点(通过指定相同的命名约定来实现)。LEC 可用于比较 RTL 设计与网表或网表与参考网表。在设计流程中,每当设计被改变时,都要对设计进行 LEC 验证。

9.4 静态时序分析

静态时序分析(STA)在第5章中有详细介绍。时序分析是一种重要的物理设计验证技术。无论是在布局或布线时,还是在电子变更单(ECO)阶段后,每当设计发生改变时,都需要进行STA。作为设计签核程序的一部分,完成金属填充和天线修复的最终布局后也会进行时序分析。从实际的物理设计中提取寄生参数,包括互连电阻和电容值,将这些信息与设计文件和时序库一起输入STA工具,生成设计时序报告。该报告是针对SoC设计中的所有设计角的运行模式生成的。STA工具从时序库文件中选择适当的值(无论是最佳情况、典型情况,还是最坏情况),并报告相应情况下的设计时序路径。每份报告都需要分析负时差,并在设计中进行相应的修复。许多PD工具都具备利用这些报告优化设计,以达到设计时序约束中设定的速度性能的能力。只有剩余的那些超出PD工具工作范围的时序路径要由设计者来修改。如果提供了与片上变化(OCV)相对应的高级时序库,PD工具会在优化过程中考虑OCV。

除上述时序分析外,还有必要对设计进行时钟偏差、脉冲宽度、占空比和延迟的分析。STA工具可读取设计网表,生成违规报告。如果存在违规问题,可以通过调整门级网表中的路径延迟并再次运行STA来解决。这是一个迭代的过程。PD流程中的设计提取器模块提取SPEF格式的寄生延迟和设计网表。所有违规问题被解决后,工具就会生成用于门级仿真的SDF文件。门级仿真可以通过操作从静态时序分析(STA)输出的标准延迟格式(SDF)文件来提前运行,从而实现互补。具体流程如图9.5所示。

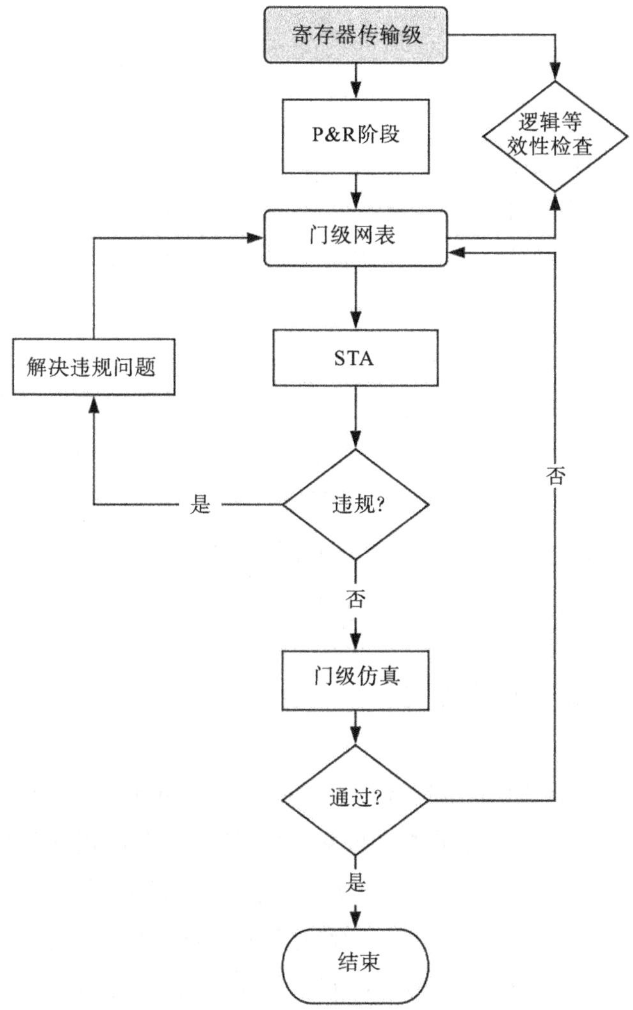

图 9.5　PDV 过程中的 STA 和门级仿真

9.5　ECO 检查

实施 ECO 后，必须使用 LEC 和 STA 技术，对 SoC 设计变化进行逻辑等价性和静态时序验证。

9.6 电迁移

芯片内部的互连线一般使用铝，近来也有使用铜的。铝及其合金互连线表现出一种被称为电迁移的现象。该现象常见于始终携带单向电流的电源和地线。电迁移一般发生在SoC使用多年之后。当电流在电源和地互连中长时间稳定流动时，电子会将离子从一个地方撞击到另一个地方，导致一侧聚集大量离子形成丘堆，而另一侧则形成空洞。这会导致互连线上出现开/短路故障，进而引发SoC的可靠性问题。为避免此类故障的发生，电气规则中添加了必须遵守的电迁移规则。电迁移规则有三种类型：直流、时变单向流以及双向交流。设计电源网络时要考虑上述问题，并且芯片流片前必须通过这些设计规则的验证。电迁移在铜互连中并不常见，因此在当今的SoC设计中变得越来越重要。作为互连材料，铜不会表现出电迁移的问题。

9.7 同步开关噪声

高频SoC设计中可能出现同步开关噪声(simultaneous switching noise，SSN)问题。当大量逻辑门同时改变逻辑状态时，就会出现此问题，从而导致系统故障。当许多逻辑元件同时切换时，提供给它们周围电路的电压变成电流的时变函数。由于导电互连线上存在寄生线路电感L(虽然数值很小，通常可忽略不计)，波动的电流会增大电压降，从而降低电路的有效电压：

$$V_{\mathrm{eff}} = V_{\mathrm{DD}} - iR - L\frac{\mathrm{d}i}{\mathrm{d}t}$$

这种电压降既存在于地线上，也存在于电源线上，而且可能使影响加倍。对于V_{DD}的这种动态变化，必须通过考虑设计中的数据流，并严格遵循电源网络设计的布局规则来处理。将引脚环电源和逻辑核心电源分开是避免寄生效应影响SoC性能和可靠性的方法之一。另外，为了避免互连对SoC性能的影响，通常从芯片的各个侧面连接电源，并均匀地分配低频和高频的输入输出。电气规则检查器将根据这些规则进行检查。

9.8　静电放电保护

静电放电(electrostatic discharge,ESD)是现代 CMOS 设计需要考虑的一个关键因素。ESD 会破坏晶体管层的薄氧化层,导致输入晶体管在引脚处失效,引发器件故障。如果在设计阶段未加以处理,这种情况会非常常见。输入引脚结构通常带有 ESD 保护电路,如图 9.6 所示。该电路在输入线和电源之间反向连接二极管,通过齐纳效应吸收大量 ESD 能量。如图 9.6 所示为在引脚中添加保护电路来防止 ESD。

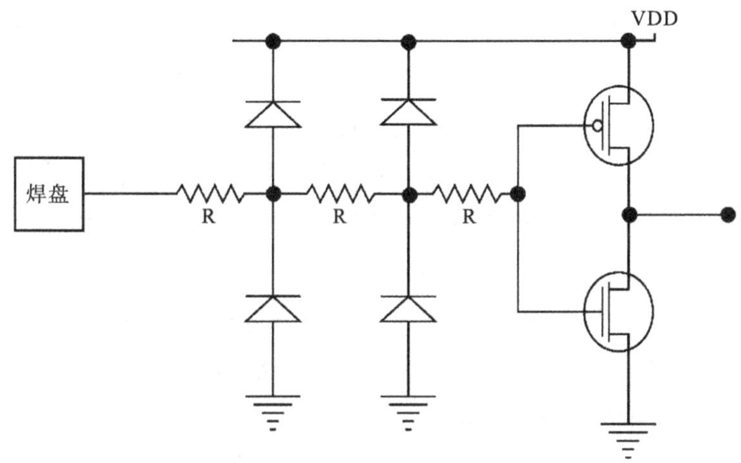

图 9.6　输入引脚上的 ESD 保护

9.9　IR 和串扰分析

由于 SoC 的工作频率高达几千兆赫,为了确保 SoC 设计的首次成功,必须执行信号完整性(signal integrity,SI)和电源完整性(power integrity,PI)检查,如 IR 压降、串扰效应和噪声分析。噪声对 SoC 的影响可能是由以下原因引起:

· 技术进步导致的高晶体管密度。

· 电源电压降低到不足 1 V。

· 开关和电源密度增大。

- 电源网络上的电阻、空间变化和电源电压的时变特性引起的电源噪声。
- 由一个信号干扰另一个信号而产生的串扰，浮动 RC 线和(或)浮动芯片上的驱动网络之间的电容性串扰，以及由 LC 传输线效应造成的网络之间的信号耦合。
- 符号间干扰。
- 热噪声和散粒噪声。
- 参数变化。

必须进行静态和动态 IR 分析，以检查热点是否在设定的范围内，确保 SoC 的可靠性和性能不受影响。如果处理不当，上述所有问题都会成为噪声源，导致在当前开关频率下出现难以发现的间歇性错误。因此，为了减轻影响，应将良好的设计实践转化为布局方针，以便在物理设计过程中实施。布局方针之一是避免浮动网络，否则会从相邻的网络中接收信号，导致电容性串扰。对于敏感电路，如低摆幅片上总线、动态存储器和靠近电源线的低摆幅预充电电路，布局方针非常严格。混合信号和模拟电路的输入输出电路的电感效应在数字电路中不明显。必须进行拥塞分析，通过适当的替换和相应的分配来缓解单元拥塞。另外，在动态开关电路中加入被称为保持器单元的电平恢复电路，可以限制串扰效应。

为避免串扰，在设计布局时应遵循以下几个准则：

- 避免使用浮动网络。
- 为敏感电路(如预充电电路)添加保持单元。
- 将敏感网络与快速切换网络分离或分开。
- 避免在同一层设置长互连，确保平行互连网络间留有足够的空隙。
- 如有需要，屏蔽快速切换网线，以保护电源(VDD)和地线(GND)网络，避免 IR 压降。动态 IR 分析可能会显示由时钟缓冲器在某些区域聚集导致的热点，这些区域表现出高开关活动。必须通过将时钟缓冲器均匀地分布在整个芯片上来解决这个问题。

PD 验证工具会对设计进行分析，并报告热点区域的违规情况。这些问题需要设计人员进行修复。针对这些问题的一些设计修复措施通常包括遵循设计规则、将逻辑分散开以及通过设置非默认规则(non-default rule,

NDR)约束来增大金属互连的宽度。PD 验证的最终报告将作为签核工具,确认设计可用于制造。在 VLSI 相关书籍中有很多文献探讨布线的互连效应,如 RC 建模和寄生参数对电气性能的影响。感兴趣的读者可以查阅这些资料,以获得更多的信息。另外,相关工具的用户手册也会详细介绍如何进行这些分析。

9.10　版图与原理图一致性检查

版图与原理图一致性检查(LVS)是设计流片的传统签核技术之一。通过从设计版图中提取网表,可以检查物理布局是否保留真实设计的意图。设计网表一方面从金属层和基层的互连线结构中提取,另一方面通过检查开路、短路和任意重叠的基础单元来提取。设计提取的网表以 SPICE 格式保存。在这个流程中,设计提取是非常关键的。设计提取工具通过识别结构层,提取多边形结构,确定晶体管、二极管、电容和电阻等元件及其连接信息。器件层、器件的终端、器件的尺寸、网线、通孔和引脚位置均被定义并赋予唯一的标识,这些信息将以网表的形式被进一步提取。提取完成后,将根据 LVS 规则集对版图网表和设计的黄金原理图网表进行比较,检验版图中是否保留最初的设计意图。在该阶段,会比较实例、网络和端口的数量。所有的不匹配,如开路、短路和引脚不匹配,都将被写入 LVS 报告。这项检查是根据 LVS 规则集比较布局提取的网表和同一阶段网表中设计元素数量完成的。LVS 不仅会比较电路拓扑结构和器件尺寸,还会对版图和原理图网表中的器件数量、器件类型以及两个网表中的网络数量进行比较。LVS 检查中的典型错误有原理图中器件数量与提取视图中的器件数量不匹配、在黄金网表中未见的网络短路、组件不匹配、尺寸变化等等。物理设计工具具有 LVS 功能,能够在整个版图视图中进行交叉引用,以检查违规行为,同时提供相应的网表查看器用于调试问题。连线开路误差、连线短路误差、参数提取误差和器件不匹配等 LVS 错误及其修正结果如图 9.7 所示。

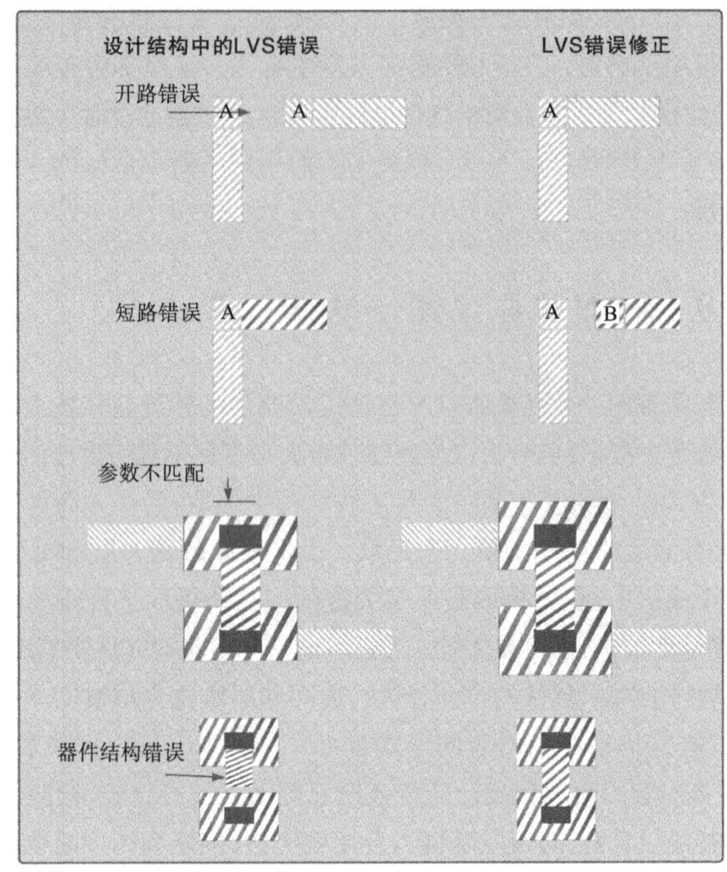

图9.7　设计中的LVS错误及其修正

流片签核时有专用的LVS检查工具。P&R工具中内置的LVS模块与专用的LVS检查签核工具之间的区别在于，前者使用设计的物理结构中的所有扩展细节，而后者使用抽象的布局结构。这组命令被写成LVS规则集，与设计文件、层分配和物理数据库检查（如SNAP和GRID检查）一起被送入LVS检查模块。原理图网表提供完整的单元级信息及其网络。LVS流程如图9.8所示。

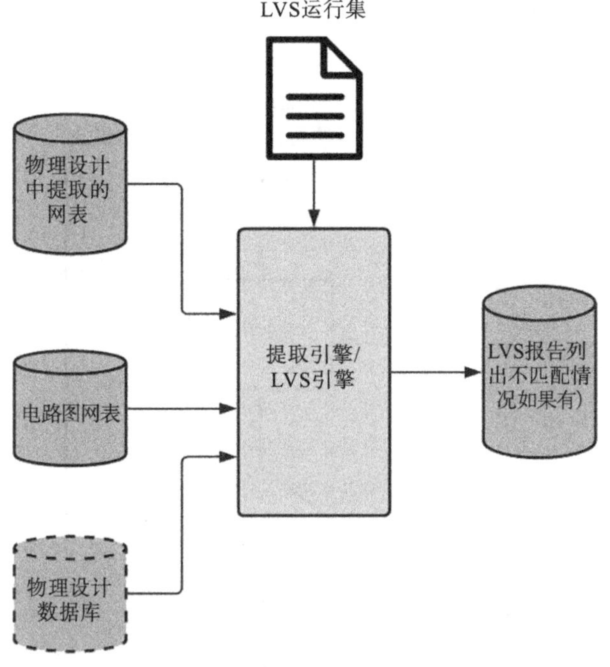

图 9.8　LVS 流程

9.11　门级仿真

在设计中所有的 STA 违规行为都被修正后，将会针对功能场景示例执行反向注释的门级仿真，仿真中使用的时序信息以 SPEF 格式存储在 SDF 文件中。对于修改后的版图设计网表，寄生提取工具会输出 SPEF 格式的时序信息，并在运行仿真时包含(反向注释)该信息。值得注意的是，提取的设计网表文件需要附带一个库文件，以运行仿真。这一过程是通过在功能测试台中将待测设计(DUT)替换为任一阶段物理设计工具提取的设计网表文件，以反向注释的方式读取 SPEF 文件来实现的。这就是所谓的动态时序验证。带反向注释时序的门级仿真是一个烦琐的过程，因为所有的时序参数(如设计元素的建立时间和保持时间)都必须正确才能通过向量测试。需要根据设计输入延迟规格对输入激励的时序进行微调。因此，在综合阶段后尽快开展 SoC 设计门级仿真，有助于解决测试台中存在的问题，并为最终的动态时序签核仿真做好准备。图 9.9 展示了时序闭合的 SoC 设计的门级仿真流程。

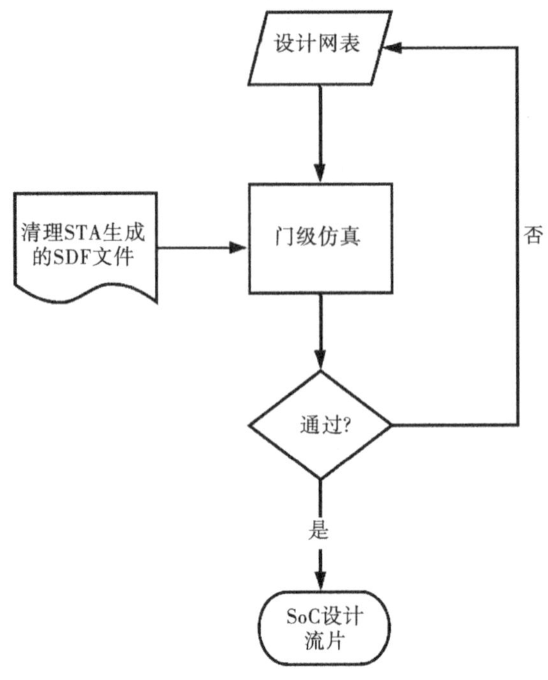

图 9.9 门级仿真流程

9.12 电气规则检查

电气规则检查(ERC)通常是一种静态和动态的 IR 分析,用来检测 IR 压降瓶颈、电迁移规则违规以及连接性和可靠性,如电源网络中的薄弱点、电阻瓶颈(通过短路径追踪)、缺失的通孔和电流热点。ERC 工具通过使用基于区域的电源分配,对 IR 和 EM 进行假设性情景分析,以便设计者可以选择正确的方案。图 9.10 展示了一幅典型的 IR 图。

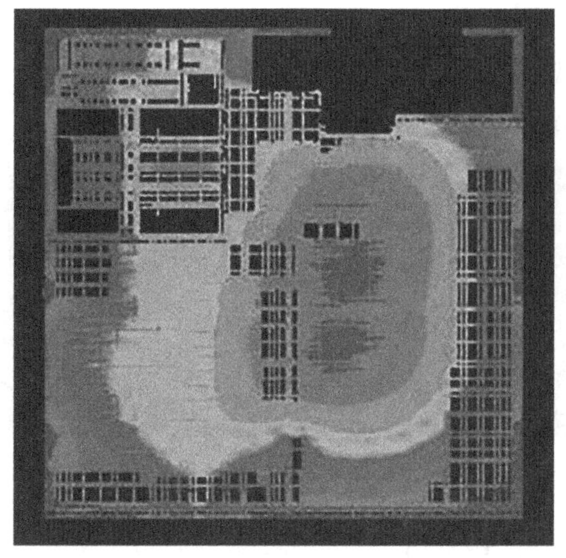

图 9.10　IR 图(来源:思略科技)

9.13　设计规则检查

物理设计须经设计规则违规(design rule violation, DRV)验证,此过程称为设计规则检查(DRC)。此过程使用工艺供应商提供的特定制造规则来检查物理设计版图数据,以确保芯片的成功制造。工艺设计规则与版图结构的平面尺寸有关,与层的垂直尺寸无关。表 9.1 列出了几家代工厂为不同工艺制定的规则示例。

表 9.1　不同工艺的设计规则示例

DRC 规则	130 nm	90 nm	65 nm	45 nm
基于宽度的间距	1～2	2～3	3～5	7
最小面积规则	1 pitch	2 pitch	3 pitch	5 pitch
切割数(通孔)	N/A	1～2	4～5	5～6
密集行尾(光学邻近校正)	N/A	N/A	M1/M2 层	所有层
最小步长(光学邻近校正)	N/A	1	5	5

DRC 由工具执行,这些工具根据 SoC 设计版图布生成计算几何图形,并

检查相同或不同层多边形之间的重叠或距离关系。如图 9.11 所示为 DRC 运行时的屏幕截图。

某一工艺节点的典型设计规则示例如图 9.12 所示。

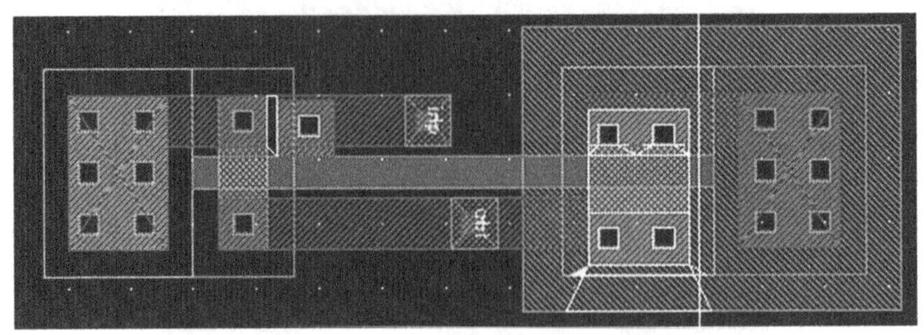

图 9.11　DRC 截图

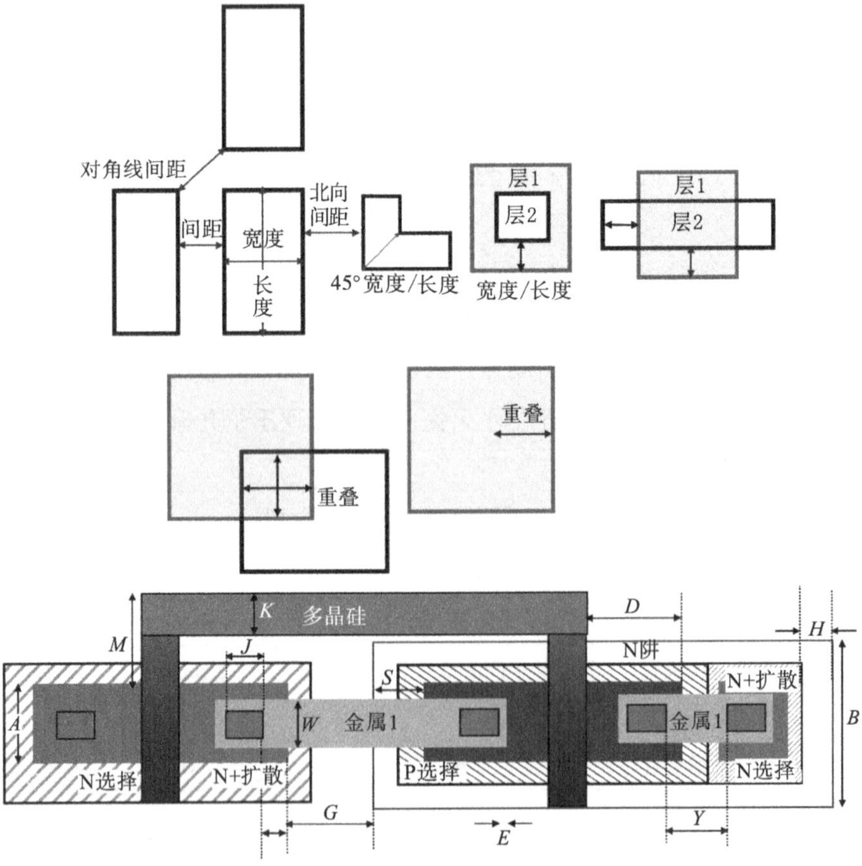

对角线间距
间距
宽度
长度
北向间距
45°宽度/长度
层1
层2
宽度/长度
层1
层2
重叠
重叠
多晶硅
K
M
D
H
J
N阱
S
A
W
金属1
金属1
N+扩散
B
N选择
N+扩散
P选择
N选择
G
E
Y

图 9.12　设计规则示例

9.14　设计规则违规检查

DRV 通常在 CTS、布线完成后以及最终设计完成时进行。典型步骤如下：

- 对时钟网络进行 RC 提取，并计算出准确的时钟到达时间。
- 调整 I/O 时序。
  - 在实现时钟树后，该工具可以更新输入和输出延迟，以反映实际的时钟到达时间。
- 执行功耗优化。
  - 插入集成时钟门控（integrated clock gate，ICG）单元时使用较大/最大的时钟门扇出。
  - 合并具有相同使能信号的 ICG 单元。
  - 对 ICG 和寄存器进行功耗感知的布局。
- 检查并修复所有拥塞热点。
- 优化扫描链。
- 固定时钟树缓冲器和反相器的布局。
- 进行布局和时序优化。
- 检查是否存在严重的保持时间违例。

9.15　设计流片

当设计者对所有物理设计验证结果都满意时，SoC 设计被导出为 GDSII 文件，设计数据库通过文件传输协议（file transfer protocol，FTP）被发送到制造厂，此过程称为设计流片。除设计文件外，还需要输出最终的 DRC 报告和 SDC 格式的设计约束文件，以便对数据库进行设计规则管理（design rule management，DRM）验证。如果验证通过，数据库将被制造厂接受并用于制造。

第 10 章　SoC 封装

10.1　SoC 封装简介

超大规模集成电路 SoC 芯片必须进行封装，以便能够作为单个单元使用或与其他电路兼容。在处理过程中，它们还必须免受机械应力、环境（湿度、污染）和静电放电的影响。此外，SoC 使用前必须通过环境测试、老化测试和其他安全测试，以确保其可靠性。这些都可以通过封装实现。封装为下一层的集成或互连提供了高产率的组装，以实现最终产品。封装必须满足设备的所有性能要求，如电气性能（电感、电容、串扰）、热性能（功耗、结温度）、质量、可靠性、成本目标和在封装级别的可测试性。SoC 晶圆被组装到封装中。封装的主要功能如下：

- 保护 SoC 免受环境和处理过程的影响。
- 提供从芯片到环境的散热路径。
- 提供可靠的电气连接，通过接口引脚与邻近系统进行连接。
- 支持 SoC 的进一步可靠性测试。

封装和封装上的键合线会引入电感寄生，对 SoC 功能产生不利影响。由于存在高信号转换活动，电流流过输入输出线，可能导致供电轨上的电压波动，如振铃、过冲和下冲，从而影响 SoC 功能。如今，我们可以看到拥有超过 1000 个引脚的 SoC，而设计一种封装来处理同步信号变化以最大限度地降低电感效应是一项挑战。图 10.1 展示了一些示例。

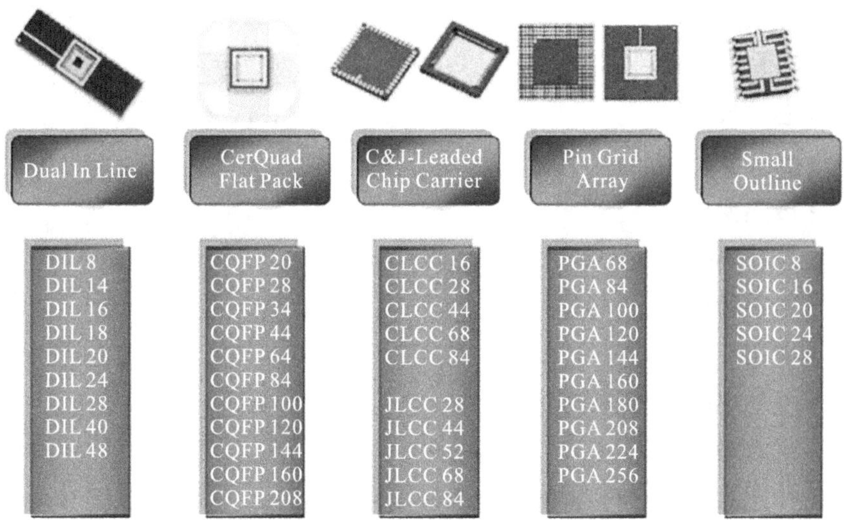

图 10.1　封装示例

10.2　封装分类

封装可根据引线在封装上的排列方式和它们在印制电路板上的安装方式等进行分类。根据引线的排列方式，封装可分为直插式封装、外围式封装和阵列式封装。根据安装方式，封装可分为通孔封装和表面贴装封装。根据封装所使用的材料，封装可分为塑料封装和陶瓷封装。根据封装的应用和制造标准，陶瓷封装分为军用封装、汽车封装和航天封装，塑料封装分为工业封装和商业封装。

10.3　封装的选择标准

为 SoC 选择合适的封装需要考虑以下标准：

- 芯片的性能要求。
- 电源的 IR 压降和噪声。
- 高频操作的阻抗匹配。

- 逻辑接口的电气要求。
- 芯片的物理要求。
- 芯片尺寸。
- 引脚数量。
- 散热要求。
- 芯片温度分布。
- 封装的热阻。
- 应用环境。
- 空气湿度、温度和海拔。
- 形状因子。
- 应用需求，如用于智能手机和便携式设备。
- 成本。

10.4　封装组件

典型的引线键合封装由平面、键合线和引线平面组成。来自 I/O 缓冲器的信号经芯片焊盘流向一根键合线，该键合线接触到封装接点，并根据封装类型流经内部导电平面、封装布线或引线框架，最后到达封装引脚或焊球(图 10.2)。

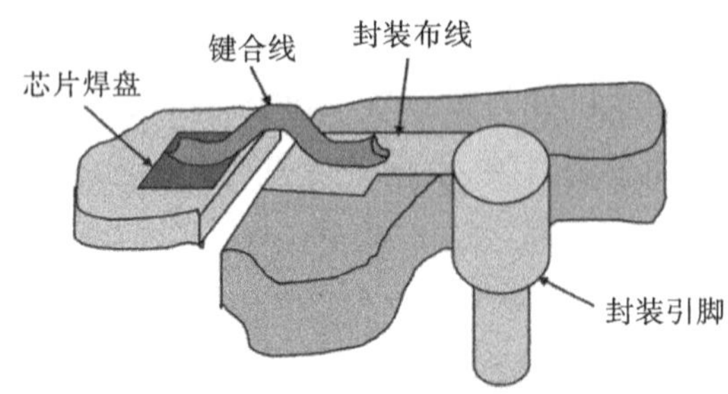

图 10.2　引线键合封装零件

10.5　封装流程

使用环氧树脂或共晶胶将硅芯片安装、键合到封装底座上，然后使用引线键合机通过合适的键合方式(如楔形键合、球键合或带状键合)将每个芯片焊盘引线键合到封装平台上，最后用盖子或模具密封。封装流程如图 10.3 所示。

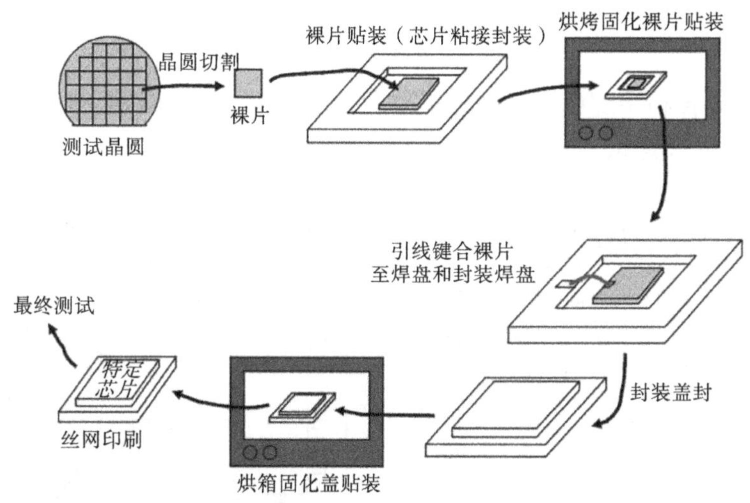

图 10.3　封装流程

键合线通常由不同厚度的金或铝制成，其选择基于寄生电感的容限。引线键合通常采用超声波焊接技术或热超声技术。两种导线都可以焊接在小至 10 μm^2 的焊盘上。热超声技术用于焊接焊球，以硬化纯金作为键合线；超声波焊接则使用铝线，适用于高压场合。焊接方式可以是线性排列，其中封装引脚按顺序放置，也可以是错位排列，其中焊盘以交叉方式放置以容纳更多的输入和输出口。键合质量检查可采用目视检查(检查时使用扫描电子显微镜)以及拉伸和剪切测试(图 10.4)。

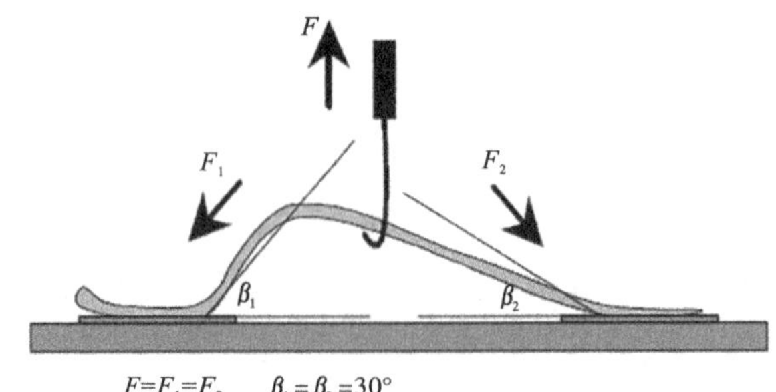

图 10.4　键合线的可靠性试验

引线键合和装配程序必须遵循焊接规则，包含物理间距、键合线长度等方面。图 10.5 展示了一些示例。

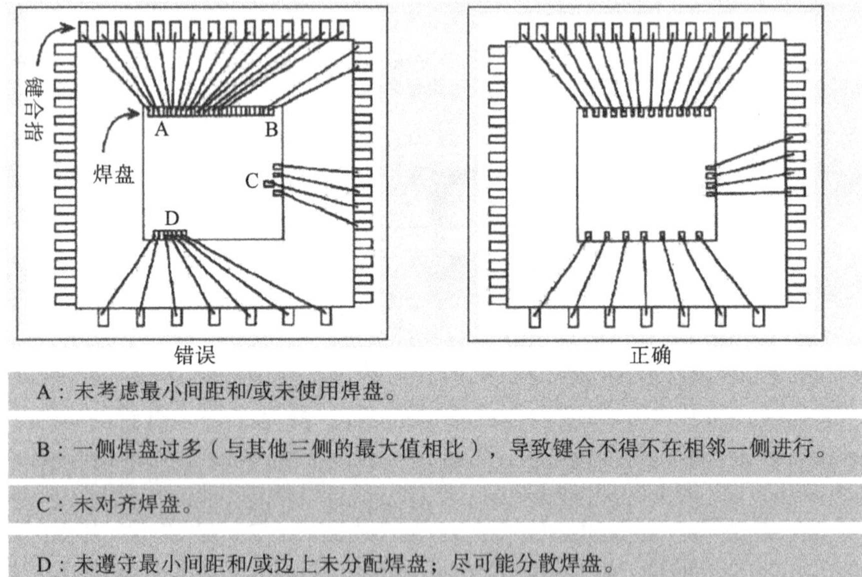

A：未考虑最小间距和/或未使用焊盘。

B：一侧焊盘过多（与其他三侧的最大值相比），导致键合不得不在相邻一侧进行。

C：未对齐焊盘。

D：未遵守最小间距和/或边上未分配焊盘；尽可能分散焊盘。

图 10.5　焊接规则

10.6　封装技术

用于封装 SoC 的封装类型有许多，包括：

①引线键合封装：如四面扁平封装(quad flat package，QFP)、球栅阵列(ball grid array，BGA)封装、USTARBGA 封装等，既有陶瓷封装，也有塑料

封装。图 10.6 展示了几种引线键合封装。

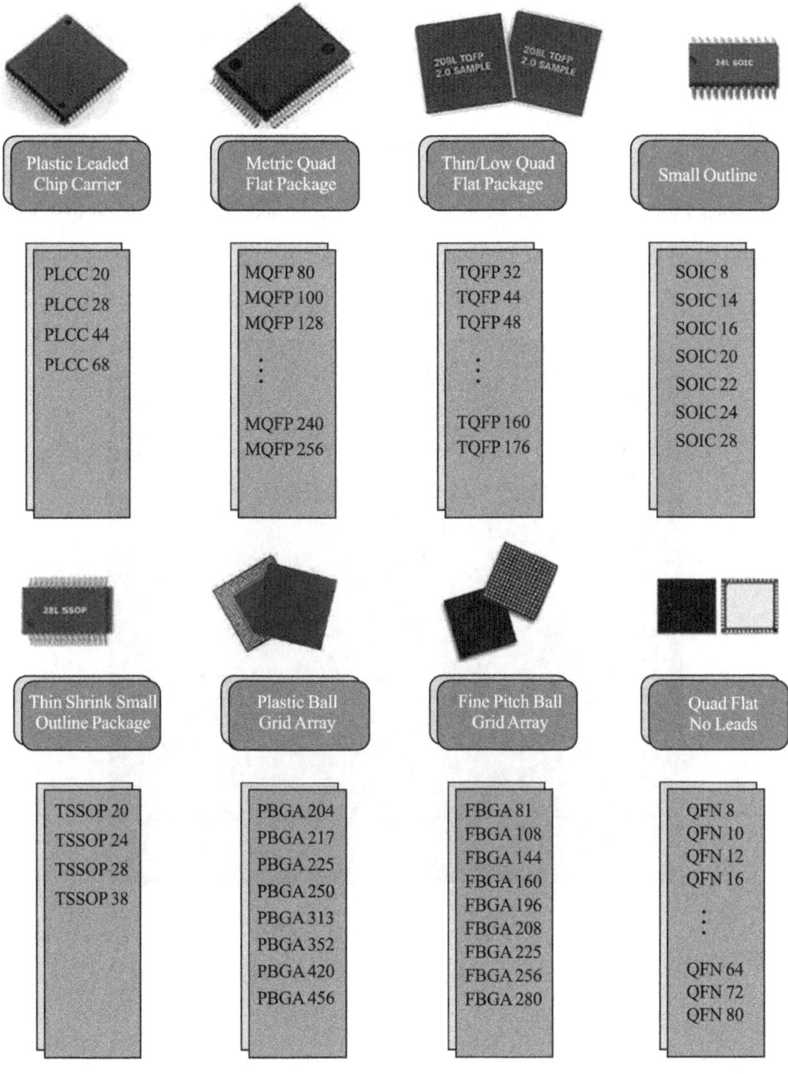

图 10.6 焊线封装

②倒装芯片封装：如细间距球栅阵列(fine-pitch BGA)封装，有陶瓷和塑料两种材质。在这种封装中，芯片被直接翻转，并通过焊球与封装基底上的互连图案连接，如图 10.7 所示。

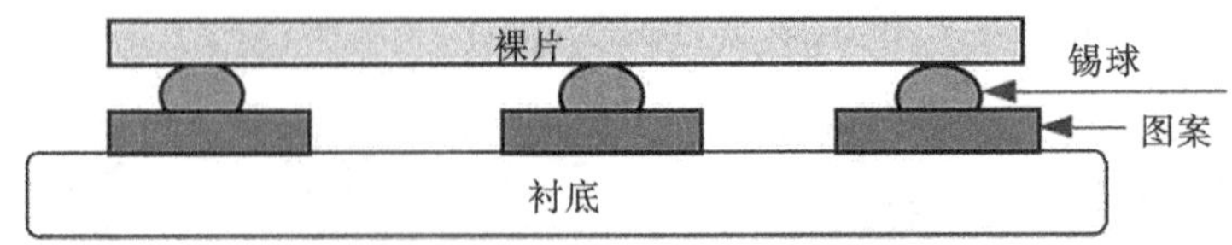

图 10.7 倒装芯片焊接

③高级封装：如系统级封装（SiP）和芯片级封装（chip scale package，CSP）/晶圆级封装（wafer scale package，WSP）。图 10.8 展示了奔腾 Pro 的系统级封装。图 10.9 展示了德州仪器的晶圆级封装。

图 10.8 奔腾 Pro 芯片封装

（资料来源：https://de.wikipedia.org/。鸣谢：英特尔）

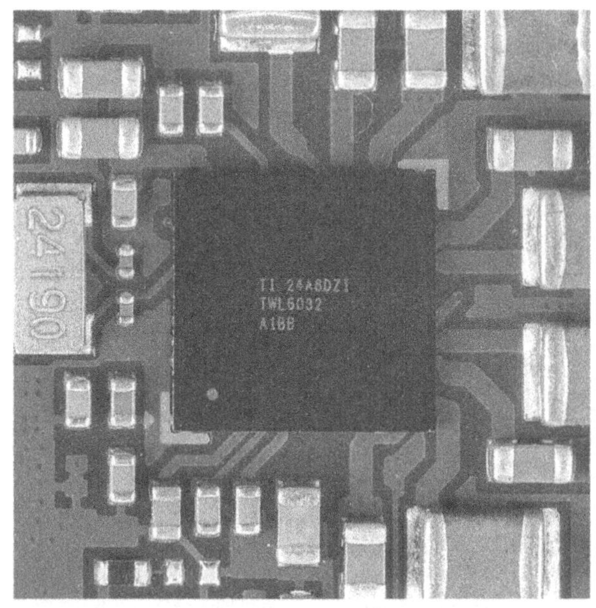

图 10.9　晶圆芯片级封装

（版权所有：Raimond Spekking/CC BY-SA 4.0，通过维基共享资源，CC BY-SA 4.0，https://commons.wikimedia.org/w/index.php? curid=64189136。资料来源：德州仪器）

10.7　倒装芯片封装

倒装芯片封装越来越受欢迎，因为这种封装能实现更小的尺寸和引脚间距，拥有更多输入输出引脚，且具有优良的散热性能。使用这种封装技术时，芯片直接翻转并焊接到封装上，焊球连接到基板的焊接点上。

10.8　常见的封装类型

图 10.10 中展示了几种常见的封装类型。

· BGA的优势
· I/O端口:多达456个
· 更短的互连（密度）
· 1~4个可布线层
· 高频

裸片厚度为200~300 μm

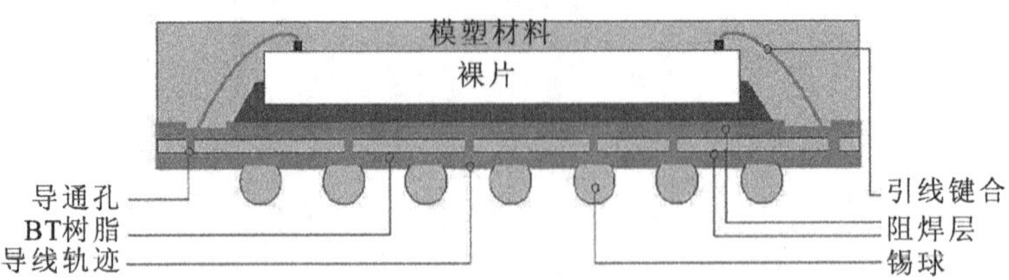

(a)BGA

陶瓷BGA（定制化）

- 封装尺寸：35 mm×35 mm
- 420个I/O端口，4个金属化层
- 厚度：1.8 mm
- 焊球间距：1.27 mm
- 芯片面朝下放置

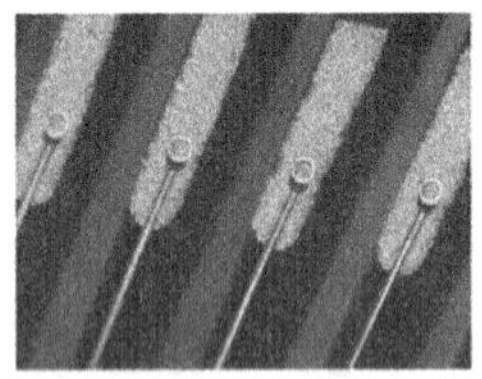

(b)陶瓷 BGA

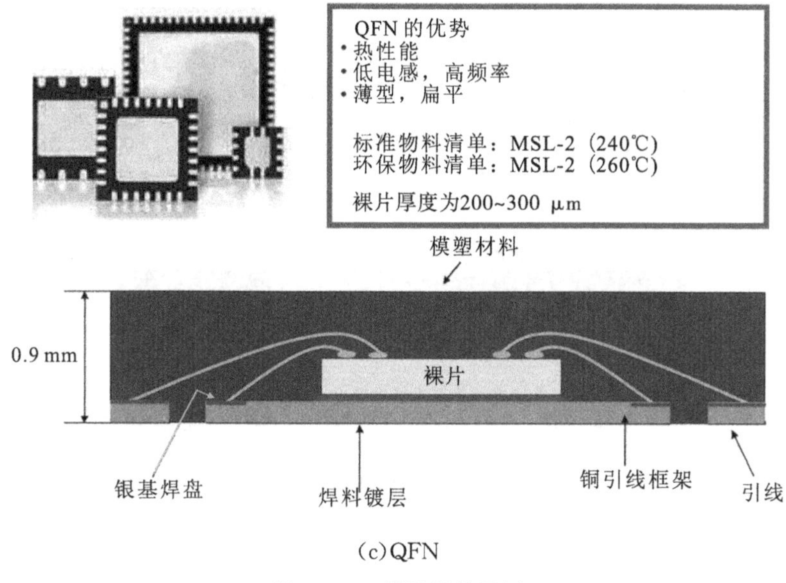

(c)QFN

图 10.10　常见封装示例

10.9　封装性能

封装性能可通过电气测试和机械测试评估。电气测试包括针对引脚寄生效应和同步输出开关噪声的测试。机械测试包括使用热模型的热辐射测试。

10.10　系统集成

开发 SoC 是系统集成中的一个方面，但封装技术更为先进，能够将多个芯片集成到单一系统级封装(SiP)中。在这种封装中，多个芯片可以通过引线键合或倒装芯片技术相互连接。此外，无源器件、小型电路、表面贴装元件(surface mount device，SMD)和芯片都封装在一起。图 10.11 展示了一些这样的例子。

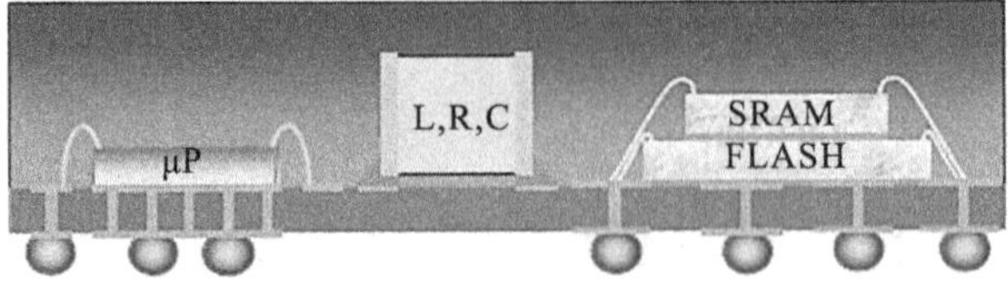

图 10.11 多芯片封装

10.11 封装趋势

超大规模集成电路技术借助封装技术不断满足将更多功能集成到多芯片系统解决方案中的需求，使"扩展摩尔"的愿景得以延续。将复杂的多功能系统集成到单片集成电路上的成本极高，不具备商业可行性。戈登·摩尔曾预测，构建大型系统时，采用单独封装、相互连接的小型功能模块可能更有经济效益。像系统级封装(SiP)这样的技术在异构集成电路中作为设计先进节点 SoC 的替代方案表现良好。几十年来，随着摩尔定律的微型化，探索一直在继续。封装技术的发展历程如图 10.12 所示。

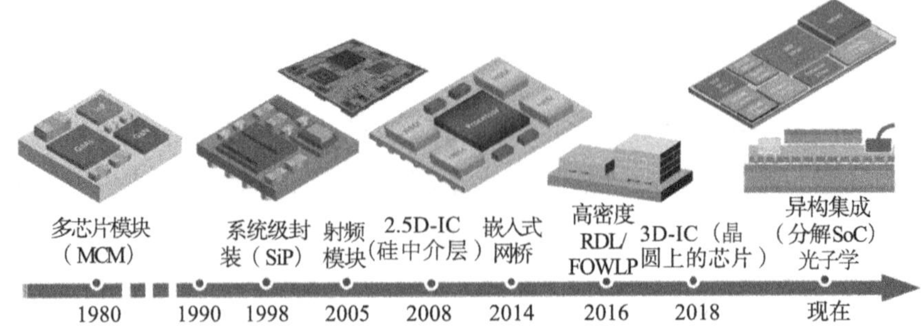

图 10.12 封装技术的发展历程

随着对集成更多异构芯片架构的需求日益增长，需要开发新的半导体封装设计方法。特别是在 7 nm 以下的先进工艺节点中，传统封装中的互连已无法满足 PPA 目标。此外，10 nm 以下的工艺技术中，处理非平面 FinFET 晶体管结构也引入了新的挑战：关键层需要使用复杂的双重光刻技术，甚至可能需要新的衬底。新一代系统要求集成采用不同技术实现的芯片。这一需求推动了人们对堆叠管芯集成技术的探索。

10.11.1　堆叠芯片集成

多年来，设计师们不断努力，紧跟加工技术的发展步伐，以确保摩尔定律持续适用：首先是缩小设计生产力的差距，其次是利用创新的封装技术实现超越。诸如多芯片模块、封装内硅和封装叠加方案等互连技术的创新在此过程中发挥了主要作用。当前的三维集成电路（3D IC）概念有望实现深度集成，因为此项技术通过一层中介层堆叠多个芯片。典型的三维集成电路结构如图 10.13 所示。

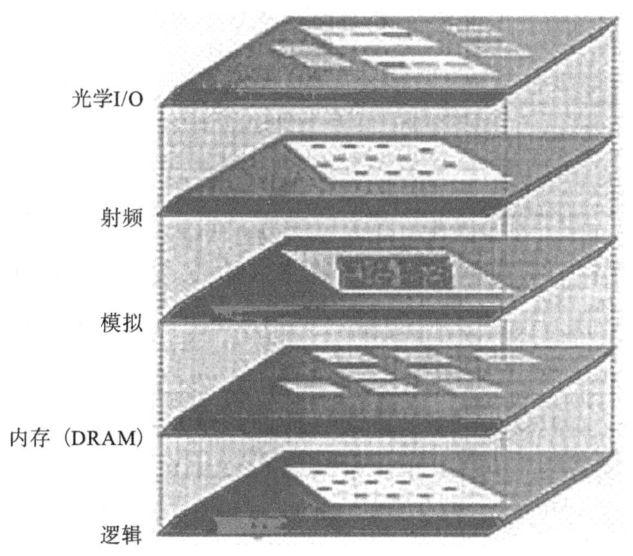

图 10.13　三维集成电路结构

10.11.2　3D 集成方案

以下是几种常用的三维集成电路集成方案。

2.5D IC:在这种集成概念中,两个或多个芯片被放置在相邻位置,向下朝向硅中介层。芯片由其有源表面的微凸点支撑,微凸点连接到硅中介层,有时添加再分配层(redistribution layer,RDL),使其与插入器焊盘对齐,或者在RDL上路由信号以连接它们。从RDL到中介层的连接是通过硅通孔(silicon via,TSV)实现的。对于复杂的集成需求,封装内可能采用多个RDL。

3D IC:在3D IC概念中,芯片被一层层堆叠起来,通过硅孔(TSV)垂直连接。这些堆叠的芯片可以是相似的(如存储器模块),也可以是使用不同的兼容技术实现的具有不同功能的芯片。相似芯片的三维集成称为同质三维技术,不同芯片的三维集成称为异质三维技术。异质三维集成技术非常复杂,在实现高集成度方面展现出巨大潜力。该技术提供了集成多个芯片的不同方法。

面对面:使用微凸点连接芯片,其中下层芯片也通过有源层和基板的TSV与其背面金属化层相连。芯片的背面用作RDL,上面布置有焊盘,以便将其连接到封装基板。

正面对背面:两个或多个芯片被堆叠在一起,一个放在另一个上面,通过TSV、直接硅层和微凸点连接封装基板。

5.5D IC:在这种集成方法中,3D-IC集成与2.5D-IC硅中介层连接,以进一步增强集成度,开发高带宽、计算密集型的解决方案。

芯片组:芯片组是一个功能齐全的系统组件,有专门的接口,可与其他芯片组一起工作,共同构成SoC。芯片组集成在芯片设计中使用了先进的封装技术信息。将多个芯片集成在单个封装内的技术已相对成熟。早在1980年,半导体领域就发展出多芯片模块(multi-chip module,MCM)和系统级封装(SiP),如图10.12所示。将芯片并排组装在同一基板上并互连的技术称为2.5D技术。高性能计算、人工智能和具有大容量、高带宽和低延迟需求的系统,需要集成由MEMS(传感器)、射频CMOS、模拟等不同技术制成的芯片,这是驱动多芯片集成的主要因素。因此,设计师们不得不将视野拓展到2.5D技术之外,积极探索3D IC技术和异构集成的解决方案。

以下是3D IC的组成部分:

- 凸点和球。
- 球栅阵列。
- C4(可控折叠芯片连接)凸点。

- 微凸点。
- 硅通孔。
- 再分配层。
- 硅中介层。

凸点和球：凸点和球用于匹配互连间距和尺寸，以实现两种技术之间的连接。芯片通过这些凸点和球连接印制电路板（PCB）。

球栅阵列：将封装器件连接到 PCB 的封装级互连。

C4（可控折叠芯片连接）凸点：排列成网格阵列的焊球，用于连接裸芯片和 PCB。这些凸点的间距为 180 μm。

微凸点：微凸点是间距小于 10 μm 的小焊球，用于面对面连接两个芯片。

硅通孔（TSV）：TSV 使用 CMOS 刻蚀工艺，在芯片的有源层至顶部以及基板的背面创建通孔。随后，这些通孔会填充铜或钨，以实现从电路到芯片顶部和背面的互连。典型 TSV 的直径为 12 μm，间距为 180 μm。填充这些长通孔非常具有挑战性且耗时。因此，晶圆的厚度从 300～350 μm 被削减至 50 μm。另一个主要的挑战是，这些通孔穿过晶圆的有源层，设计者必须在为采用 TSV 的芯片进行物理设计的过程中处理由此产生的 ESD 问题。TSV 还可能导致机械应力，这也需要加以解决。

再分配层（RDL）：图 10.14 所示的再分配层由一层金属化材料构成，该金属化层位于芯片的表面，可以是有源面或基板的背面。该层经过图案化处理，用于将芯片某一部分的连接重新分配到另一部分，或者使两种互连技术的间距相匹配。再分配层设有着陆凸点，其上可形成微凸点以进行连接。

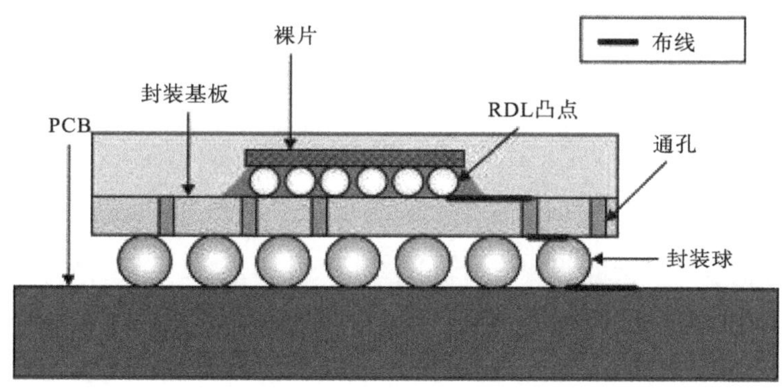

图 10.14　再分配层（资料来源：EDN）

硅中介层：中介层是用作桥梁或导管的硅层，允许电信号从一个芯片传递到另一个芯片，或者从芯片传递到电路板，支持不同的信号间距。硅中介层如图 10.15 所示。

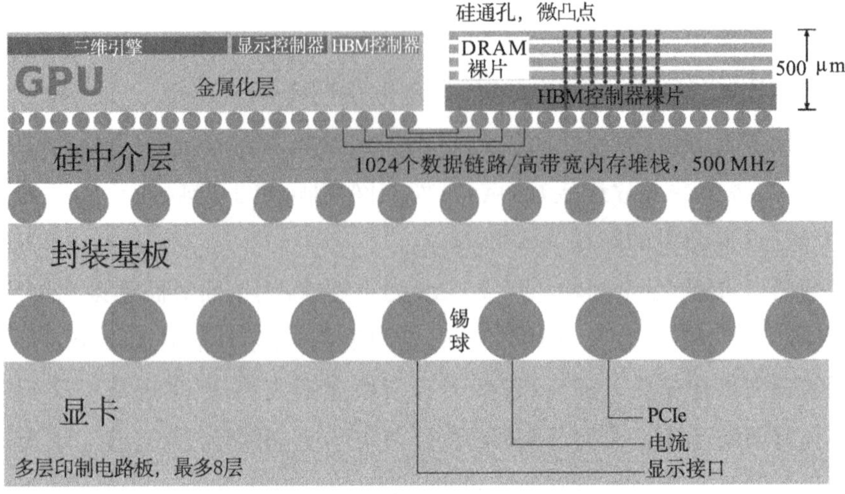

图 10.15　硅中介层（资料来源：维基百科）

第 11 章　参考设计

11.1　试验设计

本章提供的设计实例可以复制到基于 Linux 系统的设计工作目录中，以便用 EDA 工具进行练习。本章中设计实例和测试台使用 Verilog HDL 建模。读者可以运行仿真，并将结果与本章中提供的波形样本进行比较。这些设计实例可以重复使用，以构建更大的系统。

11.2　前提条件

用户应该具有 Linux 命令和任意文本编辑器如 Vi 编辑器的使用经验。仿真和调试需要使用仿真器和波形查看器。本书 11.5 节中的设计实例可以进行仿真。对于本书 11.6 节中涉及逻辑综合和逻辑等价性检查的设计流程，需要使用标准单元库文件和逻辑综合工具。对于静态时序分析和物理设计，需要使用布局布线工具(物理设计)、带有物理设计视图的技术库以及设计元素的延迟模型。因此，对于这部分内容，参考设计的范围仅限于使用虚拟技术库进行解释和提供指示性脚本。此外，本章还试图呈现一个接近实时的设计环境。

11.3　用户指南

数据库需要复制到工作目录中。下一节中展示的目录结构是参照当前工作目录设置的。每个设计目录都有一个“文档文件”，用于简单介绍设计和测试台。用户可以在任意标准仿真器上进行实验，如 NCSim、QuestaSim 和 VCS。建议用户参照相关工具的用户手册来执行仿真和特定的工具命令。

11.4 设计目录

设计目录结构如下所示：

```
Pwd>://ReferenceDesigns/Examples/adder/design.v
/tb.v
/doc
/Multiplier/ design.v
/tb.v
/run.f
/doc
/Counter design.v
/tb.v
/run.f
/doc
……..
/DesignFlow/
..……
/Case_study/MBI/
……..
/IOT_SOC/
……..
```

11.5 设计实例

本节以 Verilog HDL 为例对以下设计进行建模。

- 算术功能模块：
  - 32 位加法器
  - 16 位×16 位乘法器
  - 32 位溢位计数器
  - 4 位上/下计数器

- 逻辑功能模块：
  - 双客户端仲裁器
  - 8∶1 多路复用器
  - 1∶8 多路分用器
  - 4∶2 编码器
  - 2∶4 解码器
  - 2×2 矩阵乘法器
  - 2 位比较器
  - 基于有限状态机的序列检测器(序列:10101)
  - 线性反馈移位寄存器
  - 时-分-秒计时器
  - 自同步扰频器
  - 侧流扰频器-解扰器
  - 彩色球谜题盒
  - 暂存寄存器
  - 配置寄存器
  - 时钟域分频器

本章中设计和测试台模型采用 Verilog HDL 的行为级 RTL 模型描述。RTL 和测试台(test brench ,TB)模型结构如图 11.1 所示。

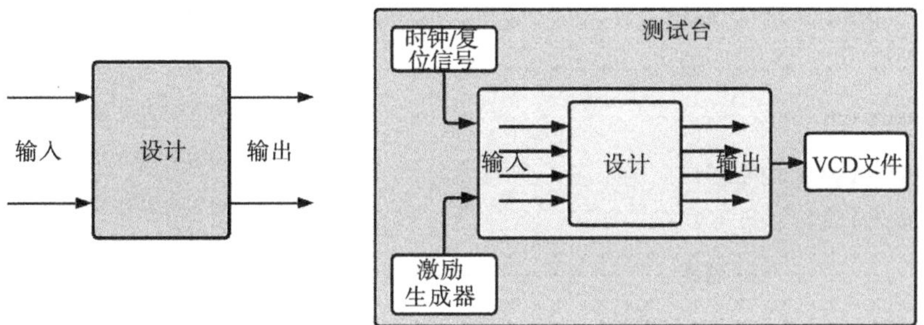

图 11.1　RTL 设计和测试台结构

用户可以在设计文件中通过一对"//"找到注释。各个设计目录中的 RTL 目录包含用 Verilog HDL 建模的 RTL 设计文件、测试台文件以及样本波形文件(可以作为仿真的参考波形)。需要使用波形查看工具如 SimVision 来打开 VCD 格式的波形文件。

32 位加法器

输入:A 和 B 中的两个 32 位操作数

输出: sum_32

功能:将存储在 A 和 B 中的两个 32 位二进制操作数相加,A 和 B 均为 32 位寄存器。结果存储在 33 位 sum_32 寄存器中,其中包含{进位, 和}。

设计文件:32bit_adder.v

```
// 32 位加法器
module adder(
//-----------------时钟复位-----------------//
    clk ,
    reset_n ,
//----------------输入-------------------------//
    en ,
    op_a ,
    op_b ,
//--------------输出-------------------------//
    adder_out,
    carry_out
    );
//输入输出声明
    input clk , reset_n ;
//----------------输入--------------------//
input en;
input [31:0] op_a ;
input [31:0] op_b ;
//--------------输出----------------------//
output [31:0] adder_out ;
output carry_out;
//内部信号声明

reg [32:0] adder_reg ;
```

```
assign adder_out = adder_reg[31:0] ;
assign carry_out = adder_reg[32];

always@(posedge clk or negedge reset_n)
begin
    if (! reset_n) begin
    adder_reg<=33'd0;
    end
else begin
    if (en) begin
    adder_reg <=op_a + op_b ; // en 是控制两个数字加法运算的使能信号
    end
    end
end
endmodule
```

测试台模块 adder_tb

输入:无

输出:无

功能:对操作数 A 和 B 应用随机值,并通过生成一个匹配信号来检查加法的结果,以指示正确的行为。可以使用波形查看器查看生成的波形文件 32-bit_adder.vcd。

测试台文件:32-bit_adder_tb.v

```
module adder_tb;
//----------------输入--------
    reg clk;
    reg reset_n;
    reg en;
    reg [31:0] A;
    reg [31:0] B;
//------------------输出-----------
    wire [31:0] sum;
    wire carry_out;
```

```
//时钟信号生成
always #5 clk = ~clk; // 每 5 个时钟周期翻转一次时钟
initial begin
    clk = 0;
    reset_n = 1;
    en = 0;
    $display("--------- Test Started ---------");
    #10 reset_n = 0;
    #10 reset_n = 1;
    en = 1;

        $display ( "--------- Sending Data A = 32'hAAAAAAAA and B =
32'hEEEEEEEE ---------");


    A = 32'hAAAAAAAA;
    B = 32'hEEEEEEEE;


        $display("--------- Sending Data A = 32'h7777777 and B = 32'h2456321
---------");


    #10
    A = 32'h7777777;
    B = 32'h2456321;

$display("--------- Sending Data A = 32'hCCCCCCCC and B = 32'hBBBBBBB ---------");
#10
A = 32'hCCCCCCCC;
B = 32'hBBBBBBB;

$display("--------- Sending Data A = 32'h11111111 and B = 32'b11111111 -----
```

```
----");
    #10
    A = 32'h11111111;
    B = 32'h11111111;
    $display("--------- Test Ended ---------");
        #1000 $fnish;
    end

    //模块实例化
    adder u_adder(
        .clk(clk),
        .reset_n(reset_n),
        .en(en),
        .op_a(A),
        .op_b(B),
        .adder_out(sum),
        .carry_out(carry_out)
        );

    initial
        begin
        $dumpfle("adder_tb.vcd");
        $dumpvars(0,adder_tb);
        end
    endmodule
```

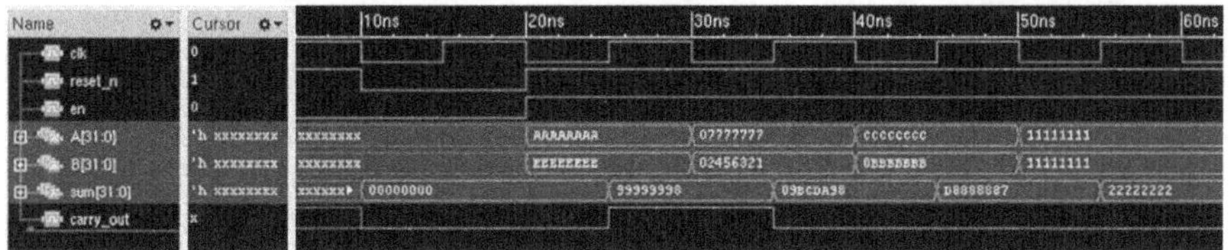

16位×16位乘法器

输入:A 和 B 中的两个 16 位操作数

输出:16 位 multi_out

功能:执行两个 16 位二进制数的操作数 A 和 B 的乘法运算,它们分别存储在代表操作数的两个 16 位寄存器中。结果存储在 16 位寄存器中。

设计文件:multiplier.v

```
/************************************
***
//该模块用于实现 A 和 B 的 16 位×16 位乘法器
//这是一个组合逻辑模块,不需要时钟和复位信号 //
//用户可以参考 Verilog HDL 语言的相关书籍来理解命令的语法//
************************************
****/
//16 位×16 位乘法器
module multiplier(
//-----------------时钟复位----------------//
    clk ,
    reset_n ,
//---------------输入--------------------//
    en ,
    op_a ,
    op_b ,
//-------------输出----------------------//
    multi_out
    );
//-----------------时钟复位----------------//
input clk,
    reset_n ;
//---------------输入--------------------//
input en;
```

```
input [15:0] op_a ,
    op_b ;
//--------------输出----------------------//
output [31:0] multi_out ;

reg [31:0] multi_out_reg ;



assign multi_out = multi_out_reg;


always@(posedge clk or negedge reset_n)
    begin
    if (! reset_n) begin
    multi_out_reg<=32'd0;
    end
    else begin
    if (en)
    multi_out_reg<= (op_a * op_b);
    end
end
endmodule
```

测试台模块 multiplier_tb

输入:无

输出:无

功能:对操作数 A 和 B 应用随机值,并将结果存储在 16 位寄存器中。可以使用波形查看器查看生成的波形文件 multiplier_tb.vcd。

```
/*************************************
***********************/
```

测试台文件:multiplier_tb.v

```
module multiplier_tb;
```

```
reg clk;
reg reset_n;
reg en;
reg [15:0] op_a;
reg [15:0] op_b;

wire [31:0] multi_out ;



multiplier u1(clk,reset_n,en,op_a,op_b,multi_out);
always #5 clk=~clk;

initial
    begin
    clk =0;
    reset_n=0;
    en=0;
    op_a=0;
    op_b=0;

    #10 reset_n=0;
    #10 reset_n=1;
    en =1;
    op_a = 16'hAAAA;
    op_b = 16'hBBBB;

#10 op_a = 16'h4444;
    op_b = 16'h1111;
#100 $finish;
end

initial
    begin
```

```
    $dumpfile("multiplier_tb.vcd");
    $dumpvars(0,multiplier_tb);
  end
endmodule
```

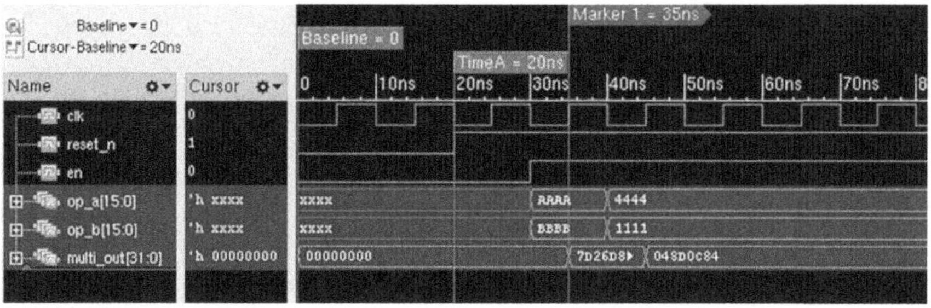

32 位溢位计数器

输入:en, load

输出:counter

功能:当启用设计时,计数器开始计数,当载入变为高电平时,将 33'hfffffff8 加载到 counter_out 中,并将结果存储在寄存器 counter_33 {counter_out_32, counter_overflow}中。

设计文件:counter_overflow.v

```
/*********************************************
//这个模块开始进行 32 位计数,当 load 信号变高时,将 33'hfffffff8 加载到 counter_out 中
//这是一个需要时钟和复位信号的时序模块 //
//用户可以参考 Verilog HDL 语言的相关书籍来理解命令的语法//
**********************************************/
//32 位溢位计数器的设计
module counter_overflow(
//------------------时钟复位-----------------//
    clk ,
    reset_n ,
```

```
//----------------输入---------------------//
    en ,
    load,
//--------------输出-----------------------//
    counter_out ,
    counter_overflow
    );

//输入输出声明



input clk,
    reset_n ;
//----------------输入---------------------//
input en;
input load;
//--------------输出-----------------------//
output [31:0] counter_out ;

output counter_overflow;



//内部信号声明
reg [32:0] counter_reg ;
wire load;

assign counter_overflow= counter_reg[32];
assign counter_out = counter_reg[31:0] ;

always@(posedge clk or negedge reset_n)
begin
    if (! reset_n) begin
    counter_reg<=33'd0;
```

```
        end
        if(load)
        counter_reg<=33'b111111111111111111111111111111000;
        if (en)
        counter_reg<=counter_reg+33'd1 ;
    end
    endmodule
```

测试台模块 counter_overflow_tb

输入:无

输出:无

功能:对使能和加载信号应用随机值,并检查 32 位计数的结果。可以使用波形查看器查看生成的波形文件 counter_overflow_tb.vcd。

测试台文件:counter_overflow_tb.v

```
modulecounter_overflow_tb;

    // 输入
    reg clk;
    reg reset_n;
    reg en;
    reg load;

    // 输出
    wire [31:0] counter_out;
    wire counter_overflow;

always
    #5 clk = ~clk;

    initial
    begin
```

```
    clk = 0;
    reset_n = 0;
    en = 0;
    load = 0;

    #10 reset_n = 0;
    #10 reset_n = 1;
    #10 en = 1;
    #10 load =1;
    #80 en=0;
#10 en=1;

#10000 $finish;
    end

    counter_overflow uut (
    .clk(clk),
    .reset_n(reset_n),
    .en(en),
    .counter_out(counter_out),
    .counter_overflow(counter_overflow),
    .load(load)
    );
    initial
    begin
    $dumpfile("counter_overflow _tb.vcd");
    $dumpvars(0, counter_overflow _tb);
    end
endmodule
```

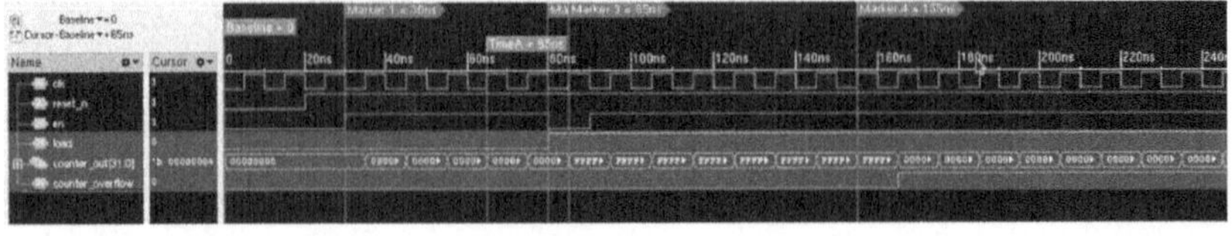

4 位上/下计数器

输入:en

输出:up_counter, down_counter

功能:当上计数器从 0000 计数到 1111 时,输出为高电平。当下计数器从 1111 计数到 0000 时,输出为高电平。

设计文件:updowncounter.v

```
/****************************************
//该模块开始进行 4 位上升计数和 4 位下降计数
//这是一个需要时钟和复位信号的时序模块 //
//用户可以参考 Verilog HDL 语言的相关书籍来理解命令的语法 //

****************************************/
//4 位上下计数器设计
module updowncounter(
    clk,
    resetn,
    en,
    up_counter,
    down_counter
    );
//-----------------输入端口-----------
input clk;//设计的时钟输入
input resetn;// 低电压复位
input en;// 高电压使能
//-----------------输出端口-----------
output[3:0] up_counter;
output[3:0] down_counter;
//-----------------输入数据类型-----------
```

```
wire clk;
wire resetn;
wire en;
//-----------------输出数据类型------------
reg [3:0] up_counter;
reg[3:0] down_counter;
//在时钟每个上升沿需要执行以下功能
always @(posedge clk or posedge resetn)
begin
if( ! resetn)/ * 如果重置为零,则将上升计数器重置为 0000,将下降计数器重置
为 1111 * /
begin
up_counter <= 4'b0000;
down_counter <=4'b1111;
end
else if(en)
begin
up_counter <= up_counter + 4'b0001;// 上升计数器的值
down_counter<= down_counter-4'b0001;// 下降计数器的值
end
end
endmodule
```

测试台模块 counter_tb

输入:无

输出:无

功能:应用随机值,并检查计数结果。可以使用波形查看器查看波形文件 updown_counter_tb. vcd。

测试台文件:updown_counter_tb. v

```
module updown_counter_tb;
    // 输入
    reg clk;
```

```
    reg resetn;
    reg en;

    // 输出
    wire [3:0] up_counter;
    wire [3:0] down_counter;

    // 时钟生成
always #5 clk = ~clk; // 每 5 个时钟周期翻转一次时钟

    initial begin
    // 初始化输入
    clk = 0;
    resetn = 1;
    en = 0;

// $display("--------- Test Started  ");
    #10 resetn = 0;
    #10 resetn = 1;
    en = 1;

    #500 $finish;
    end

    counter uut (
    .clk(clk),
    .resetn(resetn),
    .en(en),
    .up_counter(up_counter),
    .down_counter(down_counter)
    );

    initial begin
```

```
    $ dumpfile("updown_counter_tb.vcd");
    $ dumpvars(0,updown_counter_tb);
  end
endmodule
```

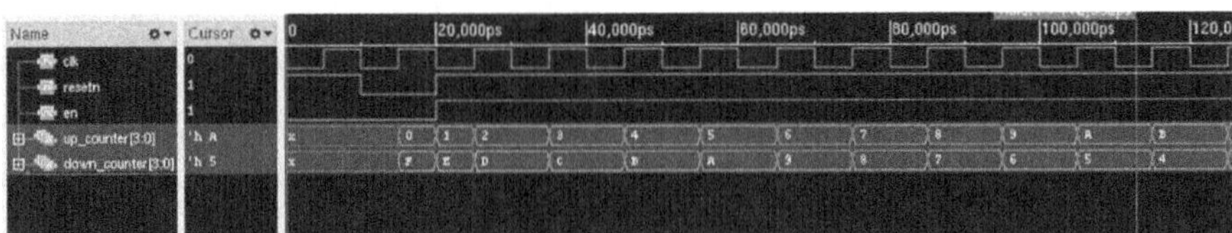

双客户端仲裁器

输入:来自客户 1 和客户 2 的请求

输出:批准 1,批准 2

功能:根据优先级批准客户(主设备)的请求。如果选择的优先级高,则首先批准客户 1 的请求,然后批准客户 2 的请求。

设计文件:arbiter.v

```
/*************************************
***
//此模块批准相应客户端的请求。如果两个客户端同时根据优先级发出请求,将先批准客户端 1 的请求,然后批准客户端 2 的请求。
//这是一个需要时钟和复位的时序模块 //
//用户可以参考 Verilog HDL 语言的相关书籍来理解命令的语法
 ************************************
****/
//仲裁器设计
module arbiter(
//-----------------输入数据---------------------//
    clk ,
    reset_n ,
//---------------输入接口---------------------//
    priority_sel , //1 表示客户 1,0 表示客户 2
    client1_req ,
    client2_req ,
//-----------------输出接口------------------//
```

```
    o_grant1 ,
    o_grant2
    );
//-----------------输入数据---------------------//
input clk,
  reset_n;
//---------------输入接口--------------------//
input priority_sel, // 0 表示客户 1,1 表示客户 2
client1_req,
client2_req;
//-----------------输出接口-----------------//
output o_grant1,
    o_grant2 ;
reg [1:0] curr_state ,
    next_state ;
reg client1_req_d,
    client2_req_d ;
parameter IDLE = 2'd0,
    CLIENT1 = 2'd1 ,
    CLIENT2 = 2'd2 ;

always@( client1_req_d ,
    client2_req_d ,
    curr_state ,
    priority_sel
    )
begin
    case (curr_state)

    IDLE : if (priority_sel && client1_req_d)
    next_state = CLIENT1 ;
    else if (client2_req_d)
    next_state = CLIENT2 ;
```

```
    else
    next_state = IDLE ;

    CLIENT1 : if ( client2_req_d )
    next_state = CLIENT2 ;
    else
    next_state = IDLE ;

    CLIENT2 : if ( client1_req_d )
    next_state = CLIENT1 ;
    else
    next_state = IDLE ;

default: next_state = IDLE ;



    endcase
end
always@(posedge clk or negedge reset_n)
    begin
    if (! reset_n ) begin
    curr_state<=2'd0;
    end
    else begin
    curr_state<=next_state ;
    end
end
assign o_grant1 =(curr_state == CLIENT1 ) ;
assign o_grant2 =(curr_state == CLIENT2 ) ;

always@(posedge clk or negedge reset_n)
begin
    if (! reset_n ) begin
```

```
        client1_req_d<=1'd0;
        client2_req_d<=1'd0;
        end
    else begin
        if (o_grant1)
        client1_req_d<=1'd0;
        else if (client1_req)
        client1_req_d <=1'd1;
        if (o_grant2)
        client2_req_d<=1'd0;
        else if (client2_req)
        client2_req_d <=1'd1;
        end
    end
    endmodule
```

测试台模块 arbiter_tb

输入：无

输出：无

功能：应用来自客户端 1 和客户端 2 的随机请求，并检查请求被批准的结果。可以使用波形查看器查看波形 arbiter_tb.vcd。

测试台文件：arbiter_tb. v

```
module arbiter_tb;

    // 输入
    reg clk;
    reg reset_n;
    reg priority_sel;
    reg client1_req;
    reg client2_req;
```

```
// 输出
wire o_grant1;
wire o_grant2;

initial begin
clk=1'd0;
forever #5 clk=~clk;
end
arbiter uut (
.clk(clk),
.reset_n(reset_n),
.priority_sel(priority_sel),
.client1_req(client1_req),
.client2_req(client2_req),
.o_grant1(o_grant1),
.o_grant2(o_grant2)
);

initial begin
clk = 0;
reset_n = 0;
priority_sel = 0;
client1_req = 0;
client2_req = 0;
end

initial begin
#10 reset_n =0;
#10 reset_n = 1;
@(posedge clk)
#10 priority_sel = 1;

client1_req = 1;
```

```
    client2_req = 0;

    #10
    client1_req = 0;
    client2_req = 1;

    #10
    client1_req = 0;
    client2_req = 0;

    #10
    priority_sel = 0;
    client1_req = 1;
    client2_req = 1;

    #10
    priority_sel = 1;
    client1_req = 1;
    client2_req = 1;
    #100 $finish;
    end
initial begin
 $dumpfile("arbiter_tb.vcd");
 $dumpvars(0,arbiter_tb);
end
endmodule
```

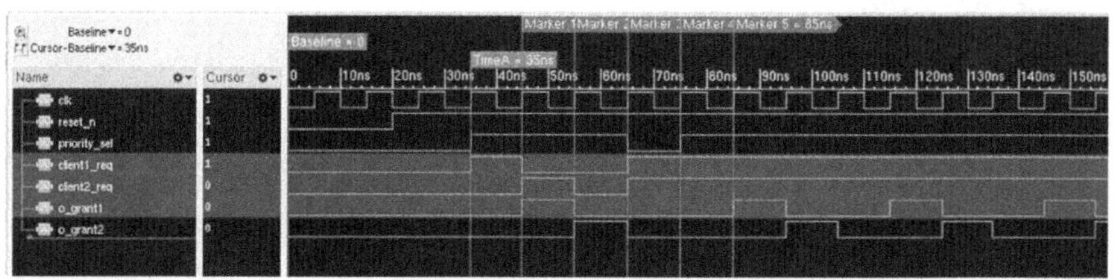

8：1 多路复用器

输入：din_8，select lines_3

输出：dout

功能：基于选择线工作，根据给定的输入生成相应的输出。

设计文件：mux8x1.v

```
/*************************************
***
//模块根据选择线的状态工作。如果选择线为 1，将选择第一个输入，可以此类推
// demux 是一个组合逻辑模块，不需要时钟和复位信号，但 demux 的输出是在时钟边沿锁存的，正如模型中所示 //
//用户可以参考 Verilog HDL 语言的相关书籍来理解命令的语法 //
*************************************
****/
//8：1 多路复用器
module mux8x1(
    clk,// 设计中的时钟输入
    rstn,// 低电平复位
    en,// 高电平使能
    din, //数据输入
    sel,// 选择线
    dout// 数据输出
    );
//--------------------------输入端口------------
input clk;
input rstn;
input en;
input [7:0] din;
input [2:0] sel;
//--------------------------输出端口-------------
output dout;

//----------------------------输入数据类型---------
```

```
wire clk;
wire rstn;
wire en;
wire [7:0] din;
wire [2:0] sel;
    //-----------------------输出数据类型---------------
reg dout;
//在时钟每个上升沿需要执行以下功能
always @(posedge clk or negedge rstn)
begin
if(! rstn)
dout = 0;
else if(en)
case(sel)
3'b000:dout=din[0];
3'b001:dout=din[1];
3'b010:dout=din[2];
3'b011:dout=din[3];
3'b100:dout=din[4];
3'b101:dout=din[5];
3'b110:dout=din[6];
3'b111:dout=din[7];
endcase
end
endmodule
```

测试台模块 mux8x1_tb

输入:无

输出:无

功能:将随机值应用于 3 位选择线,并检查 dout 的输出。可以使用波形查看器查看波形文件 mux8x1_tb.vcd。

测试台文件:mux8x1_tb.v

```
module mux8x1_tb;
    // 输入
    reg clk;
    reg rstn;
    reg en;
    reg [7:0] din;
    reg [2:0] sel;

    // 输出
    wire dout;

    // 时钟生成
always #5 clk = ~clk; // 每 5 个时钟周期翻转一次时钟

    initial begin
    // 初始化输入
    clk = 0;
    rstn = 1;
    en = 0;
// $display("--------- Test Started --------- ");
    #10 rstn = 0;
    #10 rstn = 1;
    en = 1;

    sel=3'b000; din = 8'b00000001;
#10 sel=3'b001; din = 8'b00000010;
#10 sel=3'b010; din = 8'b00000100;
#10 sel=3'b011; din = 8'b00001000;
#10 sel=3'b100; din = 8'b00010000;
#10 sel=3'b101; din = 8'b00100000;
#10 sel=3'b110; din = 8'b01000000;
#10 sel=3'b111; din = 8'b10000000;
#10 sel=3'b111; din = 8'b00000000;
```

```
#10 sel=3'b110; din = 8'b10000000;
#10 sel=3'b100; din = 8'b00010000;
#100 $finish;
end
    mux8x1 uut (
    .clk(clk),
    .rstn(rstn),
    .en(en),
    .din(din),
    .sel(sel),
    .dout(dout)
    );
    initial
    begin
    $dumpfile("mux8x1_tb.vcd");
    $dumpvars(0,mux8x1_tb);
    end
endmodule
```

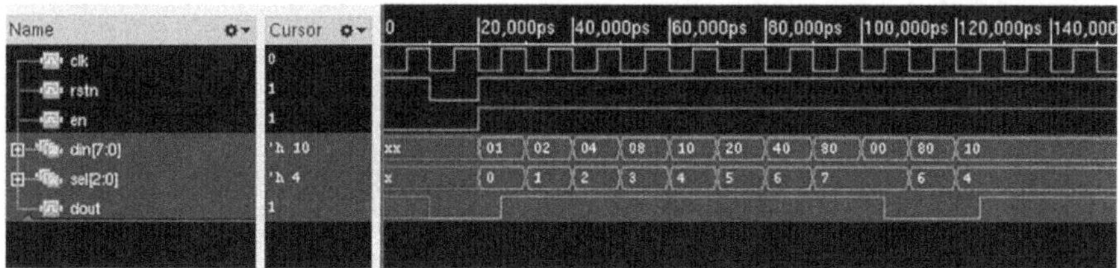

1∶8 多路分用器

输入:din_8, select lines_3

输出:dout

功能:基于选择线工作,根据给定的输入生成适当的输出。

设计文件:demux1x8.v

```
/*************************************
***
//该模块基于选择线工作。如果选择线为 2,则输出中的第 2 位将是高电平,其余位
将为零
```

```
//这是一个组合逻辑模块,不需要时钟和复位信号,但是输出使用时钟锁存 //
//用户可以参考 Verilog HDL 语言的相关书籍来理解命令的语法 //
*************************************
****/
// 3 条选择线的 1:8 多路分用器

module demux1x8(
    clk,
    rstn,
    en,
    sel,
    din,
    dout
    );
//--------------输入端口-----------
input clk; // 设计的时钟输入
input rstn;// 低电平复位
input en;// 高电平使能
input [2:0] sel;// 选择线
input din;// 输入数据

//--------------输出端口-----------


output [7:0] dout;// 输出数据


//--------------输入数据类型-----------


wire clk;
wire rstn;
wire en;
```

```
wire din;
wire [2:0] sel;
//--------------输出数据类型-----------

reg [7:0] dout;


//在时钟每个上升沿需要执行以下功能
always @(posedge clk or negedge rstn)
begin
if(! rstn) // 检查条件 reset=0,重置 dout 为 0
dout = 0;
else if(en)
case(sel)
3'b000:begin
    dout[0]=din;
    dout[7:1]=7'b0;
    end
3'b001:begin
    dout[1]=din;
    dout[0]=1'b0;
    dout[7:2]=6'b0;
    end
3'b010:begin
    dout[2]=din;
    dout[1:0]=2'b0;
    dout[7:3]=5'b0;
    end
3'b011:begin
    dout[3]=din;
    dout[2:0]=3'b0;
    dout[7:4]=4'b0;
    end
```

```
3'b100:begin
    dout[4]=din;
    dout[3:0]=4'b0;
    dout[7:5]=3'b0;
    end
3'b101:begin
    dout[5]=din;
    dout[4:0]=5'b0;
    dout[7:6]=2'b0;
    end
3'b110:begin
    dout[6]=din;
    dout[5:0]=6'b0;
    dout[7]=1'b0;
    end
3'b111:begin
    dout[7]=din;
    dout[6:0]=7'b0;
    end
    endcase
end
endmodule
```

测试台模块 demux1x8_tb

输入:无

输出:无

功能:将随机值应用于 3 位选择线,并检查 dout 的输出。可以使用波形查看器查看波形文件 demux_tb.vcd。

测试台文件:demux1x8_tb.v

```
module demux1x8_tb;

    // 输入
```

```
    reg clk;
    reg rstn;
    reg en;
    reg [2:0] sel;
    reg din;

    // 输出
    wire [7:0] dout;

//时钟生成
always #5 clk = ~clk; // 每 5 个时钟周期翻转一次时钟

initial begin
    clk = 0;
    rstn = 0;
    en = 0;

    //$display("--------- Test Started  ");
    #10 rstn = 0;
    #10 rstn = 1;
    en = 1;

    sel=3'b000; din = 1'b1;
#10 sel=3'b001; din = 1'b1;
#10 sel=3'b010; din = 1'b1;
#10 sel=3'b011; din = 1'b1;
#10 sel=3'b100; din = 1'b1;
#10 sel=3'b101; din = 1'b1;
#10 sel=3'b110; din = 1'b1;
#10 sel=3'b111; din = 1'b1;

#100 $finish;
end
```

```
demux1x8 uut(
    .clk(clk),
    .rstn(rstn),
    .en(en),
    .sel(sel),
    .din(din),
    .dout(dout)
    );
initial
    begin
    $dumpfile("demux1x8_tb.vcd");
    $dumpvars(0,demux1x8_tb);
    end
endmodule
```

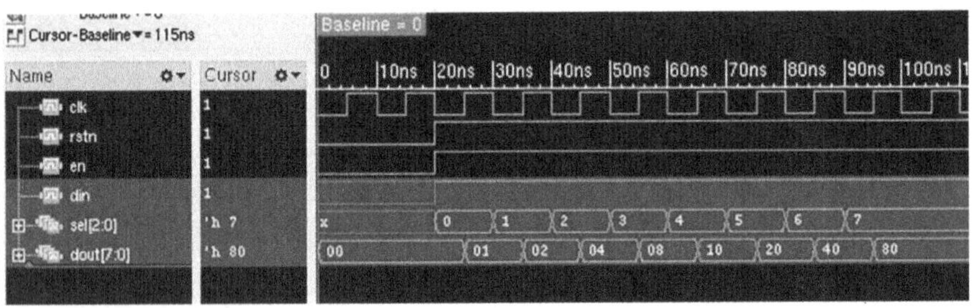

4 : 2 编码器

输入:4-bit din

输出:2-bit dout

功能:编码 4 位数据输入。

设计文件:encoder4x2.v

```
/*********************************
***
//模块开始对 4 位 din 进行编码
//这是一个组合逻辑模块,不需要时钟和复位信号,但是输出使用时钟锁存 //
//用户可以参考 Verilog HDL 语言的相关书籍来理解命令的语法 //
*********************************
****/
```

```
//4：2 编码器
module encoder4x2(
    din,clk,
    dout,rstn,
    en
    );
//-----------------------输入端口-----------
input en;// 高电平使能
input clk;// 设计的时钟输入
input rstn;// 低电平复位
input [3:0]din;// 4 位输入数据

//-----------------------输出端口-----------


output [1:0] dout;// 2 位输出数据



//-----------------------输入数据类型-----------
wire en;
wire rstn;
wire [3:0]din;
//-----------------------输出数据类型-----------

reg [1:0]dout;


//在时钟每个上升沿需要执行以下功能
always @( posedge clk or negedge rstn)
begin
if(! rstn)
dout=2'b00;
else if(en)
```

```
case(din)
4'b0001:dout=2'b00;
4'b0010:dout=2'b01;
4'b0100:dout=2'b10;
4'b1000:dout=2'b11;
default dout=2'b00;
endcase
end
endmodule
```

测试台模块 encoder4x2_tb

输入:无

输出:无

功能:向4位din应用随机值,并检查编码的2位dout。可以使用波形查看器查看波形文件 waveform encoder4x2_tb.vcd。

测试台文件:encoder4x2_tb.v

```
module encoder4x2_tb;



    // 输入
    reg [3:0] din;
    reg en;
    reg clk;
    reg rstn;
    // 输出
    wire [1:0] dout;
//时钟生成
always #5 clk = ~clk; // 每5个时钟周期翻转一次时钟

    initial begin
    // 初始化输入
    clk = 0;
    rstn = 1;
```

```
    en = 0;

// $display("--------- Test Started --------- ");
    #10 rstn = 0;
    #10 rstn = 1;
    en = 1;

    din = 4'b0001;
    #10 din = 4'b0010;
    #10 din = 4'b0100;
    #10 din = 4'b1000;

#100 $finish;
end
    encoder4x2 uut (
    .clk(clk),
    .din(din),
    .dout(dout),
    .rstn(rstn),
    .en(en)
    );

    initial
    begin
    $dumpfile("encoder4x2_tb.vcd");
    $dumpvars(0,encoder4x2_tb);
    end
endmodule
```

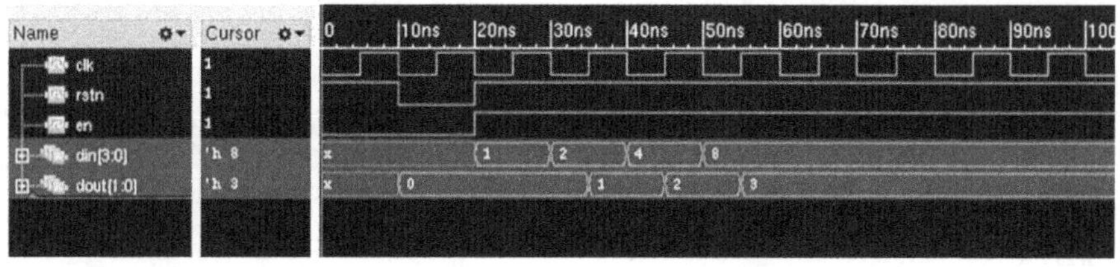

2：4 解码器

输入:2-bit din

输出:4-bit dout

功能:解码 2 位二进制输入。

设计文件:decoder2x4.v

```
/****************************************
***
//模块开始解码 2 位二进制输入
//这是一个组合逻辑模块,不需要时钟和复位信号,但是输出使用时钟锁存 //
//用户可以参考 Verilog HDL 语言的相关书籍来理解命令的语法 //
*************************************
****/
//2：4 解码器
module decoder2x4(
    clk,
    rstn,
    en,
    din,
    dout
    );

//---------------输入端口----------------
input en;// 高电平使能
input clk;// 设计的时钟输入
input rstn;// 低电平复位
input [1:0]din;// 输入数据

//---------------输出端口----------------
output [3:0]dout;// 输出数据
//---------------输入数据类型---------------
wire clk;
wire en;
```

```
wire rstn;
wire [1:0]din;
//---------------输出数据类型端口----------------
reg [3:0]dout;
//在时钟的每个上升沿应执行以下操作
always @( posedge clk or negedge rstn)
begin
if(! rstn)// 检查条件 reset=0，重置 dout 为 0
dout=4'b0000;
else if(en)
case(din)
2'b00:dout=4'b0001;
2'b01:dout=4'b0010;
2'b10:dout=4'b0100;
2'b11:dout=4'b1000;
default dout=4'b0000;
endcase
end
endmodule
```

测试台模块 decoder2x4_tb

输入：无

输出：无

功能：向 2 位 din 输入随机值，并检查解码后的 4 位 dout。可以使用波形查看器查看波形文件 decoder_tb.vcd。

测试台文件：decoder2x4_tb.v

```
module decoder2x4_tb;

    // 输入
    reg clk;
    reg rstn;
    reg en;
```

```
    reg [1:0] din;

    // 输出
    wire [3:0] dout;
    // 时钟生成
always #5 clk = ~clk; // 每 5 个时钟周期翻转一次时钟

    initial begin
    // 初始化输入
    clk = 0;
    rstn = 1;
    en = 0;

// $display("--------- Test Started ---------");
    #10 rstn = 0;
    #10 rstn = 1;
    en = 1;

    din = 2'b00;
    #10 din = 2'b01;
    #10 din = 2'b10;
    #10 din = 2'b11;
#100 $finish;
    end
    decoder uut (
    .clk(clk),
    .rstn(rstn),
    .en(en),
    .din(din),
    .dout(dout)
    );

    initial
```

```
    begin
     $ dumpfile("decoder2x4_tb.vcd");
     $ dumpvars(0,decoder2x4_tb);
    end
endmodule
```

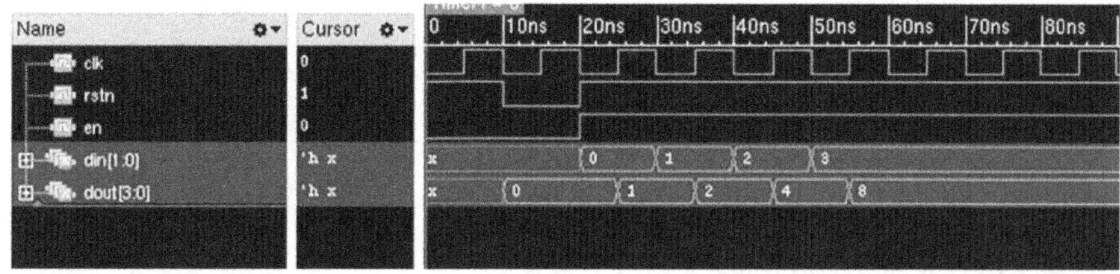

2×2 矩阵乘法器

输入:A 和 B 中的两个 32 位操作数

输出:Res;

功能:执行两个 32 位二进制数在 A 和 B 中的矩阵乘法运算,这两个数分别存储在表示操作数的 32 位寄存器中。结果存储在 32 位的 Res_32 寄存器中。

设计文件:matrix2x2_mult.v

```
/*********************************
***
//该模块用于 2×2 矩阵相乘。两个输入将从一维转换为三维数组,并且每一行和每一列都将具有 8 位 //
//这是组合逻辑模块,不需要时钟和复位信号 //
//用户可以参考 Verilog HDL 语言的相关书籍来理解命令的语法 //
 ********************************
****/
//2×2 矩阵乘法器
module matrix2x2_mult(A, B, Res, clk, rstn, en);
//-------------输入端口--------------------
    input clk, rstn, en;
    input [31:0] A;
    input [31:0] B;
// -----------------------输出端口----------
```

```
    output [31:0] Res;

//------------------输入数据类型------------
    wire clk,rstn,en;
//------------------输出数据类型------------
    reg [31:0] Res;
    reg [7:0] A1 [0:1][0:1];
    reg [7:0] B1 [0:1][0:1];
    reg [7:0] Res1 [0:1][0:1];

//对于所有 A 和 B 的值,都应采用以下格式
always@( A or B )
    begin
    {A1[0][0],A1[0][1],A1[1][0],A1[1][1]} = A;
    {B1[0][0],B1[0][1],B1[1][0],B1[1][1]} = B;
    end
//在时钟每个上升沿需要执行以下功能

    always@ ( posedge clk or negedge rstn )
    begin
    if(! rstn) begin
    {Res1[0][0],Res1[0][1],Res1[1][0],Res1[1][1]} = 32'd0;
    end
    else
    if(en) begin
    Res1[0][0] =(A1[0][0] * B1[0][0]) + (A1[0][1] * B1[1][0]);
    Res1[0][1] =(A1[0][0] * B1[0][1]) + (A1[0][1] * B1[1][1]);
    Res1[1][0] =(A1[1][0] * B1[0][0]) + (A1[1][1] * B1[1][0]);
    Res1[1][1] =(A1[1][0] * B1[0][1]) + (A1[1][1] * B1[1][1]);

    Res = {Res1[0][0],Res1[0][1],Res1[1][0],Res1[1][1]};
    end
end
endmodule
```

测试台模块 matrix2x2_mult_tb

输入:无

输出:无

功能:应用 A 和 B 的随机值,并将结果存储在 32 位寄存器中。可以使用波形查看器查看波形文件 matrix 2x2_mult_tb. vcd。

测试台文件:matrix2x2_mult_tb. v

```
module matrix2x2_tb();
    reg [31:0] A;
    reg [31:0] B;
    reg clk;
    reg rstn;
    reg en;
//输出
    wire [31:0] Res;
    always #5 clk = ~clk;
    initial begin
    clk =0;
    rstn =0;
    en =0;
    A = 0;
    B = 0;

    #10 rstn =0;
    #10 rstn =1;
    #10 en =1;
    A=32'b00000001000000010000000100000001;
    #10 B=32'b00000001000000010000000100000001;

    #10 A=32'b00000010000000100000001000000010;
    #10 B=32'b00000010000000100000001000000010;
```

```
#100 $finish;
    end
    matrix2x2_mult uut (
    .A(A),
    .B(B),
    .Res(Res),
    .clk(clk),
    .rstn(rstn),
    .en(en)
    );
    initial begin
     $dumpfile("matrix2x2_mult_tb.vcd");
     $dumpvars(0, matrix2x2_mult_tb);
    end
endmodule
```

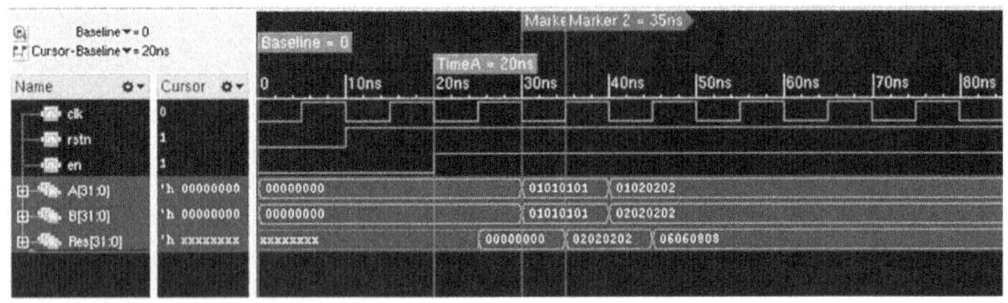

2 位比较器

输入:A 和 B

输出:a-greater than-b, a-equal to-b, a-lesser than-b

功能:比较输入的 A 和 B。如果 A 大于 B,则将结果存储在 a_grtr_b 中。如果 A 小于 B,则将结果存储在 a_lesr_b 中。如果 A 等于 B,则将结果存储在 a_eql_b 中。

设计文件:comparator.v

```
/*********************************
***
//该模块对 2 位输入 A 和 B 进行比较并给出结果,即 A 大于 B、小于 B 或等于 B//
```

```
//这是一个组合逻辑模块,不需要时钟和复位信号//
//用户可以参考 Verilog HDL 语言的相关书籍来理解命令的语法 //
 * * * * * * * * * * * * * * * * * * * * * * * * * * * * * * * * * * *
* * * * */
//比较器设计
module comparator(
    clk,
    rstn,
    en,
    A,
    B,
    a_grtr_b,
    a_lsr_b,
    a_eql_b
    );
//----------------输入端口--------------
    input clk;// 设计的时钟输入
    input rstn;// 低电平复位
    input en;// 高电平使能
    input [1:0] A;
    input [1:0] B;
//-----------------输出端口--------
    output a_grtr_b;
    output a_lsr_b;
    output a_eql_b;
//------------------输入数据类型----------
    wire clk;
    wire rstn;
    wire en;
    wire [1:0] A;
    wire [1:0] B;
//-----------------输出数据类型---------------
    reg a_grtr_b;
```

```
    reg a_lsr_b;
    reg a_eql_b;
//在每个时钟上升沿
    always@(posedge clk or negedge rstn)
begin
    if(! rstn)// 如果 rstn 为 0,则将所有值重置为零
    begin
    a_grtr_b = 1'b0;
    a_lsr_b = 1'b0;
    a_eql_b = 1'b0;
    end
    else if (en)// 如果使能信号为高,则开始比较输入
    begin
    a_grtr_b = ((A[1]&(~B[1]))|(A[0]&(~B[0])&(~B[1]))|(A[0]&A[1]& (~B
[0])));
    a_lsr_b  = (((~A[1])&B[1])|((~A[0])&A[1]&B[1])|((~A[1])&B[0]&B
[1]));
    a_eql_b = (((~A[0])&(~A[1])&(~B[0])&(~B[1]))|((A[0]&(~&B[0])&
(~B[1]))|(A[0]&A[1]&B[0]&B[1])|((~A[0])&A[1]&(~B[0])&B[1])));
end
end
endmodule
```

测试台模块 comparator_tb

输入:无

输出:无

功能:将随机值应用于 A 和 B,并检查它们之间的比较结果。可以使用波形查看器查看波形文件 comparator_tb.vcd。

```
测试台文件:comparator_tb
module comparator_tb;
    // 输入
```

```
    reg clk;
    reg rstn;
    reg en;
    reg [1:0] A;
    reg [1:0] B;

    // 输出
    wire a_grtr_b;
    wire a_lsr_b;
    wire a_eql_b;

//时钟生成
always #5 clk = ~clk; // 每 5 个时钟周期翻转一次时钟

    initial begin
    // 初始化输入
    clk = 0;
    rstn = 1;
    en = 0;
    A = 0;
    B = 0;

// $display("--------- Test Started ---------");


    #10 rstn = 0;
    #10 rstn = 1;
    en = 1;

    A=2'b00;B=2'b00;
#10 A=2'b01;B=2'b10;
#10 A=2'b10;B=2'b00;
#10 A=2'b11;B=2'b11;
```

```
#10 A=2'b10;B=2'b01;

#100 $finish;
end

    comparator uut (
    .clk(clk),
    .rstn(rstn),
    .en(en),
    .A(A),
    .B(B),
    .a_grtr_b(a_grtr_b),
    .a_lsr_b(a_lsr_b),
    .a_eql_b(a_eql_b)
    );
    initial
    begin
     $dumpfile("comparator_tb.vcd");
     $dumpvars(0,comparator_tb);
    end

endmodule
```

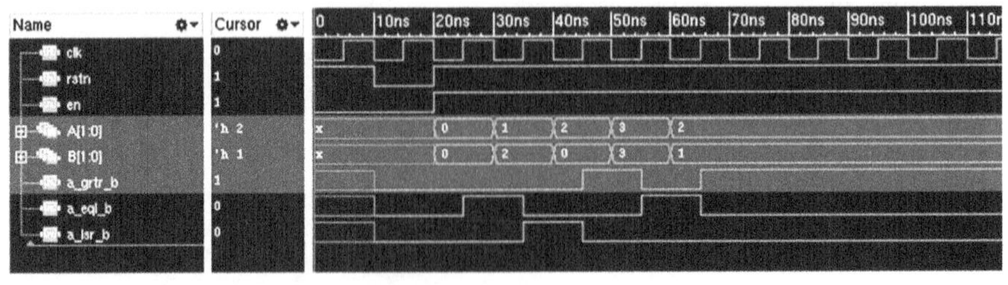

基于有限状态机的序列检测器

输入：串行输入数据

输出：seq_detected

功能：检测序列 10101。检测到该序列时，输出 seq_detected 为高电平。

设计文件:fsm.v

```
/* * * * * * * * * * * * * * * * * * * * * * * * * * * * * * * * * * *
* * *
//此模块仅用于检测序列 10101
//这是一个需要时钟和复位的时序模块 //
//用户可以参考 Verilog HDL 语言的相关书籍来理解命令的语法 //
 * * * * * * * * * * * * * * * * * * * * * * * * * * * * * * * * * * *
* * * */
// 10101 的非重叠序列检测器
module fsm(
//------------------时钟复位-----------------//
    clk ,
    reset_n ,
//----------------输入--------------------//
    input_data ,
//--------------输出----------------------//
    seq_detected
    );
//------------------时钟复位-----------------//
input clk,
    reset_n ;
//----------------输入--------------------//
input input_data;
//--------------输出----------------------//
output seq_detected;

reg [2:0] curr_state ,
    next_state ;

parameter IDLE =3'd0,
    SEQ_A =3'd1 ,
    SEQ_B =3'd2 ,
    SEQ_C =3'd3 ,
```

```
        SEQ_D =3'd4 ;

    //------------------下一状态逻辑-------------------------------//
    always@( curr_state ,
        input_data
        )
    begin
        case (curr_state)

        IDLE : if (input_data)
        next_state= SEQ_A ;
        else
        next_state= IDLE;

        SEQ_A : if (! input_data)
        next_state =SEQ_B ;
        else
        next_state =SEQ_A ;

        SEQ_B : if (input_data)
        next_state = SEQ_C ;
        else
        next_state =IDLE ;

        SEQ_C : if (! input_data)
        next_state = SEQ_D;
        else
        next_state=SEQ_A ;

        SEQ_D : if (input_data )
        next_state = SEQ_A;
        else
        next_state = IDLE ;
```

```
    default : next_state = IDLE ;
    endcase
end

//-------------当前状态逻辑------------------------//
always@(posedge clk or negedge reset_n)
begin
    if (! reset_n) begin
    curr_state<=3'd0 ;
    end
else begin

    curr_state<=next_state;
    end
end

//------------输出逻辑-------------------------//
assign seq_detected =(curr_state==SEQ_D && input_data);
endmodule
```

测试台模块 fsm_tb

输入:无

输出:无

功能:应用随机值并检测序列。可以使用波形查看器查看波形文件 fsm_tb.vcd。

测试台文件:fsm_tb.v

```
module fsm_tb;
reg Clk;
reg Reset_n;
reg [8:0] pattern;
reg data_in;
wire seq_detected;
```

```
//时钟生成
    always #5 Clk = ~Clk;

    initial
begin
    Clk = 0;
    Reset_n = 1;

    $display("--------- Test Started ---------");
    #10 Reset_n = 0;
    #10 Reset_n = 1;

$display("--------- Sending Data pattern 111010101 ---------");
@(posedge Clk);
    pattern = 9'b111010101;

#10 data_in = pattern[8];
#10 data_in = pattern[7];
#10 data_in = pattern[6];
#10 data_in = pattern[5];
#10 data_in = pattern[4];
#10 data_in = pattern[3];
#10 data_in = pattern[2];
#10 data_in = pattern[1];
#10 data_in = pattern[0];

$display("--------- Sending Data pattern 110010101 ---------");
@(posedge Clk);
    pattern = 9'b110010101;
    data_in = pattern[8];
#10 data_in = pattern[7];
#10 data_in = pattern[6];
#10 data_in = pattern[5];
```

```
#10 data_in = pattern[4];
#10 data_in = pattern[3];
#10 data_in = pattern[2];
#10 data_in = pattern[1];
#10 data_in = pattern[0];

$display("--------- Sending Data pattern 101010101 ---------");


   pattern = 9'b101010101;
@(posedge Clk);
#10 data_in = pattern[8];
#10 data_in = pattern[7];
#10 data_in = pattern[6];
#10 data_in = pattern[5];
#10 data_in = pattern[4];
#10 data_in = pattern[3];
#10 data_in = pattern[2];
#10 data_in = pattern[1];
#10 data_in = pattern[0];

$display("--------- Test Ended ---------");
   #1000 $finish;
end

fsm u_fsm(
   .clk(Clk), // 设计的时钟输入
   .reset_n(Reset_n),// 低电平有效、同步复位输入
   .input_data(data_in),// 输入数据位
   .seq_detected(seq_detected)// 序列检测
   );// 端口列表结束

   initial
```

```
    begin
     $ dumpfile("fsm_tb.vcd");
     $ dumpvars(0,fsm_tb);
    end
endmodule
```

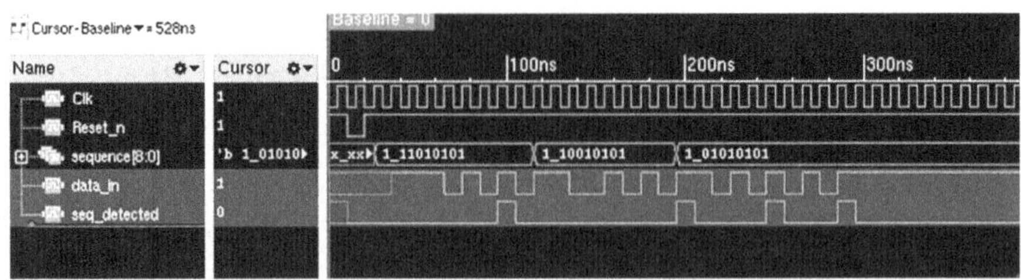

线性反馈移位寄存器

输入:en

输出:count_4

功能:适用于多项式 $1+x+x^4$。输出会生成伪随机数{count_4}。我们无法预测下一个数值。

设计文件:lfsr.v

```
/*************************************
***
//该模块适用于多项式 1+x+x^4 //
//这是一个需要时钟和复位信号的时序模块 //
//用户可以参考 Verilog HDL 语言的相关书籍来理解命令的语法 //
*************************************
****/
module lfsr(
    clk,
    en,
    reset_n,
    count
    );
input clk;
input reset_n;
```

```
input en;
output [3:0] count;
    reg [3:0] count;
wire feedback;

    assign feedback =(count[3]^count[0]);
    always @(posedge clk or negedge reset_n)
    begin
    if(! reset_n)
    count =4'd1;
    else
    if(en)
    count ={count[2:0],feedback};
end
endmodule
```

测试台模块 lfsr_tb

输入:无

输出:无

功能:应用随机值并检测多项式 $1+x+x^4$ 的 4 位计数器输出。可以使用波形查看器查看波形文件 lfsr_tb.vcd。

测试台文件:lfsr_tb.v

```
module lfsr_tb();
reg clk;
reg reset_n;
reg en;
wire [3:0] count;

lfsr u1(
```

```
    .clk(clk),
    .reset_n(reset_n),
    .en(en),
    .count(count)
    );
initial begin
clk=0;
forever #5 clk=~clk;
end

initial begin
#10;
@(posedge clk)
reset_n =0;
en=0;
#10;
    reset_n =1;
en=1;
#100 $finish;
end
initial begin
$dumpfile("lfsr_tb.vcd");
$dumpvars(0,lfsr_tb);
end
endmodule
```

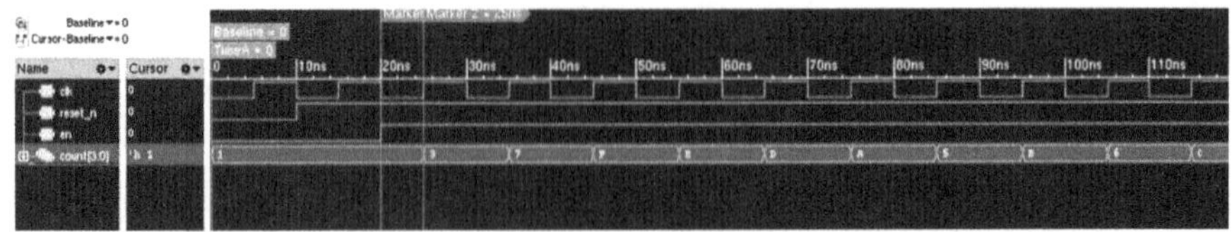

时-分-秒计时器

输入:en

输出:sec_6,min_6,hour_5

功能:当复位信号为高电平时,时、分、秒全部归零。当复位信号为 0 时,秒数开始递增。如果秒数等于 59,则秒数归零,同时分钟数开始递增。如果分钟数等于 59,则分钟数归零,同时小时数开始递增。

设计文件:timer.v

```
/*************************************
***
//该模块先递增秒数,然后递增分钟数,最后递增小时数
//这是一个需要时钟和复位信号的时序模块 //
//用户可以参考 Verilog HDL 语言的相关书籍来理解命令的语法 //
*************************************
****/
module timer(
    clk, //时钟输入
    second,// 秒的输出
    minute,// 分钟的输出
    hour, // 小时的输出
    rstn // 低电平复位
    );
//----------------------输入端口------------------
    input clk;
    input rstn;
//---------------------输出端口-----------------
    output [5:0] second;
    output [5:0] minute;
    output [4:0] hour;
//-------------------输入数据类型----------------
    wire clk;

//-------------------输出数据类型----------------
```

```
    reg [5:0] second;
    reg [5:0] minute;
    reg [4:0] hour;

    //在时钟每个上升沿需要执行以下功能
always @(posedge clk)
begin
if(rstn) // 在每个时钟上升沿，如果复位信号为1，则将秒、分、时置零
0 to second minute hour
begin
second <=6'd0;
minute <= 6'd0;
hour <= 5'd0;
end

    else if (second == 6'd59)
    begin
    second <= 6'd0;// 如果秒数等于59，则将秒数归零
    if (minute == 6'd59)
    begin
    minute <= 6'd0;// 如果分钟数等于59，则将分钟数归零
    if (hour == 5'd23)
    begin
    hour <= 5'd0;// 如果小时数等于23，则将小时数归零
    end
    else
    begin
    hour <= hour + 5'd1;
    end
    end
    else
```

```
    begin
    minute <= minute + 6'd1;
    end
    end
    else
    begin
    second <= second + 6'd1;
    end
    end
endmodule
```

测试台模块 timer_tb

输入:无

输出:无

功能:应用随机值并检查结果。可以使用波形查看器查看波形文件 timer_tb.vcd 。

测试台文件:timer_tb.v

```
module timer_tb;


    // 输入
    reg clk;
    reg rstn;

    // 输出
    wire [5:0] second;
    wire [5:0] minute;
    wire [4:0] hour;

    // 时钟生成
```

```
always #5 clk = ~clk; // 每 5 个时钟周期翻转一次时钟
    initial begin
    // 初始化输入
    clk = 0;
    rstn = 1;

// $display("--------- Test Started ---------");
    #10 rstn = 1;
    #10 rstn = 0;

    #3000000 $finish;
    end

    timer uut (
    .clk(clk),
    .second(second),
    .minute(minute),
    .hour(hour),
    .rstn(rstn)
    );

    initial
    begin
    $dumpfile("timer_tb.vcd");
    $dumpvars(0,timer_tb);
    end
endmodule
```

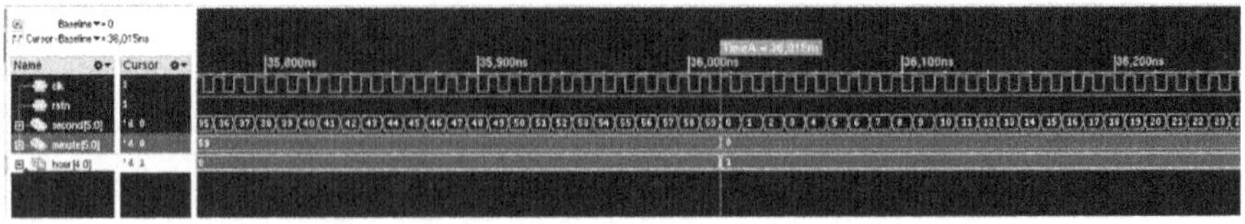

自同步扰频器

输入:bit_in

输出:bit_out

功能:用于实现 802.11b 同步主动高电平复位和主动高电平使能信号的 7 位扰码功能。

设计文件:self_sync_scrambler.v

```
/*************************************
***
//该模块执行 1+x^3+x^6 的线性反馈移位寄存器
//这是一个需要时钟和复位信号的时序模块 //
//用户可以参考 Verilog HDL 语言的相关书籍来理解命令的语法 //
 *************************************
****/
module self_sync_scrambler(
    clock ,// 设计的时钟输入
    resetn ,// 低电平有效、同步复位输入
    enable ,// 高电平使能信号
    bit_in,// 输入数据位
    bit_out // 扰乱序列输出比特
    ); // 端口列表结束
    //-------------输入端口----------------------------
    input clock ;
    input resetn ;
    input enable ;
    input bit_in;

    //-------------输出端口---------------------------
    output bit_out;

    //-------------输入端口数据类型------------------
    // 根据规定,所有输入端口都应该是 wire 类型
    wire clock ;
    wire resetn ;
    wire enable ;
    //-------------输出端口数据类型-----------------
```

```
    // 输出端口可以是存储元件(reg 类型)或 wire 类型
    reg [6:0] state_out ;
    wire bit_out;

    //------------代码起始处------------------------
    assign feedback = (bit_in ^ state_out[6] ^ state_out[3]);
    assign bit_out = feedback;

    // 根据时钟的正电平触发下面的模块
    always @ (negedge resetn or posedge clock)
    begin : SCRAMBLER // 模块名称
    if (resetn == 1'b0) begin
    state_out <= #1 7'b1111111;
    end
    // 如果使能信号处于激活状态,就进行状态更新
    else if (enable == 1'b1) begin
    state_out <= {state_out[5:0], feedback};
    end
    end // 模块:SCRAMBLER
endmodule
```

设计文件:self_sync_descrambler.v

输入:bit_in

输出:bit_out

功能:用于实现 802.11b 同步激活高复位和激活高使能信号的 7 位解扰功能。

```
/ * * * * * * * * * * * * * * * * * * * * * * * * * * * * * * * * * * * *
* * *
//该模块执行 1+x^3+x^6 的线性反馈移位寄存器
//这是一个需要时钟和复位信号的时序模块 //
//用户可以参考 Verilog HDL 语言的相关书籍来理解命令的语法 //
 * * * * * * * * * * * * * * * * * * * * * * * * * * * * * * * * * * * *
* * * * /
module self_sync_descrambler(
    clock , // 设计的时钟输入
    resetn , // 高电平有效,同步复位输入
```

```
enable , // 高电平使能信号
bit_in, // 输入数据位
bit_out // 扰乱序列输出比特
); // 端口列表结束
//-------------输入端口---------------------------
input clock ;
input resetn ;
input enable ;
input bit_in;

//-------------输出端口---------------------------
output bit_out;

//-------------输入端口数据类型-------------------
// 根据规定,所有输入端口都应该是 wire 类型
wire clock ;
wire resetn ;
wire enable ;
//-------------输出端口数据类型------------------
// 输出端口可以是存储元件(reg 类型)或者是 wire 类型
reg [6:0] state_out ;
reg bit_out;

//------------代码起始处-------------------------
assign feedback = (bit_in ^ state_out[6] ^ state_out[3]);

// 根据时钟的正电平触发下面的模块
always @ (negedge resetn or posedge clock)
begin : DESCRAMBLER // 模块名称
if (resetn == 1'b0) begin
//自同步,因此重置应为未知状态
//这可能会在综合过程中引起问题
state_out <= #1 7'bXXXXXXX;
end
```

```
    else if (enable == 1'b1) begin
    state_out <= {state_out[5:0],bit_in};
    bit_out <= feedback;
    end
    end // 模块:DESCRAMBLER
endmodule
```

测试台模块 self_sync_scr_tb_top

输入:无

输出:无

功能:将随机值应用于模式,并通过生成匹配信号来检查结果。可以使用波形查看器查看波形文件 self_sync_scr_tb_top.vcd。

```
测试台文件:self_sync_scr_tb_top.v
Moduleself_sync_scr_tb_top;

reg Clk;
reg Resetn;
reg Enb;
reg [7:0] Pattern;
reg [7:0] DataIn;
reg [7:0] DataOut;
integer errCnt;
integer CompFlag;
reg Match;
wire Din;
wire Sout;
wire Dout;

//时钟生成
    always #5 Clk = ~Clk;
```

```
assign Din = DataIn[7];


initial
begin
    Clk = 0;
    Resetn = 1;
    Enb = 0;
    CompFlag =0;
    errCnt = 0;
    Match = 0;
    $display("--------- Test Started ---------");
    #10 Resetn = 0;
    #10 Resetn = 1;

    $display("--------- Sending Data Patternn : 0x55 ---------");
    repeat (10) @ (posedge Clk);
    Pattern = 8'h55;
    DataIn = Pattern;
    #10 Enb = 1;
    repeat (100) begin
    @ (posedge Clk) #1 DataIn = {DataIn[6:0],DataIn[7]};
    end
    repeat (10) @ (posedge Clk)Enb = 0;

    $display("--------- Sending Data Patternn : 0x11 ---------");
    repeat (10) @ (posedge Clk);
    Enb = 1;
    Pattern = 8'h11;
    DataIn = Pattern;
    repeat (100) begin
    @ (posedge Clk) #1 DataIn = {DataIn[6:0],DataIn[7]};
    end
```

```
repeat (10) @ (posedge Clk)Enb = 0;
CompFlag = 0;

$display("--------- Sending Data Patternn : 0x22 ---------");
repeat (10) @ (posedge Clk);
Enb = 1;
Pattern = 8'h22;
DataIn = Pattern;
repeat (100) begin
@ (posedge Clk) #1 DataIn = {DataIn[6:0],DataIn[7]};
end
repeat (10) @ (posedge Clk)Enb = 0;
CompFlag = 0;

$display("--------- Sending Data Patternn : 0x33 ---------");
repeat (10) @ (posedge Clk);
Enb = 1;
Pattern = 8'h33;
DataIn = Pattern;
repeat (100) begin
@ (posedge Clk) #1 DataIn = {DataIn[6:0],DataIn[7]};
end
repeat (10) @ (posedge Clk)Enb = 0;
CompFlag = 0;

$display("--------- Sending Data Patternn : 0x44 ---------");
repeat (10) @ (posedge Clk);
 Enb = 1;
Pattern = 8'h44;
DataIn = Pattern;
repeat (100) begin
@ (posedge Clk) #1 DataIn = {DataIn[6:0],DataIn[7]};
end
```

```
    repeat (10) @ (posedge Clk)Enb = 0;
    CompFlag = 0;

    $display("--------- Test Ended ---------");
    #1000 $finish;
end

always@(posedge Clk)
begin
    if(Enb) begin
    DataOut = {DataOut[6:0],Dout};
    #1 if(DataOut == Pattern) Match = 1;
    else Match = 0;
    end
    else DataOut = 8'hXX;
end

self_sync_scrambler u_scarmb(
    .clock (Clk), // 设计的时钟输入
    .resetn (Resetn), // 低电平有效,同步复位输入
    .enable (Enb), // 高电平使能信号
    .bit_in (Din) , // 输入数据位
    .bit_out (Sout) // 扰乱序列输出比特
    ); // 端口列表结束

self_sync_descrambler u_descramb(
    .clock (Clk), // 设计的时钟输入
    .resetn (Resetn), // 低电平有效,同步复位输入
    .enable (Enb), // 高电平使能信号
    .bit_in (Sout), // 输入数据位
    .bit_out (Dout) // 解扰输出位
    ); // 端口列表结束
```

```
    initial
    begin
     $ dumpfile("self_sync_scr_tb_top.vcd");
     $ dumpvars(0,self_sync_scr_tb_top);
    end
endmodule
```

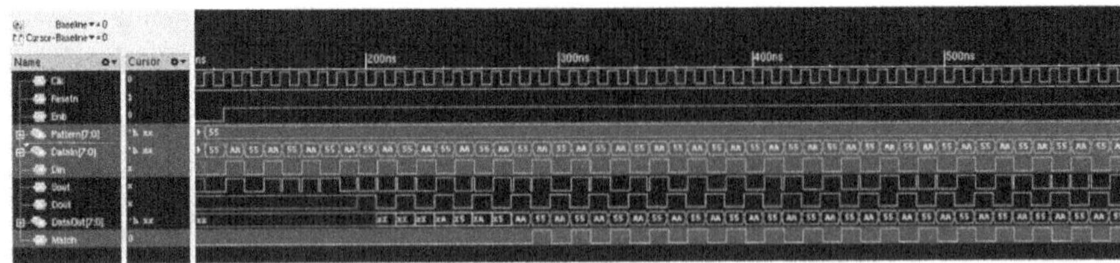

侧流扰频器-解扰器

输入:bit_in

输出:bit_out

功能:用于实现 802.11b 同步主动高电平复位和主动高使能信号的 32 位扰码功能。

设计文件:side_stream_scrambler.v,

```
/* * * * * * * * * * * * * * * * * * * * * * * * * * * * * * * * * * *
* * *
//该模块执行的是 1+x^12+x^32 的 LFSR(线性反馈移位寄存器)操作
//这是一个需要时钟和复位信号的时序模块 //
//用户可以参考 Verilog HDL 语言的相关书籍来理解命令的语法 //
 * * * * * * * * * * * * * * * * * * * * * * * * * * * * * * * * * * *
* * * */
module side_stream_scrambler( clk ,
    reset_n ,
    en ,
    init_seed ,
    data_in ,
    data_out ,
    data_out_valid
    );
```

```
input clk,
    reset_n ;

input en;
input [32:0] init_seed ;



input data_in;



output reg data_out,
    data_out_valid ;

reg [32:0] data_out_reg ;
wire xor_value1;
always@(posedge clk or negedge reset_n)
    begin
    if (! reset_n) begin
    data_out_reg<=33'd0;
    data_out_valid<=1'd0;
    end
    else begin
    data_out_valid<=en;
    data_out<=xor_value1;
    if (en)
    data_out_reg<={data_out_reg[31:0],xor_value1};
    else
    data_out_reg<=init_seed;
    end
end

assign xor_value=(data_out_reg[32]^data_out_reg[12]);
```

```
assign xor_value1=(data_in^xor_value);
endmodule
```

设计文件:side_stream_descrambler.v

输入:bit_in

输出:bit_out

功能:用于实现 802.11b 同步主动高电平复位和主动高使能信号的 32 位解扰功能。

```
/*************************************
//该模块执行 1+x^12+x^32 的 LFSR 操作
//这是一个需要时钟和复位信号的时序模块 //
//用户可以参考 Verilog HDL 语言的相关书籍来理解命令的语法 //
***************************************/
module side_stream_descrambler( clk ,
    reset_n ,
    en ,
    init_seed ,
    data_in ,
    data_out ,
    data_out_valid
    );

input clk,
    reset_n ;

input en;


input [32:0] init_seed ;
```

```
input data_in;

output reg data_out,
    data_out_valid ;

reg [32:0] data_out_reg ;
wire xor_value1;
always@(posedge clk or negedge reset_n)
    begin
    if (! reset_n) begin
    data_out_reg<=33'd0;
    data_out_valid<=1'd0;
    end
    else begin
    data_out_valid<=en;
    data_out<=xor_value1;
    if (en)
    data_out_reg<={data_out_reg[31:0],data_in};
    else
    data_out_reg<=init_seed;
    end
end

assign xor_value=(data_out_reg[32]^data_out_reg[12]);
assign xor_value1=(data_in^xor_value);

endmodule
```

测试台模块 side_stream_scr_tb_top

输入:无

输出:无

功能:将随机值应用于模式,并通过生成匹配信号来检查结果。可以使用波形查看器查看波形文件 tb_top.vcd。

测试台文件:side_stream_scr_tb.v

```
module side_stream_scr_tb_top;
reg Clk;
reg Resetn;
reg Enb;
reg [32:0] Pattern;
reg [32:0] DataIn;
reg [32:0] DataOut;
integer errCnt;
integer CompFlag;
reg Match;
wire Din;
wire Sout;
wire Dout;

//时钟生成
    always #5 Clk = ~Clk;
    assign Din = DataIn[32];

initial
begin
    Clk = 0;
    Resetn = 1;
    Enb = 0;
    CompFlag =0;
    errCnt = 0;
    Match = 0;
    $display("--------- Test Started ---------");
```

```
#10 Resetn = 0;
#10 Resetn = 1;

$display("--------- Sending Data Patternn : 0x55 ---------");
repeat (1) @ (posedge Clk);
Pattern = 33'h155555555;
DataIn = Pattern;
#1 Enb = 1;
repeat (100) begin
@ (posedge Clk) #5 DataIn = {DataIn[31:0],DataIn[32]};
end
//repeat (10) @ (posedge Clk)Enb = 0;

$display("--------- Sending Data Patternn : 0x11 ---------");
repeat (10) @ (posedge Clk);
Enb = 1;
Pattern = 33'h111111111;
DataIn = Pattern;
repeat (100) begin
@ (posedge Clk) #5 DataIn = {DataIn[31:0],DataIn[32]};
end
//repeat (10) @ (posedge Clk)Enb = 0;
CompFlag = 0;

$display("--------- Sending Data Patternn : 0x22 ---------");
repeat (10) @ (posedge Clk);
Enb = 1;
Pattern = 33'h122222222;
DataIn = Pattern;
repeat (100) begin
@ (posedge Clk) #5 DataIn = {DataIn[31:0],DataIn[32]};
end

CompFlag = 0;
```

```
        $display("--------- Sending Data Patternn : 0x33 ---------");
        repeat (10) @ (posedge Clk);
        Enb = 1;
        Pattern = 33'h133333333;
        DataIn = Pattern;
        repeat (100) begin
        @ (posedge Clk) #1 DataIn = {DataIn[31:0],DataIn[32]};
        end
        // repeat (10) @ (posedge Clk)Enb = 0;
        CompFlag = 0;

        $display("--------- Sending Data Patternn : 0x44 ---------");
        repeat (10) @ (posedge Clk);
        Enb = 1;
        Pattern = 33'h144444444;
        DataIn = Pattern;
        repeat (100) begin
        @ (posedge Clk) #1 DataIn = {DataIn[31:0],DataIn[32]};
        end
        CompFlag = 0;

        $display("--------- Test Ended ---------");
        #10000 $finish;
    end

    always@(posedge Clk)
    begin
        if(Enb) begin
        DataOut = {DataOut[32:0],Dout};
        #1 if(DataOut == Pattern) Match = 1;
        else Match = 0;
```

```
    end
    else DataOut = 33'hXXXXXXXX;
end

    side_stream_scrambler u1( .clk (Clk) ,
    .reset_n(Resetn) ,
    .en (Enb) ,
    .init_seed (33'h155555555) ,
    .data_in (Din) ,
    .data_out (Sout) ,
    .data_out_valid ()
    );

    side_stream_descrambler u2( .clk (Clk) ,
    .reset_n(Resetn) ,
    .en (Enb) ,
    .init_seed (33'hXXXXXXXXX) ,
    .data_in (Sout) ,
    .data_out (Dout) ,
    .data_out_valid ()
    );

    initial
    begin
    $dumpfile("side_stream_scr_tb_top.vcd");
    $dumpvars(0,side_stream_scr_tb_top);
    end
endmodule
```

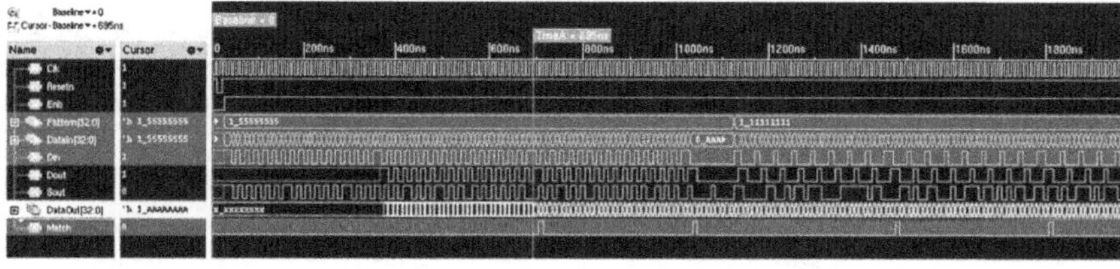

彩色球谜题盒

输入:red_blue_vld

输出:有效机会数量,机会总次数,取球错误,从红蓝盒子中取球

功能:此系统基于有限状态机(FSM)运作。如果当前状态为闲置状态,并且配置接口为高电平,则从红蓝盒子中取球的信号为高电平。如果当前状态为输出状态,则有效机会数量的信号为高电平。如果当前状态为错误状态,则取球错误的输出信号为高电平。

设计文件:puzzle.v

```
/*************************************
***
//该模块基于有限状态机(FSM)运作
//这是一个需要时钟和复位信号的时序模块 //
//用户可以参考 Verilog HDL 语言的相关书籍来理解命令的语法 //
************************************
****/
module puzzle_3box(
//----------------全局接口----------------------//
    clk ,
    reset_n ,
    cfg_start_algo , //配置接口
//-----------------输入接口-----------------------//
    red_blue_vld ,
//-----------------输出接口---------------------//
    ball_pickup_from_red_blue_box ,
    number_of_chance_vld ,
    number_of_chance_count ,
    pickup_of_ball_is_wrong
    );
//----------------全局接口----------------------//
input clk,
    reset_n ;
input cfg_start_algo;
```

```
//-----------------输入接口------------------------//
input red_blue_vld;
//------------------输出接口----------------------//
output number_of_chance_vld;
output reg [31:0] number_of_chance_count ;
output ball_pickup_from_red_blue_box,
    pickup_of_ball_is_wrong ;

reg [1:0] curr_state, next_state;



parameter IDLE = 2'd0,
    PICKUP_RED_BLUE = 2'd1 ,
    OUTPUT_STATE = 2'd2 ,
    ERROR_STATE = 2'd3 ;

//-------------------下一状态逻辑------------------------//



always@( cfg_start_algo ,
    red_blue_vld
    )
    begin
    case (curr_state)

    IDLE : if (cfg_start_algo)
    next_state= PICKUP_RED_BLUE;
    else
    next_state = IDLE ;

    PICKUP_RED_BLUE : if ( red_blue_vld )
    next_state = OUTPUT_STATE ;
    else
```

```
        next_state = ERROR_STATE;
        OUTPUT_STATE : next_state= IDLE ;
        ERROR_STATE : next_state = IDLE;
        default : next_state =IDLE ;
        endcase
    end

    always@(posedge clk or negedge reset_n)
        begin
        if (! reset_n) begin
        curr_state=2'd0 ;
        number_of_chance_count<=32'd0;
        end
        else begin
        curr_state<=next_state ;
        if (curr_state== PICKUP_RED_BLUE )
        number_of_chance_count<=number_of_chance_count+32'd1;
        else if (curr_state== OUTPUT_STATE)
        number_of_chance_count<=32'd0 ;

        end
    end
    assign ball_pickup_from_red_blue_box =(curr_state == IDLE && cfg_start_
algo);
    assign number_of_chance_vld =(curr_state==OUTPUT_STATE) ;
    assign pickup_of_ball_is_wrong =(curr_state ==ERROR_STATE) ;
    endmodule
```

测试台模块 puzzle3box_tb

输入:无

输出:无

功能:应用随机输入值并检查结果。可以使用波形查看器查看波形文件puzzle3box_tb.vcd。

测试台文件:puzzle3box_tb.v

```
module puzzle3box_tb;
reg clk;
reg reset_n;
reg cfg_start_algo;
reg red_blue_vld;

wire [31:0] number_of_chance_count;
wire number_of_chance_vld;
wire pickup_of_ball_is_wrong;
wire ball_pickup_from_red_blue_box;

always #5 clk=~clk;
initial begin
clk =0;
reset_n = 0;
cfg_start_algo = 0;
red_blue_vld = 0;

#10 reset_n =0;
#10 reset_n =1;
    cfg_start_algo = 1;
#10 red_blue_vld =1;



#10 cfg_start_algo = 0;
#10 cfg_start_algo = 1;
#10 red_blue_vld =0;

#100 $finish;
end
puzzle_3box uut(
    .clk(clk),
```

```
    .reset_n(reset_n),
    .cfg_start_algo(cfg_start_algo),
    .red_blue_vld(red_blue_vld),
    .ball_pickup_from_red_blue_box(ball_pickup_from_red_blue_box),
    .number_of_chance_vld(number_of_chance_vld),
    .number_of_chance_count(number_of_chance_count),
    .pickup_of_ball_is_wrong(pickup_of_ball_is_wrong)
    );

initial begin
$dumpfile("puzzle3box_tb.vcd");
$dumpvars(0,puzzle3box_tb);
end
endmodule
```

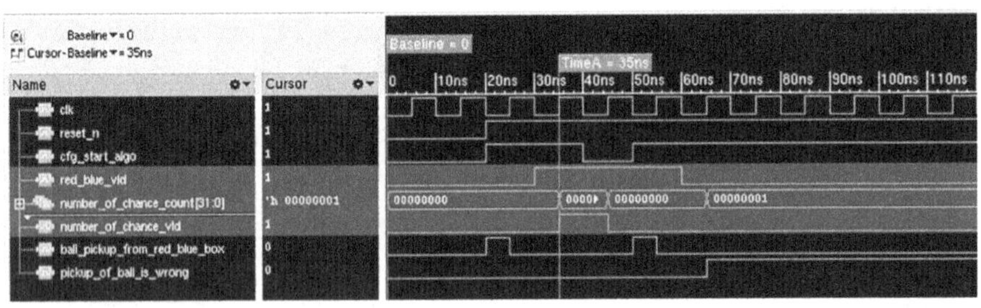

暂存寄存器

输入:addr_sel, wr_rd_addr_3, write_data_32

输出:read_data_32

功能:8 组 32 位寄存器的临时存储区。可读取在特定地址上写入的数据。

设计文件:scratch_pad_reg.v

```
/*************************************
***
//该模块从 3 位地址中读取已写入的 32 位数据
//这是一个需要时钟和复位信号的时序模块 //
//用户可以参考 Verilog HDL 语言的相关书籍来理解命令的语法 //
************************************
```

```
****/
    module scratch_pad_reg(
    //------------------时钟复位----------------//
        clk ,
        reset_n ,
    //----------------软件接口--------------------//
        addr_sel ,
        wr_rd_addr ,
        write_en ,
        read_en ,
        write_data ,
        read_data
        );

    //------------------时钟复位----------------//
    input clk,
        reset_n ;
    //----------------软件接口--------------------//
    input addr_sel;

    input [2:0] wr_rd_addr ;


    input write_en,
        read_en ;

    input [31:0] write_data ;


    output [31:0] read_data ;


    reg [31:0] reg0 ,
```

```
    reg1 ,
    reg2 ,
    reg3 ,
    reg4 ,
    reg5 ,
    reg6 ;
wire sel0,
    sel1 ,
    sel2 ,
    sel3 ,
    sel4 ,
    sel5 ,
    sel6 ;

assign sel0 =(addr_sel && wr_rd_addr==3'd0) ;
assign sel1 =(addr_sel && wr_rd_addr==3'd1) ;
assign sel2 =(addr_sel && wr_rd_addr==3'd2) ;
assign sel3 =(addr_sel && wr_rd_addr==3'd3) ;
assign sel4 =(addr_sel && wr_rd_addr==3'd4) ;
assign sel5 =(addr_sel && wr_rd_addr==3'd5) ;
assign sel6 =(addr_sel && wr_rd_addr==3'd6) ;

assign read_data =(sel0 && read_en) ? reg0 :
    (sel1 && read_en) ? reg1 :
    (sel2 && read_en) ? reg2 :
    (sel3 && read_en) ? reg3 :
    (sel4 && read_en) ? reg4 :
    (sel5 && read_en) ? reg5 : reg6 ;

always@(posedge clk or negedge reset_n)
begin
    if (! read_en) begin
    reg0<=32'd0;
```

```
    end
    else begin

    if (write_en && sel0)



    reg0<=write_data ;
    end
end

always@(posedge clk or negedge reset_n)
begin
    if (! read_en) begin
    reg1<=32'd0;
    end
    else begin

    if (write_en && sel1)
    reg1<=write_data ;
    end
end

always@(posedge clk or negedge reset_n)
begin
    if (! read_en) begin
    reg2<=32'd0;
    end
    else begin

    if (write_en && sel2)



    reg2<=write_data ;
```

```
        end
    end

    always@(posedge clk or negedge reset_n)
    begin
        if (! read_en) begin
        reg3<=32'd0;
        end
        else begin

        if (write_en && sel3)

        reg3<=write_data ;
        end
    end

    always@(posedge clk or negedge reset_n)
    begin
        if (! read_en) begin
        reg4<=32'd0;
        end
        else begin

        if (write_en && sel4)



        reg4<=write_data ;
        end
    end

    always@(posedge clk or negedge reset_n)
    begin
        if (! read_en) begin
```

```
        reg5<=32'd0;
        end
        else begin

        if (write_en && sel5)



        reg5<=write_data ;
        end
    end

    always@(posedge clk or negedge reset_n)
    begin
        if (! read_en) begin
        reg6<=32'd0;
        end
        else begin

        if (write_en && sel6)



        reg6<=write_data ;
        end
    end

    endmodule
```

测试台模块 scratch_pad_reg_tb

输入:无

输出:无

功能:应用随机输入数值并检查结果。可以使用波形查看器查看波形文件 scratch_pad_reg_tb.vcd。

测试台文件：scratch_pad_reg_tb.v

```
module scratch_pad_reg_tb;
reg clk;
reg reset_n;
reg en;
reg addr_sel;
reg [2:0] wr_rd_addr ;
reg write_en;
reg read_en;
reg [31:0] write_data;

wire [31:0] read_data;



always #5 clk=~clk;



initial
    begin
    clk=0;
    reset_n = 0;
    en = 0;

    #10 reset_n = 0;
    #10 reset_n = 1;
    en=1;

    addr_sel=1; wr_rd_addr=000; write_en=1; read_en=1;
  #10 addr_sel=1; wr_rd_addr=001; write_en=1; write_data=32'h11111111;
read_en=1;
  #10 addr_sel=1; wr_rd_addr=010; write_en=1; write_data=32'h22222222;
read_en=1;
```

```
    #10 addr_sel=1; wr_rd_addr=011; write_en=1; write_data=32'h33333333;
read_en=1;
    #10 addr_sel=1; wr_rd_addr=100; write_en=1; write_data=32'h44444444;
read_en=1;
    #10 addr_sel=1; wr_rd_addr=101; write_en=1; write_data=32'h55555555;
read_en=1;
    #10 addr_sel=1; wr_rd_addr=110; write_en=1; write_data=32'h66666666;
read_en=1;
    #10 addr_sel=0; wr_rd_addr=000; write_en=1; write_data=32'h77777777;
read_en=1;
    #10 addr_sel=1; wr_rd_addr=110; write_en=1; write_data=32'h88888888;
    read_en=1;
    #10 addr_sel=0; wr_rd_addr=110; write_en=1; write_data=32'h99999999;
read_en=1;
    #100 $finish;
    end

    scratch_pad_reg uut(
        .clk(clk),
        .reset_n(reset_n),
        .addr_sel(addr_sel),
        .wr_rd_addr(wr_rd_addr),
        .write_en(write_en),
        .read_en(read_en),
        .write_data(write_data),
        .read_data(read_data)
        );

    initial
        begin
        $dumpfile("scratch_pad_reg_tb.vcd");
        $dumpvars(0,scratch_pad_reg_tb);
        end
    endmodule
```

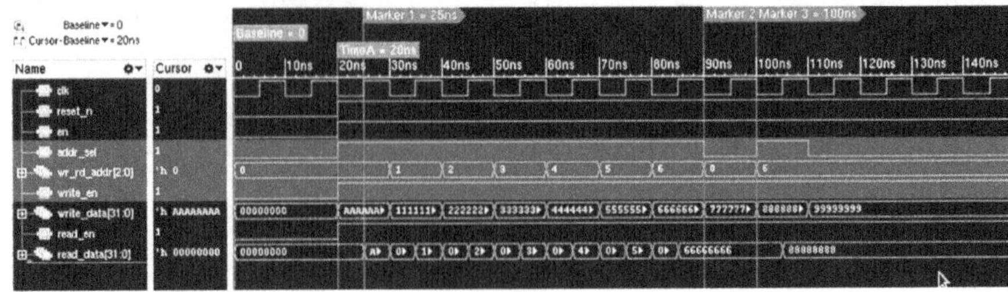

配置寄存器

输入:addr_sel, wr_rd_addr_3, write_data_32

输出:read_data_32, reg0_32, reg1_32, reg2_32, reg3_32, reg4_32, reg5_32, reg6_32

功能:读取特定地址写入的数据,并将数据存储在相应地址的32位寄存器中。

设计文件:config_reg.v

```
/************************************
//该模块从3位地址中读取已写入的32位数据,并将数据存储在32位寄存器中
//这是一个需要时钟和复位信号的时序模块 //
//用户可以参考Verilog HDL语言的相关书籍来理解命令的语法 //
*************************************/
module config_reg(
//------------------时钟复位-----------------//
    clk ,
    reset_n ,
//----------------软件接口---------------------//
    addr_sel ,
    wr_rd_addr ,
    write_en ,
    read_en ,
    write_data ,
    read_data,
```

```
//-----------------输出-----------------------//
    reg0 ,
    reg1 ,
    reg2 ,
    reg3 ,
    reg4 ,
    reg5 ,
    reg6

    );


//-----------------时钟复位----------------//
input clk,
    reset_n ;
//----------------软件接口-------------------//
input addr_sel;

input [2:0] wr_rd_addr ;



input write_en,
    read_en ;

input [31:0] write_data ;
output [31:0] read_data ;

output reg [31:0] reg0 ,
    reg1 ,
    reg2 ,
    reg3 ,
    reg4 ,
    reg5 ,
```

```
    reg6 ;
wire sel0,
    sel1 ,
    sel2 ,
    sel3 ,
    sel4 ,
    sel5 ,
    sel6 ;

assign sel0 =(addr_sel && wr_rd_addr==3'd0) ;
assign sel1 =(addr_sel && wr_rd_addr==3'd1) ;
assign sel2 =(addr_sel && wr_rd_addr==3'd2) ;
assign sel3 =(addr_sel && wr_rd_addr==3'd3) ;
assign sel4 =(addr_sel && wr_rd_addr==3'd4) ;
assign sel5 =(addr_sel && wr_rd_addr==3'd5) ;
assign sel6 =(addr_sel && wr_rd_addr==3'd6) ;

assign read_data =(sel0 && read_en) ? reg0 :
    (sel1 && read_en) ? reg1 :
    (sel2 && read_en) ? reg2 :
    (sel3 && read_en) ? reg3 :
    (sel4 && read_en) ? reg4 :
    (sel5 && read_en) ? reg5 : reg6 ;

always@(posedge clk or negedge reset_n)
begin
    if (! read_en) begin
    reg0<=32'd0;
    end
    else begin

    if (write_en && sel0)
```

```
    reg0<=write_data ;
    end
end

always@(posedge clk or negedge reset_n)
begin
    if (! read_en) begin
    reg1<=32'd0;
    end
    else begin

    if (write_en && sel1)
    reg1<=write_data ;
    end
end

always@(posedge clk or negedge reset_n)
begin
    if (! read_en) begin
    reg2<=32'd0;
    end
    else begin
    if (write_en && sel2)

    reg2<=write_data ;
    end
end

always@(posedge clk or negedge reset_n)
begin
    if (! read_en) begin
    reg3<=32'd0;
    end
```

```
    else begin

    if (write_en && sel3)



    reg3<=write_data ;
    end
end

always@(posedge clk or negedge reset_n)
begin
    if (! read_en) begin
    reg4<=32'd0;
    end
    else begin

    if (write_en && sel4)



    reg4<=write_data ;
    end
end

always@(posedge clk or negedge reset_n)
begin
    if (! read_en) begin
    reg5<=32'd0;
    end
    else begin

    if (write_en && sel5)
```

```
reg5<=write_data ;
end
end

always@(posedge clk or negedge reset_n)
begin
if (! read_en) begin
reg6<=32'd0;
end
else begin

if (write_en && sel6)


reg6<=write_data ;
end
end

endmodule
```

测试台模块 config_reg_tb

输入:无

输出:无

功能:应用随机的输入值并检查结果。可以使用波形查看器查看波形文件 config_reg_tb.vcd。

测试台文件:config_reg_tb.v

```
module config_reg_tb();
reg clk;
reg reset_n;
```

```
reg addr_sel;
reg [2:0] wr_rd_addr;
reg write_en;
reg read_en;
reg [31:0] write_data ;

wire [31:0] read_data;
wire [31:0] reg0;
Wire [31:0] reg1;
wire [31:0] reg2;
wire [31:0] reg3;
wire [31:0] reg4;
Wire [31:0] reg5;
Wire [31:0] reg6;

initial begin
clk =0;
forever #5 clk =~clk;
end

config_reg u1(
    .clk(clk),
    .reset_n(reset_n),
    .addr_sel(addr_sel),
    .wr_rd_addr(wr_rd_addr),
    .write_en(write_en),
    .read_en(read_en),
    .write_data(write_data),
    .read_data(read_data),
    .reg0(reg0),
    .reg1(reg1),
    .reg2(reg2),
    .reg3(reg3),
```

```
        .reg4(reg4),
        .reg5(reg5),
        .reg6(reg6));

    initial begin
    reset_n =0;
    addr_sel=0;
    wr_rd_addr=0;
    write_en=0;
    read_en=0;
    write_data=0;
    #10 reset_n =1;


    #10 addr_sel=1; wr_rd_addr=000; write_en=1; write_data=32'hAAAAAAAA;
read_en=1;
    #10 addr_sel=1; wr_rd_addr=001; write_en=1; write_data=32'h11111111;
read_en=1;
    #10 addr_sel=1; wr_rd_addr=010; write_en=1; write_data=32'h22222222;
read_en=1;
    #10 addr_sel=1; wr_rd_addr=011; write_en=1; write_data=32'h33333333;
read_en=1;
    #10 addr_sel=1; wr_rd_addr=100; write_en=1; write_data=32'h44444444;
read_en=1;
    #10 addr_sel=1; wr_rd_addr=101; write_en=1; write_data=32'h55555555;
read_en=1;
    #10 addr_sel=1; wr_rd_addr=110; write_en=1; write_data=32'h66666666;
read_en=1;

    #100 $finish;
    end
    initial
        begin
```

```
    $dumpfile("config_reg_tb.vcd");
    $dumpvars(0,config_reg_tb);
   end

endmodule
```

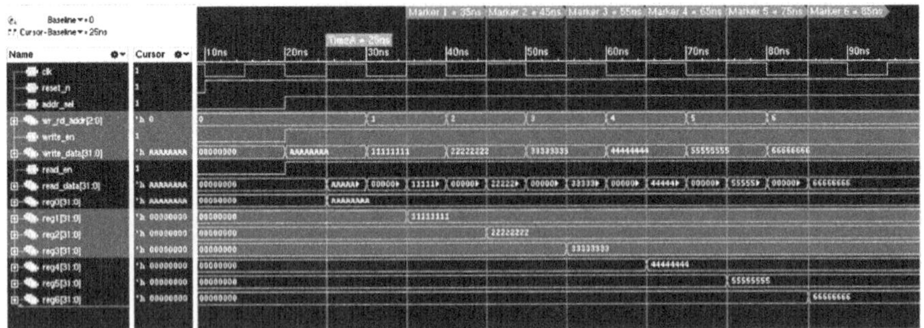

时钟域分频器

```
/*********************************************************
////描述 ////
////信号从一个时钟域传输到另一个时钟域 ////
//// 1.时钟可以是异步的或同步的 ////
//// 2.时钟频率可能较小或较大 ////
//// 3.输出的 strobe 信号始终是单周期的 ////
//// 4.可以同步 4 个字段信号 ////
//// ////
//// ////
*********************************************************/

module clock_transfer #(
    parameter FIELD_WIDTH1 = 1,
    parameter FIELD_WIDTH2 = 1,
    parameter FIELD_WIDTH3 = 1,
    parameter FIELD_WIDTH4 = 1
```

```
    )(
    reset_n,
    clk_in,
    strobe_in,
    field_in_1,
    field_in_2,
    field_in_3,
    field_in_4,

    clk_out,
    strobe_out,
    field_out_1,
    field_out_2,
    field_out_3,
    field_out_4
    );

input reset_n;
input clk_in;
input strobe_in;
input [FIELD_WIDTH1 - 1: 0] feld_in_1;
input [FIELD_WIDTH2 - 1: 0] feld_in_2;
input [FIELD_WIDTH3 - 1: 0] feld_in_3;
input [FIELD_WIDTH4 - 1: 0] feld_in_4;

input clk_out;
output strobe_out;

output [FIELD_WIDTH1 - 1: 0] field_out_1;
output [FIELD_WIDTH2 - 1: 0] field_out_2;
output [FIELD_WIDTH3 - 1: 0] field_out_3;
output [FIELD_WIDTH4 - 1: 0] field_out_4;
```

```
reg strobe_in_d;
wire strobe_in_edge;
reg strobe_in_latch;
reg [FIELD_WIDTH1 - 1: 0] field_latch_1;
reg [FIELD_WIDTH2 - 1: 0] field_latch_2;
reg [FIELD_WIDTH3 - 1: 0] field_latch_3;
reg [FIELD_WIDTH4 - 1: 0] field_latch_4;
reg strobe_transfer_1;
reg strobe_transfer_2;
reg strobe_out;
reg [FIELD_WIDTH1 - 1: 0] field_out_1;
reg [FIELD_WIDTH2 - 1: 0] field_out_2;
reg [FIELD_WIDTH3 - 1: 0] field_out_3;
reg [FIELD_WIDTH4 - 1: 0] field_out_4;

// clk_out 驱动的触发器
reg strobe_reclocked_1;
reg strobe_reclocked_2;
reg strobe_reclocked_3;

//延迟 strobe_in 以允许边沿检测
always @(posedge clk_in or negedge reset_n)
begin: del_p
    if (reset_n == 1'b0) strobe_in_d <= 1'b0;
    else strobe_in_d <= strobe_in;
end

//在上升沿检测并锁存 strobe 信号及其字段
assign strobe_in_edge = strobe_in &(~strobe_in_d);

// strobe_in_latch 锁存传入的 strobe 信号,逻辑通过输出时钟域前不会被清除
always @(posedge clk_in or negedge reset_n)
begin: latch_in
```

```
        if (reset_n == 1'b0) begin
        strobe_in_latch <= 1'b0;
        strobe_transfer_1 <= 1'b0;
        strobe_transfer_2 <= 1'b0;
        end
        else begin
            if (strobe_in_edge == 1'b1 && (strobe_transfer_1 == 1'b1 || strobe
_transfer_2 == 1'b1)) begin
            // $display ("Error: strobes are too close. Logic does not function.\n");
        // $finish;
        end
        strobe_transfer_1 <= strobe_reclocked_2;
        strobe_transfer_2 <= strobe_transfer_1;
            strobe_in_latch <= strobe_in_edge | (strobe_in_latch & ! (strobe_
transfer_2));
        end
    end

    //在传入的 strobe 信号上锁存字段值
    always @(posedge clk_in or negedge reset_n)
    begin: latch_field
        if (reset_n == 1'b0) begin
        field_latch_1 <= 'b0;
        field_latch_2 <= 'b0;
        field_latch_3 <= 'b0;
        field_latch_4 <= 'b0;
        end
        else begin
        if (strobe_in_edge == 1'b1) begin
        field_latch_1 <= field_in_1;
        field_latch_2 <= field_in_2;
        field_latch_3 <= field_in_3;
        field_latch_4 <= field_in_4;
```

```
        end
      end
    end

    //将信号重新定时到输出时钟域,并生成输出信号
    // field_out 可能在 strobe_out 之前的周期内部分或完全发生变化,但只有在 strobe_out 被断言时,才能调用代码检查

    always @(posedge clk_out or negedge reset_n)
    begin: gen_outputs
        if (reset_n == 1'b0) begin
        strobe_reclocked_1 <= 1'b0;
        strobe_reclocked_2 <= 1'b0;
        strobe_reclocked_3 <= 1'b0;
        strobe_out <= 1'b0;
        field_out_1 <= 'b0;
        field_out_2 <= 'b0;
        field_out_3 <= 'b0;
        field_out_4 <= 'b0;
        end
        else begin
        strobe_reclocked_1 <= strobe_in_latch; // 时钟域交叉
        strobe_reclocked_2 <= strobe_reclocked_1;
        strobe_reclocked_3 <= strobe_reclocked_2;

        strobe_out <= strobe_reclocked_2 & ! (strobe_reclocked_3);

        field_out_1 <= field_latch_1; // 时钟域交叉
        field_out_2 <= field_latch_2;
        field_out_3 <= field_latch_3;
        field_out_4 <= field_latch_4;
        end
    end
    endmodule
```

测试台模块 clock_transfer_tb_top

输入:无

输出:无

功能:对输入字段应用随机值,并在 clk_in 中设置 strobe_in,期望这些字段被传输到 clk_out。可以使用波形查看器观察波形文件 clock_transfer.vcd。

测试台文件:clock_transfer_tb_top.v

```
module clock_transfer_tb_top;
reg reset_n,
    reg clk_in,
    reg strobe_in,
    reg field_in_1,
    reg field_in_2,
    reg field_in_3,
    reg field_in_4,
    reg clk_out,
wire strobe_out;
wire field_out_1;
wire field_out_2;
wire field_out_3;
wire field_out_4;

//时钟生成
    always #5 clk_in = ~clk_in;
    always #10 clk_out = ~clk_out;

initial
begin
```

```
clk_in = 0;
clk_out =0;
reset_n= 1;
strobe_in = 0;
$display("--------- Test Started ---------");
#10 reset_n = 0;
#10 reset_n = 1;

repeat (1) @ (posedge clk_in);
field_in_1 = 1'b0;
#1 field_in_2 = 1'b0;
#1 field_in_3 = 1'b0;
#1 field_in_4 = 1'b0;

repeat (100) begin
@ (posedge clk_in) #5 field_in_1 = 1'b1;
strobe_in = 1'b1;
@ (posedge clk_in) #5 field_in_2 = 1'b1;
@ (posedge clk_in) #5 field_in_3 = 1'b1;
@ (posedge clk_in) #5 field_in_4 = 1'b1;

end


clock_transfer
uu1(
.reset_n(reset_n),
.clk_in(clk_in),
.strobe_in(strobe_in),
.field_in_1(field_in_1),
.field_in_2(field_in_2),
.field_in_3(field_in_3,
```

```
    .field_in_4(field_in_4,

    .clk_out(clk_out),
    .strobe_out(strobe_out),
    .field_out_1(field_out_1),
    .field_out_2(field_out_2),
    .field_out_3(field_out_3),
    .field_out_4(field_out_4)
    );

    initial
    begin
    $dumpfile("clock_transfer.vcd");
    $dumpvars(2,clock_transfer_tb_top);
    #1000 $finish;
    end
endmodule
```

11.6　设计流程

本节将以一个设计示例为基础，建立综合和逻辑等价性检查(LEC)流程，涉及仿真设计、综合、用于综合的约束文件、综合脚本、虚拟库文件以及用于 RTL 级与门级的逻辑等价性检查(LEC)脚本。物理设计中的其他步骤需要在 EDA 的 P&R 工具环境中进行。在该环境中，必须导入设计文件和相应的约束文件。包含综合、仿真(参见本书 11.5 节)和 LEC 的设计流程，为继续进一步设计设定了最低要求。设计流程的推进实际上还需要带有标准单元和模块所有 EDA 视图的库文件。如图 11.2 所示，生成输出的设计示例用于定义设计流程。使用扩展名为.v 的 RTL 模块和以.sdc 为后缀的设计约束文件作为综合过程的设计输入，生成扩展名为.vg 的网表文件。本节给出的时序库中的虚拟库文件(以.lib 为扩展名)和布局交换格式文件(LEF 格式)仅供参考，用于展示设计流程。用户必须获取实际的库文件，才能进行实际的综合、LEC、STA 和 P&R。本节为设计示例提供了综合和 LEC 的可执行脚本。需要注意的是，通过适当的修改和使用正确的命令替换所选工具，可以自定义脚本使其适用于任何设计。

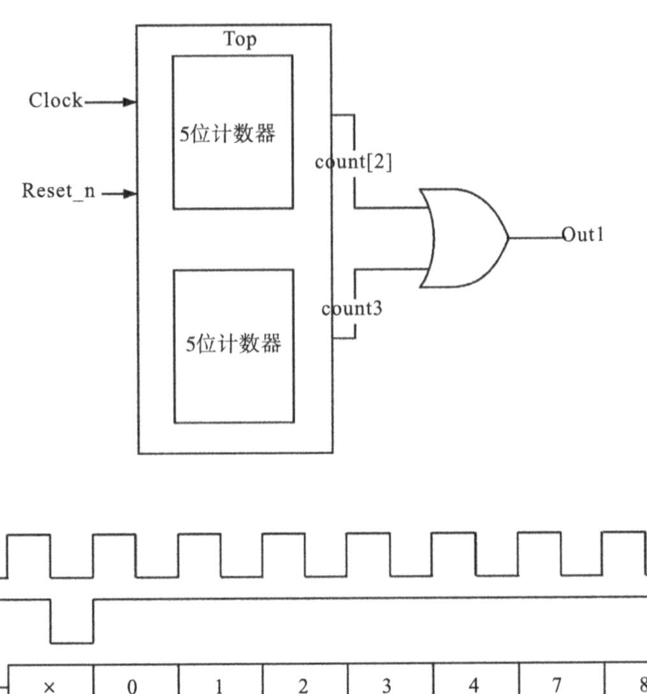

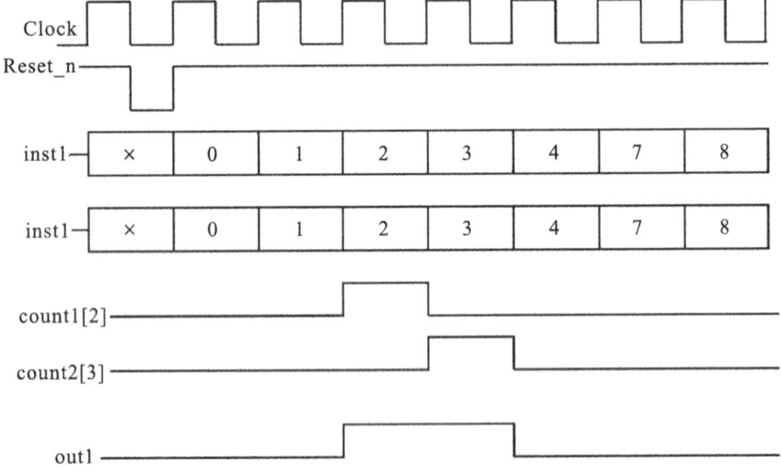

图 11.2 使用 5 位计数器的设计示例及其时序图

设计文件

##

此文件为 5 位计数器的 RTL 模块设计文件，用于设置设计流程。

设计以 RTL 文件形式建模

###

```
module 5bitcounter(clk, resetn, count);
    input clk, resetn;
    output [4:0] count;
    reg [4:0] count;

    always @(posedge clk or posedge resetn)
    begin
    if (~resetn)
    count <= 5'b00000;
    else
    count <= count + 1;
    end
endmodule

module top(clk, resetn, pso1, pso2, iso1_n, iso2_n, restore1, restore2, out1);
    input clk, resetn, pso1, pso2, iso1_n, iso2_n, restore1, restore2;
    output out1;
    wire [4:0] count1, count2;

    5bitcounter inst1(.clk(clk), .resetn(resetn), .count(count1));
    5bitcounter inst2(.clk(clk), .resetn(resetn), .count(count2));

    assign out1 = count1[3] || count2[2];


endmodule
```

示例设计的测试台：

```
module mycounter_t;
wire [3:0] count;
reg resetn,clk;

initial
clk = 1'b0;

always
    #5 clk = ~clk;

top m1( (.clk(clk), resetn(resetn), out1(out1));
initial
begin
    resetn = 1'b1 ;
    #15 resetn =1'b0;
    #30 resetn =1'b1;
    #300 $finish;
end

initial
begin
    $dumpfile ("top.vcd");
    $dumpvars(2, top);
end

endmodule
```

＃＃＃

SDC 格式的设计约束文件也被称为 Synopsys 设计约束文件，因为它是由新思科技（Synopsys）定义的。该文件是一个基于工具命令语言（tool command language，TCL）的脚本文件，遵循 TCL 命令语法。SDC 文件主要包含以下对设计非常重要的约束条件：

- 时钟定义 。
- 生成时钟(派生时钟) 。
- 输入输出延迟。
- 最小/最大延迟 。
- 伪路径 。
- 多周期路径。
- 案例分析。
- 禁用时序弧。

对于前文中的设计示例，请参考如图 11.3 所示的时序要求。由于这是预布局阶段，所使用的线负载模型是零线负载，即不考虑互连延迟。

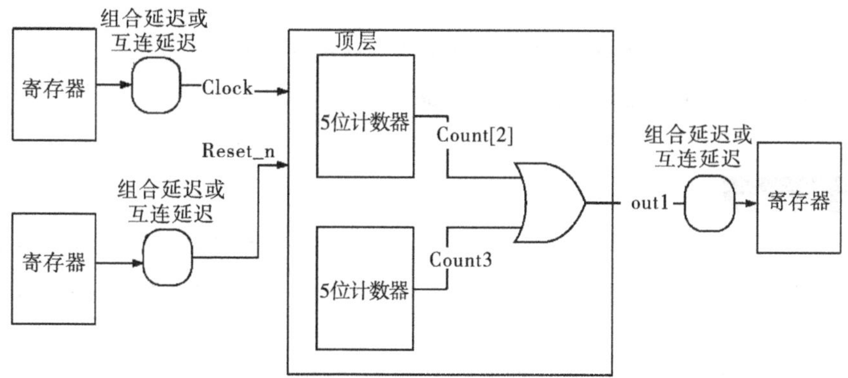

图 11.3　SDC 文件中定义的 I/O 延迟的设计示例

SDC 文件示例 top. sdc 如下：

```
####################################################################
#####

set sdc_version 1.0
```

```
#定义设计顶层示例以及"时间"和"电容"的参数单位
current_design top
set_units -time 1.0ns
set_units -capacitance 1000.0fF

#生成时钟
set_clock_gating_check -setup 0.0
create_clock -name "clk" -add -period 8.0 -waveform {0.0-4.0} [get_ports clk]
#期望设计示例中的输入输出延迟
set_input_delay -clock [get_clocks clk] -add_delay 0.3 [get_ports clk]
set input_delay 0.5 [get_ports resetn]
set_output_delay 0.8 [get_ports out1]

#set_ideal_net [get_nets isol_n]
#set_ideal_network [get_ports isol_n]

#在进行电路设计的预布局阶段,使用的是零线载荷模型
#set_wire_load_model "zero_wireload"
```

库文件

##

时序库文件:以下为加法器单元的库文件的摘录。这是用来显示库文件内容的虚拟文件。执行综合过程需要这种类型的可制造库。时序库文件包含每个逻辑单元的信息,包括区域、时序模型、功率模型,用于电路中的特殊路径的时序检查。查找表包含时序和内部功率的三维数值。在使用多电压库的 SoC 设计中,每种电压都有相应的时序库文件。

##

```
    .lib extract:
/* ------------------------ *
     * Design : ADDFHX2 *
     * ------------------------ */
cell(ADDFHX2) {
    area : 8.208000;
    cell_leakage_power : 0.327774;
    rail_connection( VDD, RAIL_VDD );
    rail_connection( VSS, RAIL_VSS );
    pin(A) {
    direction : input;
    input_signal_level : RAIL_VDD;
    capacitance : 0.00289594;
    rise_capacitance : 0.00288999;
    fall_capacitance : 0.00289594;
    }
    pin(B) {
    # Data similar to pin(A)
    }
    pin(CI) {
    # Data similar to pin(A)
    }
    pin(CO) {
    direction : output;
    output_signal_level : RAIL_VDD;
    capacitance : 0;
    rise_capacitance : 0;
    fall_capacitance : 0;
    max_capacitance : 0.262575;
    function : "(((A B)+(B CI))+(CI A))";
    timing() {
    related_pin : "A";
    timing_sense : positive_unate;
```

```
    cell_rise(delay_template_3x3) {
    index_1 ("0.008, 0.04, 0.08");
    index_2 ("0.01, 0.06, 0.1");
    values ( \
    "0.205832, 0.395553, 0.539816", \
"0.217523, 0.407235, 0.55108", \
"0.232146, 0.421821, 0.565704");
}
rise_transition(delay_template_3x3) {
index_1("0.008, 0.04, 0.08");
index_2("0.01, 0.06, 0.1");
values( \
"0.114013, 0.463975, 0.756059", \
"0.114164, 0.463936, 0.752876", \
"0.114441, 0.463654, 0.753174");
}
cell_fall(delay_template_3x3) {
index_1("0.008, 0.04, 0.08");
index_2("0.01, 0.06, 0.1");
values( \
"0.199984, 0.415461, 0.580846", \
"0.211593, 0.42712, 0.592588", \
"0.225795, 0.441286, 0.606689");
}
fall_transition(delay_template_3x3) {
index_1("0.008, 0.04, 0.08");
index_2("0.01, 0.06, 0.1");
values( \
"0.121746, 0.516895, 0.840346", \
"0.120985, 0.516002, 0.840337", \
"0.121692, 0.516881, 0.841414") ;
}
}
```

```
timing() {
related_pin: "B";
# Data similar to pin(A)
}
timing() {
related_pin: "CI";
# Data similar to pin(A)
}
internal_power() {
related_pin: "A";

rise_power(energy_template_3x3) {
index_1("0.008, 0.04, 0.08");
index_2("0.01, 0.06, 0.1");
values( \
"0.002446, 0.002507, 0.002516", \
"0.002431, 0.002493, 0.002502", \
"0.002424, 0.002486, 0.002495");
}
fall_power(energy_template_3x3) {
index_1("0.008, 0.04, 0.08");
index_2("0.01, 0.06, 0.1");
values( \
"0.002446, 0.002507, 0.002516", \
"0.002431, 0.002493, 0.002502", \
"0.002424, 0.002486, 0.002495");
}
internal_power() {
related_pin: "B";
# Data similar to pin(A)
}
}
}
```

```
pin(S) {
direction: output;
output_signal_level: RAIL_VDD;
capacitance: 0;
rise_capacitance: 0;
fall_capacitance: 0;
max_capacitance: 0.255238;
function: "((A^B)^CI)";
timing() {
# Timing Data similar to Pin(CO) with respect to related pins A, B, CI
}
Internal_power() {
# Internal Power Data similar to Pin(CO) with respect to related pins A, B, CI
}
}
}
```

可执行脚本

###

综合 Tcl 脚本:综合过程依赖工具,因此不同综合工具的命令语法可能不同。如图 11.4 所示为综合流程及指示命令。对于脚本部分给出的进程,设计者必须参考基于工具的命令,并将它们替换为在工具环境中执行的正确命令。此过程需要综合工具许可才能执行。尽管这些命令的语法类似,但仍需要参考用户指南中的实际命令。

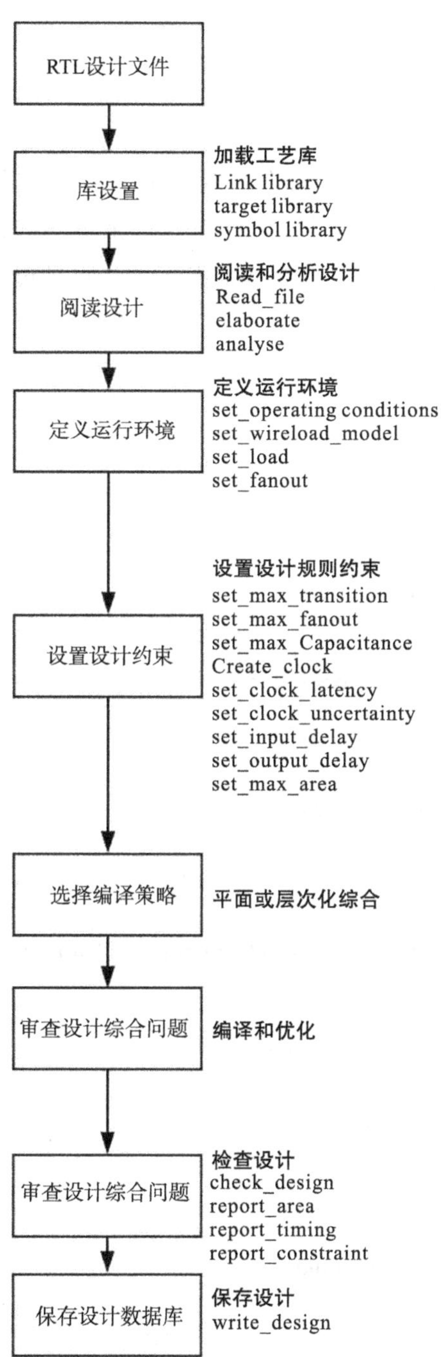

图 11.4　综合脚本处理流程和指示命令

11.7 逻辑等价性检查

下面的脚本是一个逻辑等价性检查的示例脚本。该脚本使用综合后的网表作为修订后的设计，以 RTL 设计作为黄金参考。该脚本使用 Cadence Conformal 工具的特定命令。此操作需要工具许可才能执行。

```
####################################
############################### #######
###
set log file lec_phy_1801.log -replace
set lowpower option -power_domain_check
set lowpower option -native_1801 -golden_analysis_style post_synthesis -revised_analysis_style post_route

set undefined cell black_box -noascend -both


//读取黄金参考和修订设计的库文件


read library -liberty {standard cell library eg. librarypath/ lib/ * }-both


// 读取合成的网表
read design -verilog -golden top.v

// 读取 RTL 模型
read design -verilog -revised top.vg

substitute blackbox model -golden
report design data
report black box
```

```
set analyze option -auto
set system mode lec


// 报告映射点
report unmapped points -summary
report unmapped points -extra -unreachable -notmapped

// 分析 setup -verbose -effort ultra
add compared points -all

// 比较映射点
compare

//报告比较数据
report compare data -class nonequivalent -class abort -class notcompared
report statistics

//* * * * * * * * * * * * * * * * * * * * * * * * * * * * * * * * * * * * * * * * * * * * * * * * * * * * * * * * * * * * * * *
 * * * * * * * * * *
//* 生成对比数据报告
//* * * * * * * * * * * * * * * * * * * * * * * * * * * * * * * * * * * * * * * * * * * * * * * * * * * * * * * * * * * * * * *
 * * * * * * * * * *
tclmode
rm -rf reports
mkdir reports
vpxmode
report compare data -noneq > reports/noneq.rpt
report compare data -abort > reports/abort.rpt
```

布局提取文件

这里给出了一个 LEF 文件的摘录。这是一个虚拟文件，用来展示 LEF 文件的内容。该文件中包含 VLSI 中各层尺寸和电气参数。P&R 工具中的寄生参数提取器使用这个文件来提取 SoC 布局中互连线的实际寄生参数，以便在物理设计验证过程中进行时序和其他电气规则检查(ERC)。

以下是针对特定技术库的 LEF 文件摘录：

```
##################################################################
LAYER Metal1
    TYPE ROUTING ;
    DIRECTION HORIZONTAL ;
    PITCH 0.19 0.19 ;
    WIDTH 0.06 ;
    AREA 0.02 ;
    SPACINGTABLE
    PARALLELRUNLENGTH 0 0.32 0.75 1.5 2.5 3.5
    WIDTH 0 0.06 0.06 0.06 0.06 0.06 0.06
    WIDTH 0.1 0.06 0.1 0.1 0.1 0.1 0.1
    WIDTH 0.75 0.06 0.1 0.25 0.25 0.25 0.25
    WIDTH 1.5 0.06 0.1 0.25 0.45 0.45 0.45
    WIDTH 2.5 0.06 0.1 0.25 0.45 0.75 0.75
    WIDTH 3.5 0.06 0.1 0.25 0.45 0.75 1.25 ;
    MINIMUMCUT 1 WIDTH 0.07 WITHIN 0.3 FROMABOVE ;
    MINIMUMCUT 2 WIDTH 0.4 WITHIN 0.3 FROMABOVE ;
    MINIMUMCUT 4 WIDTH 1 WITHIN 0.3 FROMABOVE ;
    MINIMUMCUT 2 WIDTH 1.5 FROMABOVE LENGTH 1.5 WITHIN 3 ;
    MINENCLOSEDAREA 0.045 ;
    DIAGSPACING 0.08 ;
    DIAGMINEDGELENGTH 0.1 ;
    RESISTANCE RPERSQ 0.0736 ;
    CAPACITANCE CPERSQDIST 0.0002 ;
```

```
        THICKNESS 0.15 ;
        EDGECAPACITANCE 0.0002 ;
        MINIMUMDENSITY 20 ;
        MAXIMUMDENSITY 65 ;
        DENSITYCHECKWINDOW 120 120 ;
        DENSITYCHECKSTEP 60 ;
        ANTENNAMODEL OXIDE1 ;
        ANTENNAAREARATIO 475 ;
        ANTENNACUMAREARATIO 5000 ;
        ANTENNACUMDIFFAREARATIO PWL ( ( 0 5000 ) ( 0.099 5000 ) ( 0.1 48045 ) ( 1
48450 ) ) ;
        DCCURRENTDENSITY AVERAGE 2 ;
        PROPERTY LEF58_SPACING " SPACING 0.08 ENDOFLINE 0.09 WITHIN 0.025
MINLENGTH 0.06 PARALLELEDGE 0.08 WITHIN 0.1 ;" ;
    END Metal1

    LAYER Via1
        TYPE CUT ;
        SPACING 0.07 ;
        SPACING 0.1 ADJACENTCUTS 3 WITHIN 0.11 ;
        WIDTH 0.07 ;
        ENCLOSURE BELOW 0.005 0.03 ;
        ENCLOSURE ABOVE 0.005 0.03 ;
        ANTENNAMODEL OXIDE1 ;
        ANTENNAAREARATIO 25 ;
        ANTENNADIFFAREARATIO PWL ( ( 0 20 ) ( 1 20 ) ) ;
        ANTENNACUMROUTINGPLUSCUT ;
        ANTENNACUMAREARATIO 180 ;
        DCCURRENTDENSITY AVERAGE 0.1 ;
    END Via1
```

11.8　mini-SoC 设计

本节介绍 SoC 设计中的两个设计案例，仅供参考。第一个设计案例是用于模拟设计的混合模块接口(mixed block interface，MBI)控制器。该控制器带有 PLL 和数据转换器，其引脚图如图 11.5 所示，内部框图如图 11.6 所示。

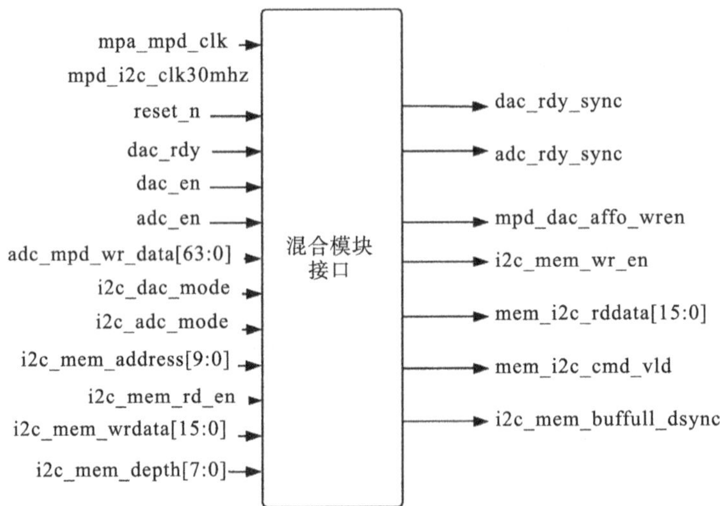

图 11.5　混合模块接口

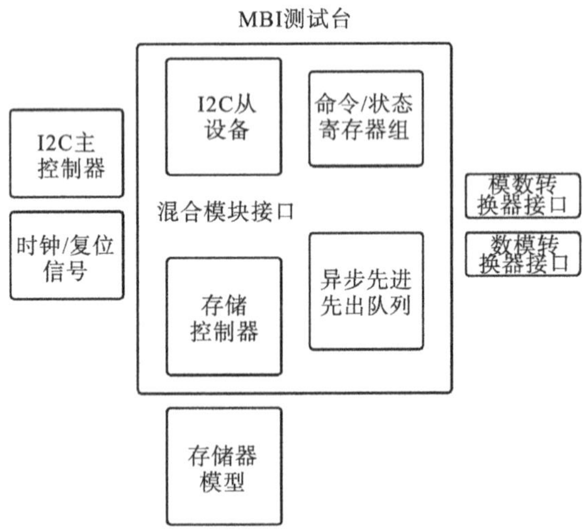

图 11.6　MBI 设计和测试台的内部框图

第二个设计案例是面向物联网应用的 mini-SoC(微型 SoC)。下面将介绍用于物联网的 mini-SoC 及其应用场景和设计细节。

概述和应用场景

mini-SoC 连接合适的传感器模块和输入输出(I/O)模块,可用于各种物联网设备,如医疗保健领域的体温监测设备、农业领域的土壤湿度监测设备、汽车领域的车辆跟踪设备(图 11.7)。

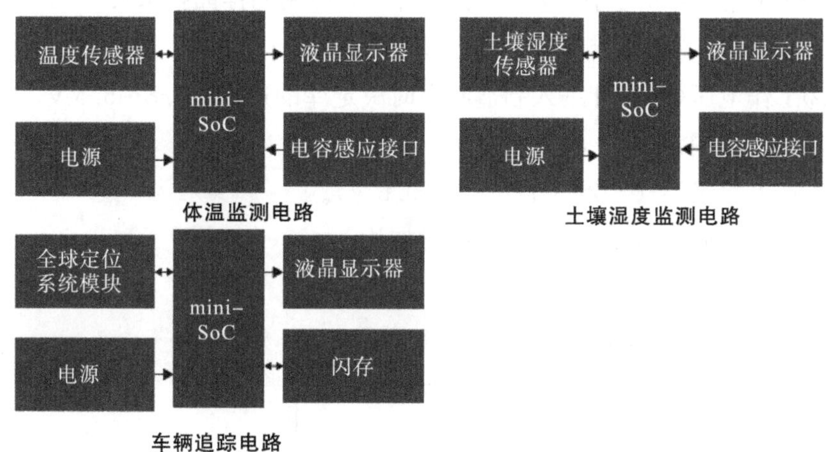

图 11.7　mini-SoC 应用

mini-SoC 的功能要求

以下是 mini-SoC 设计的规格和要求。英特尔 8051 处理器核心具有:

①上电复位和可编程断电检测。

②内部校准的振荡器。

③外部和内部中断源。

④六种睡眠模式:空闲、ADC 降噪、节能、断电、待机和扩展待机。

⑤32K 程序存储器。

⑥32K 数据存储器。

⑦32 个 8 位通用暂存寄存器。

⑧主/从 SPI 串行接口。

⑨面向字节的两线制串行接口(与 Philips I2C 兼容)。

⑩可编程的串行 UART。

mini-SoC 的性能要求

mini-SoC 应满足以下性能要求：

①最大时钟速度为 20 MHz。

②通过片上启动程序进行系统内编程。

③强大的指令——大多数操作在一个时钟周期内执行。

④在 20 MHz 时，吞吐量最高可达 20 MIPS。

I/O 和包装要求(当设计进入制造阶段时适用的样品要求)：

①封装形式:28 引脚 PDIP,32 引脚 TQFP。

②工作电压(当设计进入制造阶段时决定库的选择)：1.8～5.5 V。

③温度范围：−40～85 ℃。

④速度等级：−0～20 MHz(1.8～5.5 V)。

下面详细介绍 mini-SoC 设计的微架构。

I/O 图示

mini-SoC 的输入输出图如图 11.8 所示。

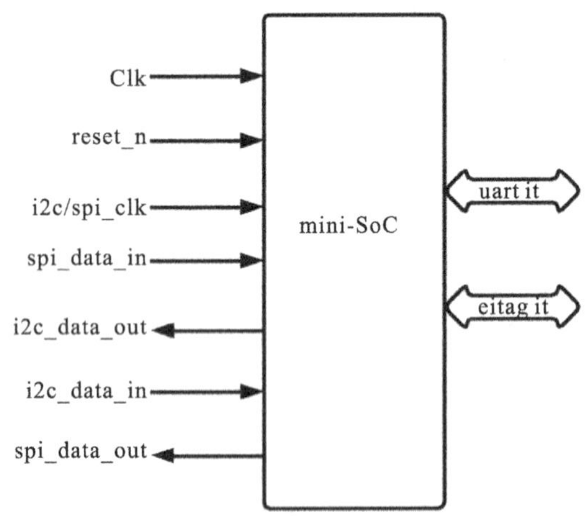

图 11.8 mini-SoC I/O 图

mini-SoC 内部框图

如图 11.9 所示为 mini-SoC 的内部框图(表 11.1)。

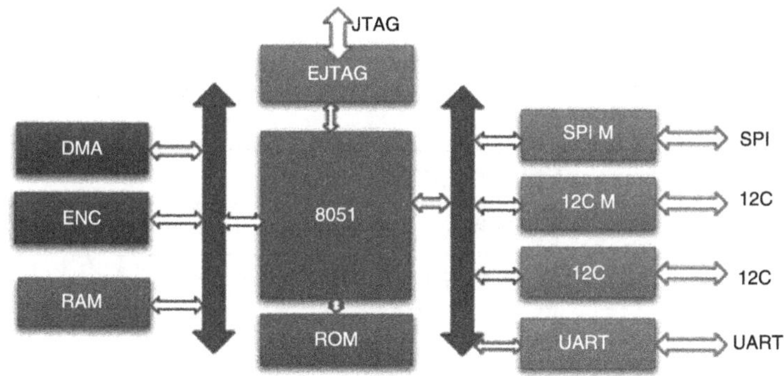

图 11.9　mini-SoC 内部框图

用户可以访问 www. opencores. org，下载 mini- SoC 设计数据库（https://opencores. org/download/oms8051mini）。该 SoC 子系统是由我的同事 Dinesh Annayya 先生设计的。

表 11.1　mini-SoC 的顶级输入输出信号

序号	信号	宽度	方向	描述	复位值
系统接口					
1	clk	1	输入	SoC 的主时钟	—
2	reset_n	1	输入	激活的低复位信号，用于复位所有内部逻辑	1'b1
I2C 从设备接口					
3	i2c_data	1	Inout	I2C 数据输入输出（从模式）	1'b0
4	i2c_clk	1	输入	I2C 串行时钟输入在从模式下，用于同步 I2C 数据	1'b0
5	i2c/spi_clk	1	输入	I2C 或 SPI 时钟输入（从模式），由外部 I2C 主设备提供的	1'b0
6	i2c_sdata	1	Inout	复用的 I2C 串行数据（从模式）	1'b0
7	i2c_mdata	1	Inout	复用的 I2C 串行数据（主模式）	1'b0
8	i2c/spi_mclk	1	输出	I2C 或 SPI 时钟输出（主模式），通常低于系统时钟	1'b0

续表

序号	信号	宽度	方向	描述	复位值
扩展JTAG接口					
9	TDI	1	输入	测试数据输入信号	1'b0
10	TDO	1	输出	测试数据输出信号	1'b0
11	TCK	1	输入	串行JTAG时钟	
12	TRST	1	输入	复位	1'b0
13	TMS	1	输出	模式选择	1'b0

中英文对照

A

Accellera Systems Initiative	Accellera 系统计划
advanced high-performance bus(AHB)	高级高性能总线
advanced microcontroller bus architecture(AMBA)	高级微控制器总线架构
advanced test sequence(ATS)	高级测试序列
AHB-lite interface	AHB 精简接口
AMBA peripheral bus(APB)	AMBA 外设总线
analog block	模拟模块
analog simulator	模拟仿真器
analog-to-digital converter(ADC)	模数转换器
AND bridge fault(ABF)	AND 桥接故障
AND-OR-INVERT(AOI)	与或非
application program interface(API)	应用程序接口
architectural synthesis	体系结构综合
assertion	断言
asymmetric multiprocessing(AMP)	非对称多处理
asynchronous circuit	异步电路
asynchronous logic circuit	异步逻辑电路
asynchronous reset	异步复位
at-speed testing	全速测试
automated test environment	自动化测试环境
automatic test equipment(ATE)	自动测试设备
automatic test pattern generation(ATPG)	自动测试模式生成
automation script	自动化脚本

B

back annotation	反向注释
backup server	备份服务器
ball grid array	球栅阵列
base class library(BCL)	基类库
behavioral functional model	行为功能模型

behavioral modelling	行为建模
Bi-CMOS	双极互补金属氧化物半导体
bill of materials(BOM)	物料清单
boundary register chain	边界寄存器链
boundary scan(BS)	边界扫描
～insertion flow	～插入流程
bridge coupling fault(BF)	桥接耦合故障
buffer manager	缓冲区管理器
bug-debug	错误调试
bug tracking	错误跟踪
～ workflow	～工作流程
built-in self-test(BIST)	内建自测试
～controller	～控制器
bus functional module(BFM)	总线功能模块

C

cell-based delay calculation	基于单元的延迟计算
ceramic package	陶瓷封装
chemical vapor deposition(CVD)	化学气相沉积
chip fabrication process	芯片制造工艺
chip scale package(CSP)	芯片级封装
clock	时钟
～buffer	～缓存
～domain	～域
～domain crossover	～域交叉
～jitter	～抖动
～latency	～延迟
～period	～周期
～power consumption	～功耗
～signal	～信号
～skew	～偏差
～source	～源
～tree synthesis(CTS)	～树综合
code coverage	代码覆盖
combinational block	组合模块
combinational circuit	组合电路
combinational logic	组合逻辑
combinational loop	组合环路

compiled logic block	编译逻辑模块
compiled memory	编译存储器
complementary metal oxide semiconductor(CMOS)	互补金属氧化物半导体
computational server	计算服务器
configuration register	配置寄存器
constraint	约束
continuous monitor	连续监控器
coupling fault	耦合故障
cross talk analysis	串扰分析
custom design	定制设计
cycle-based simulator	基于周期的仿真器
cyclic redundant check(CRC)	循环冗余校验

D

D fip-flop	D触发器
data converter	数据转换器
dataflow modelling	数据流建模
decade counter	十进制计数器
decoder	解码器
delay calculation	延迟计算
design automation tool	设计自动化工具
design directory	设计目录
design for testability(DFT)	可测试性设计
～logic insertion technique	～逻辑插入技术
～mode	～模式
～simulation	～模拟
～tool	～工具
design goal	设计目标
design infrastructure network topology	设计基础设施的网络拓扑结构
design object	设计对象
design rule check(DRC)	设计规则检查
design rule constraint	设计规则约束
design rule violation(DRV)	设计规则违规
design strategy	设计策略
design tape-out	设计流片
design under test(DUT)	待测设计
development board	开发板
development life cycle	开发周期

device under test	待测器件
die size	芯片尺寸
digital signal processor(DSP)	数字信号处理器
digital SoC core development flow	数字 SoC 核心开发流程
digital-to-analog converter(DAC)	数模转换器
direct programming interface(DPI)	直接编程接口
dual-port RAM(DPRAM)	双端口 RAM
dual-port SRAM(DPSRAM)	双端口 SRAM
dual-port register file(DPRF)	双端口寄存器文件
dynamic timing analysis	动态时序分析
dynamic voltage and frequency scaling(DVFS)	动态电压频率调节

E

8∶1 multiplexer	8∶1 多路复用器
electrical rule check(ERC)	电气规则检查
electromigration(EM)	电迁移
electronic change order(ECO)	电子变更单
～implementation	～实施
electronic design automation(EDA)	电子设计自动化
～synthesis tool	～综合工具
～tool	～工具
electrostatic discharge(ESD)	静电放电
embedded memory	嵌入式存储器
～core	～核心
embedded processor	嵌入式处理器
～subsystem	～子系统
encoder	编码器
encryption algorithm	加密算法
equivalence checking	等价性检查
equivalent cell	等效单元
error correction code(ECC)	纠错码
ethernet frame format	以太网帧格式
ethernet frame transmission	以太网帧传输
event-based simulator	基于事件的仿真器
EVM design development flow	EVM 设计开发流程
executable script	可执行脚本
extensible interface(EI)	可扩展接口

F

fanout net	网络扇出
field programmable gate array(FPGA)	现场可编程门阵列
～validation	～验证
file format	文件格式
file transfer protocol(FTP)	文件传输协议
filer	文件处理器
finite state machine(FSM)	有限状态机
firewall	防火墙
first in first out(FIFO)	先进先出
5-bit counter	5 位计数器
flip-chip package	倒装芯片封装
floating point unit(FPU)	浮点单元
floor plan	平面图
formal verification method	形式验证方法
frame check sequence(FCS)	帧检验序列
FSM-based sequence detector	基于有限状态机的序列检测器
functional block	功能模块

G

gate level netlist verification	门级网表验证
gate-level simulation	门级仿真
gate-to-gate LEC	门到门逻辑等价性检查
globally synchronous and locally asynchronous(GSLA)	全局同步局部异步
good automated manufacturing practice(GAMP)	良好自动化生产实践规范

H

hardware accelerator	硬件加速器
hardware description language(HDL)	硬件描述语言
high fanout net(HFN)	高扇出线网
high-level design document(HLD)	高级设计文档
high-level programming language(HLL)	高级编程语言
high-level synthesis	高级综合
hour-minute-second timer	时-分-秒计时器
hw-sw co-design	软硬件协同设计

I

industry standard	行业标准
input delay	输入延迟
input stimulus	输入激励
input-output pad instantiation	输入输出引脚实例化
instruction register(IR)	指令寄存器
in-system programming(ISP)	系统内编程
integrated clock gate(ICG)	集成时钟门控
interconnect model	互连模型
interconnect parasitic estimation	互连寄生估计
interface core	接口核
interframe gap(IFG)	帧间隔
International Organization for Standardization(ISO)	国际标准化组织
International Society for Pharmaceutical Engineering(ISPE)	国际制药工程协会
International Technology Roadmap for Semiconductors(ITRS)	国际半导体技术蓝图
inversion coupling fault	反相耦合故障
INVERT-OR-AND(IOA)	非或与
I/O pad	输入输出引脚
～integration	～集成
ion implantation	离子注入
IP core	知识产权核
IP design decision	IP设计决策
IR analysis	红外分析
IR map	红外图
isolation cell	隔离单元

J

Joint Test Action Group(JTAG)	联合测试工作组
JTAG BS architecture	JTAG边界扫描架构
JTAG macro core	JTAG宏核

K

Kripke structure	克里普克结构

L

layer exchange format(LEF)	层交换格式
layout	布局
layout extract file(LEF)	布局提取文件
layout verse schematic(LVS)	版图与原理图一致性检查
level shifter	电平转换器
library file	库文件
linchpin technology	关键技术
line width tapering	线宽变细
linear feedback shift register(LFSR)	线性反馈移位寄存器
linting	检查代码
logic BIST(LBIST)	逻辑内建自测试
logic equivalence check(LEC)	逻辑等价性检查
low-power SoC	低功耗 SoC

M

macro	宏
hard～	硬宏
soft～	软宏
market requirements document(MRD)	市场需求文件
mask	掩模
mask research	市场调研
Mealy FSM	米利有限状态机
media access controller(MAC)	媒体访问控制器
mega cell	大型单元
MEM-based sensor technology	基于内存的传感器技术
memory	存储器
memory built-in self-test(MBIST)	存储器内建自测试
～algorithm	～算法
～architecture	～结构
～circuitry	～电路
memory clustering	存储器群集
memory compiler	存储器编译器
memory protection unit	存储器保护单元
metastability	亚稳态
metastable state	亚稳态
micro electro mechanical system(MEMS)	微机电系统
million instructions per second(MIPS)	每秒百万条指令

mini-SoC	微型 SoC
mixed signal block	混合信号模块
model checking	模型检查
modeling style	建模风格
Moore FSM	摩尔有限状态机
Moore's law	摩尔定律
more-than-Moore(MtM)	扩展摩尔
multi-chip in single package	多芯片封装
multicycle path	多周期路径
multi-input signature generator(MISG)	多输入签名生成器
multi-level optimization technique	多级优化技术
multimode timing constraint analysis	多模式时序约束分析
multiple input signature register(MISR)	多输入签名寄存器
multiple supply voltage(MSV)	多电源电压
multi-VT cell	多阈值单元

N

nanometer technology	纳米技术
negative setup positive hold	负建立正保持
neighborhood pattern-sensitive fault	相邻模式敏感故障
netlist	网表
network attached storage(NAS)	网络附接存储
network delay	网络延迟
network on chip(NoC)	片上网络
non-digital component	非数字组件
non-recurring engineering(NRE)	一次性工程

O

on-chip variation(OCV)	片上变化
on-SoC clock generation(OSCG)	片上时钟生成
OP-AMP layout	运算放大器的版图
operating condition	操作条件
OR bridge fault(OBF)	OR 桥接故障
OSI model	开放系统互联模型
output delay	输出延迟

P

P&R tool	布局布线工具
package	封装
parallel scan test	并行扫描测试
passive/static fault	被动/静态故障
path group	路径组
phase-locked loop(PLL)	锁相环
photolithography	光刻
photoresist	光刻胶
physical design	物理设计
physical design tool	物理设计工具
physical vapor deposition(PVD)	物理气相沉积
place and route	布局布线
plastic package	塑料封装
PLL block diagram	锁相环框图
positive setup negative hold	正建立负保持
positive setup positive hold	正建立正保持
power aware test module(PATM)	功耗感知测试模块
power domain scaling	电源域缩放
power domain shutdown	电源域关闭
power ground corner pad instantiation	电源地角焊盘实例化
power ground pad integration	电源地焊盘集成
power integrity(PI)	电源完整性
power management	功耗管理
preferred data path placement(PDP)	首选数据路径布局
printed circuit board(PCB)	印制电路板
process, voltage, and temperature(PVT)	工艺、电压和温度
processor design flow	处理器设计流程
processor subsystem	处理器子系统
product integration flow	产品集成流程
product requirements document(PRD)	产品需求文件
programmable memory BIST(PMBIST)	可编程存储器内建自测试
protocol block	协议模块
pseudo-random pattern generator(PRPG)	伪随机模式发生器

Q

quad flat no-leads package	四面扁平无引脚封装

R

radio frequency(RF)	射频
random access memory(RAM)	随机存取存储器
read library	读取库
real-time operating system(RTOS)	实时操作系统
re-convergence	再收敛
re-convergent model	再收敛模型
recovery	复位
register array	寄存器阵列
register-to-register(R2R)	寄存器到寄存器
register transfer level(RTL)	寄存器传输级
～test environment/bench	～测试环境/测试台
regression	回归
regression test	回归测试
residual timing violation	剩余时序违例
resource planning	资源规划
revision control/version control server	修订控制/版本控制服务器
RF control block	射频控制模块
RISC processor	精简指令集计算机处理器
ROM test algorithm	只读存储器测试算法
RTL design	寄存器传输级设计
RTL-to-gate LEC	寄存器传输级到门级的逻辑等价性检查

S

scan compression	扫描压缩
scan insertion	扫描插入
scanning electron microscope(SEM)	扫描电子显微镜
scratchpad register	暂存寄存器
scripting language	脚本语言
self-sync scrambler	自同步扰频器
self-synchronizing descrambler	自同步解扰器
self-synchronizing scrambler	自同步扰频器
sequential circuit	时序电路
sequential element	时序元件
sequential logic equivalence check(SLEC)	时序逻辑等价性检查
sequential loop	时序环
shift register sequence generator(SRSG)	移位寄存器序列发生器
side stream scrambler	侧流扰频器

signal integrity(SI) 信号完整性
simulation 模拟
simulation program with integrated circuit emphasis(SPICE) 集成电路用仿真程序
simultaneous switching noise(SSN) 同步开关噪声
single-port register file(SPRF) 单端口寄存器文件
single-port SRAM(SPSRAM) 单端口 SRA
slack 裕量
source control server 源代码管理服务器
speed matching 速度匹配
SRAM cell structure SRAM 单元结构
SRAM memory cell layout SRAM 存储单元版图
standard cell 标准单元
standard cell library 标准单元库
standard delay constraint 标准延迟约束
standard delay format(SDF) 标准延迟格式
standard design constraint 标准设计约束
standard HDL simulator 标准 HDL 仿真器
start frame delimiter(SFD) 帧起始定界符
state machine 状态机
state retention 状态保持
state retention power gating(SRPG) 状态保持电源门控
static random access memory(SRAM) 静态随机存取存储器
static timing analysis(STA) 静态时序分析
stimulus generator 激励生成器
storage area network(SAN) 存储区域网络
structural modelling 结构建模
stuck-at fault 固定故障
submicron technology 亚微米技术
symmetric multiprocessing(SMP) 对称多处理
synchronous design 同步设计
synchronous logic 同步逻辑
synchronous reset 同步复位
synchronous sequential circuit 同步时序电路
synchronous SoC block 同步 SoC 模块
synchronous system 同步系统
synthesis 综合
synthesis script 综合脚本
system in package(SiP) 系统级封装
system layer 系统层

system modeling	系统建模
system module development feasibility study	系统模块开发可行性研究
system on chip(SoC)	片上系统
～chip high-level design methodology	～芯片高级设计方法学
～constituent	～组成成分
～design	～设计
～design constraint	～设计约束
～DUT	～待测设计
～functional mode	～功能模式
～physical design	～物理设计
～physical design layout	～物理设计版图
～synthesis	～综合
system software	系统软件

T

target fabrication process	目标制造工艺
target technology decision	目标技术决策
technology library	工艺库
test bench	测试台
test environment	测试环境
test program interface(TPI)	测试程序接口
test script	测试脚本
test vector	测试向量
thermo-sonic technique	热超声技术
3D stacked silicon wafer technology	3D堆叠硅片工艺
timer	定时器
timing library format(TLF)	时序库格式
timing report	时序报告
timing violation	时序违规
tool command language(TCL)	工具命令语言
transition fault	转换故障
2-bit comparator	2位比较器
2 clients arbiter	双客户端仲裁器
2∶4 decoder	2∶4解码器
2×2 matrix multiplication	2×2矩阵乘法

U

universal power format(UPF)	统一功耗格式
universal verification methodology(UVM)	通用验证方法学

V

vector processor	向量处理器
verification	验证
verification intellectual property(VIP)	验证知识产权
verification tool	验证工具
Verilog HDL	Verilog 硬件描述语言
very large scale integrated circuit(VLSI)	超大规模集成电路
～logic design	～逻辑设计
voltage scaling	电压缩放

W

wafer scale package(WSP)	晶圆级封装
waveform database(WDB)	波形数据库
waveform generation logic(WGL)	波形生成逻辑
wire bonding	引线键合
wire-load model	线负载模型
workstation	工作站
worst negative slack(WNS)	最差负时序裕量